財務管理
——觀念與應用

張國平博士　著

$FV=PV(1-r)^n$

$NV=PV(1-r)^n$

$$NPV=\sum_{n=1}^{\infty}\frac{Cn}{(1+r)^n}$$

三民書局

國家圖書館出版品預行編目資料

財務管理:觀念與應用 / 張國平著.－－初版一刷.－
－臺北市: 三民，2005
　　面；　　公分
　　含索引
　　ISBN 957–14–4255–0 　(平裝)

　1.財務管理

494.7　　　　　　　　　　　　　　　　94003285

網路書店位址　http：// www. sanmin. com. tw

ⓒ 財　務　管　理
——觀念與應用

著作人　張國平
發行人　劉振強
發行所　三民書局股份有限公司
　　　　地址／臺北市復興北路386號
　　　　電話／(02)25006600
　　　　郵撥／0009998–5
印刷所　三民書局股份有限公司
門市部　復北店／臺北市復興北路386號
　　　　重南店／臺北市重慶南路一段61號
初版一刷　2005年4月
編　號　S 493500
基本定價　柒　元
行政院新聞局登記證局版臺業字第○二○○號

ISBN　957–14–4255–0　(平裝)

序

　　財務管理所討論的內容，就如同一個人在做決策時所考慮的一樣，都是做成本與效益的分析。只要效益高於成本就會進行，否則就會放棄。成本是當下的，效益是未來發生的，因此在折現未來收益使之與成本在同一時點上做比較時，就需要考慮未來不確定的影響。本書與傳統的財務管理或財務學教科書有很大的不同，寫作方向是由經濟學的觀點出發，但不同於新古典經濟學主流學派討論組織時，只考慮人們在自利下各種能夠量化的因素的均衡，本書著重於人們合作時交易成本的有無及其是如何產生的，以分析公司資本結構與控制權的改變對公司市場價值的影響。本書另外的著重點是強調事前的機會成本與個人選擇範圍大小的概念。機會成本的事前概念使得我們在做資本預算（成本與效益分析）時，不會將事後沒有選擇、必須花費的費用（應稱之為沉沒費用而不是沉沒成本）計入成本計算之中，同時也說明了心理學家所謂「人們遇到有利得時行為較保守，遇到有損失時行為較願冒險」的展望理論 (Prospect Theory)，其實只是人們誤用了機會成本的概念所致（請見本書第五章的案例研讀）。選擇範圍的大小可以用來解釋：公司的控制權為什麼是屬於創新的企業家；利息為什麼可能會下降為零但絕不會是負值；人們為什麼同時購買彩券（或股票）又參加保險；選擇權為什麼有價格而期貨或遠期契約卻沒有購入價格；為什麼與不同的人合作會有不同的交易成本，並且會簽訂不同的利益分成合約。本書很適合大學部學生及實務界的朋友閱讀，書中雖然引用了許多經濟學的概念，但都是非常淺顯、容易瞭解的，每章也都附有案例研讀，許多案例是取材於經典著作，可以幫助讀者們更加瞭解書中的內容。

　　回想個人第一次接觸財務理論是在賓大的公司理財 (corporate finance) 的課程，所採用的教科書是 Brealey and Myers 的《公司理財原理》的第一

版 (1981年版)，其時的印象是專門術語太多，許多說法似乎經不起進一步的推敲。經過 20 多年後，該書已改版至第七版 (2003年版)，篇幅增加了更多，也有了更多的競爭者 (例如 Ross, Westerfield and Jaffe《公司理財》2005年的第七版)，但是許多的觀念迄今仍是似是而非、混淆不清的。本書與這些教科書不同之處在於：

1. 闡明公司不只是一些契約的組合 (nexus of contracts)，否則它與市場中生產資源提供者透過彼此之間的訂約生產並沒有兩樣。交易成本的大小才是組成公司並影響公司價值的因素。

2. 公司的控制權並不只因為公司法的規定而屬於股東，然後股東再授權給經理階層來經營管理，因此有了所有權與控制權的分離，並且公司的目標是追求股東的財富最大化。公司的控制權實際上是屬於能創新、能創造超額利潤的企業家，他們可能是勞工也可能是資本家，而只有這些人才有更多的選擇，可以與不同的人合作，其他的人是只能得到自己所提供的資源的機會成本。

3. 資本預算不是只從資金提供者 (股東或債主等) 的角度來分析成本與效益。當交易成本為零時，針對股東、資金提供者、或是所有資源提供者整體所做的成本效益分析的結果都會相同，其原因是每個資源提供者都會得到資源的機會成本，而正的淨現值 (或超額利潤) 的部分則是屬於擁有生產權產權的人。

4. 公司裡的各生產資源提供者 (例如勞工、原料提供者等) 也是股東，分配所得到的，相當於股票再加上遠期契約之後的分配所得到的報酬。衍生性金融商品的標的物 (證券或是財貨) 本身也是一種衍生性金融商品，因此二者的性質是相同的。

5. 以一個沒有貨幣、沒有借貸、只有交換機制的原始社會的兩隻母牛的故事，說明了公司市場價值與公司負債比例無關的理論並不需要「個人與公司借款利率相同」的假設條件。股東的報酬率會隨著公司的負債比例上升而增加，但這並不是因為股東承擔的風險增加所致。

　　本書成形於過去十餘年在清華的教學與研究，清華經濟系與計量財務

金融系的同仁們的討論與辯難,特別是黃春興與干學平兩位教授1994年所著《經濟學原理》的異於新古典經濟學派的看法,對本書一些觀點的形成有很大的幫助,在此表示感謝。對於過去在課堂中忍受一些在當時尚不成熟觀點的清華學子們,個人也必須致歉,並且感謝她(他)們的提問與討論。撰寫期間,梁雅琪、康峻維、李啟煌同學的幫忙打字與繪圖,三民書局的編輯們的鼎力協助與鼓勵,使得本書得以順利出版,在此也要敬致十二萬分的謝忱。

本書也免不了會有一些錯誤或不盡令人滿意之處,而這些當然都是本書作者的責任,除了向讀者致歉外,我也誠心敬請讀者不吝賜教、指正。最後,我要感謝父母的劬勞撫育、栽培,以及妻子與孩子們的支持與體諒。

張國平 謹識於新竹清華

kpchang@mx.nthu.edu.tw

財務管理
——觀念與應用

目次

財務管理概論

每一個人每一天對任何事都在做決定：做還是不做，所根據就是成本與效益的比較，若是效益大於成本就會進行，否則就會放棄。個人所認知的效益或成本並不一定是用金錢衡量，效益也許是經濟學理的**效用** (utility)，而成本則可能是不愉快的程度（或是**反效用**：disutility）。財務管理所討論的也不外乎是成本與效益分析 (cost-benefit analysis)，只不過這裡的成本與效益多是以金錢來表示。經濟學裡的成本指的是**機會成本** (opportunity cost)，是個事前的概念，凡在事後沒有選擇、必須花費的金錢都不是機會成本，不能考慮在成本效益分析當中。效益與成本也必須要相對應，若是針對個人則是這個人的成本與效益相比較，若是針對某個團體則是該團體整體的收益與成本做比較。當機會成本的事前概念應用在財務管理時，成本與效益分析指的是**邊際收益** (marginal revenue) 是否大於**邊際成本** (marginal cost)。例如一個公司已在生產某些產品，而當它在考慮是否增設另一條生產線時，是只需要考慮增設這條生產線的收益（邊際收益）是否大於增設的成本（邊際成本），而完全不需要考慮公司原來生產的收益或成本。若是人們只進行邊際收益大於邊際成本的投資項目（也就是淨現值大於零的投資計畫），則當事人（或公司）的財富就會不斷地累積，這也符合了財富最大化的原則。本章在 1.1 節約略介紹財務管理的內容，1.2 節是本書各章的簡介。

1.1 財務管理簡介

財務管理所討論的成本與效益分析中的成本涉及融資的來源，不同的融資來源代表不同的資金成本（資金提供者要求的機會成本），融資成本也與企業所在的文化與法制環境有關。有些環境適合由外界融資，例如良好的資本市場使得企業籌資較容易，有的環境較注重企業集團的整體利益，因此是由集團內部融資，這些會帶來不同的好處與限制：資本市場籌資使得融資較為規則化（按契約辦事）；企業集團互相照顧彼此的利益，類似相互保險，較有保障，但所付的代價是自由選擇的彈性較小。融資的方式也

牽涉到事後應如何分配所得，需要監督生產與分配以保證對方按事前的合約執行。在計算未來的資金流量（效益）時，我們需要製造部門與行銷部門的協助，提供未來產品價格與銷售量的預測，預估新技術或替代性產品出現的影響，而公司的融資、投資與分配所得的決策都需要各方面的配合，並不是由財務經理可以單獨決定的。

　　企業組織大致上可以分為獨資 (sole proprietorship)、合夥制 (partnership)、及公司 (corporation) 三類。獨資就相當於個人經營，需負無限的責任——組織所欠的債就是個人所欠的債，所有的利潤算為個人所得，因此是繳納個人所得稅，當所有人去世時，組織也告終結。合夥制是類似於獨資經營，若是合夥人之一撤資或是死亡，合夥制也隨之告終，合夥制不繳納公司所得稅，是由分配得到利潤的個人繳納個人所得稅。合夥制也有一些是由一般合夥人 (general partner) 負責經營並且負無限責任，其餘為有限合夥人 (limited partner) 只出資並負有限責任。公司是一個法人，不受出資者壽命長短的影響，股東負有限責任，最多是賠掉自己所投入的金額，同樣地，公司裡的其他資源提供者（債主、勞工、原料提供者）也是負有限責任，最多也只是賠掉自己所投入的生產資源。

　　公司所發行的證券主要有股票與債券兩大類。擁有股票者稱為股東，可以有投票權，藉著選出董事組成董事會以聘任並監督管理階層。日常的經營管理由管理階層為之，只有在重大案件時（例如公司合併）才交由董事會議決。股利的發放是由管理階層提議，再交由董事會通過。債券的持有人可以得到有固定上限的報酬（利息），通常在債務契約上會註明特別條款（例如公司不得在虧損時發放股利，必須維持某個固定的財務比率等）以保障債權人，在公司倒閉清算時，債主比股東有優先求償權。

1.2　本書內容介紹

⊠ 成本與效益分析

在沒有交易成本（亦即沒有尋找交易合作對象、談判訂約、檢查監督合約的成本）之下，由市場或是由組織（公司）協調生產的效率都是相同的，利潤極大化與公司各生產資源提供者的財富極大化也是等價的，跨期消費的偏好與生產決策（最佳投資金額）無關，生產決策也與融資決策無關（第二章）。第五章及第六章的資本預算方法接續了第二章有關零交易成本的假設，並應用第三章多期計畫評估方法及第四章財務報表分析，討論資金提供者（股東與債主等）如何進行成本與效益分析。由於成本是在期初發生，收益是在未來發生，因此需要將未來的收益以折現率折算為現值，使成本與總收益在同一個時點上進行比較。折現率就是資金的機會成本，這裡面包含了確定利率（例如銀行的存款利率）再加上風險貼水 (risk premium)，這些將是第七章和第八章的內容：討論風險與報酬之間的關係。

⊠ 風險與報酬的關係

高風險是否能帶來高的（平均或期望）報酬在實證上並非沒有疑義。使用期望效用函數 (expected utility function) 來解釋人們在不確定下的行為，在實際情況裡常是不成立的（第七章），馬可維茨 (Markowitz) 的期望值—變異數分析的投資組合分析則是假設了投資人喜好期望值、厭惡變異（因此變異數成為風險的衡量指標）。第八章的資本資產定價模型 (capital asset pricing model) 是在期望值—變異數的分析架構下，得到期望報酬率與風險（貝它值）的線性關係，套利定價模型 (arbitrage pricing theory) 則是期望報酬率與風險因子的線性關係，由這兩個模型我們可以估計得到資金的機會成本（亦即資本預算裡的折現率）。

⊗ 衍生性金融商品

由證券或財貨衍生出來的金融工具有期貨 (futures)、遠期契約 (forward contracts) 與選擇權 (options)。衍生性金融商品與作為標的物（根本資產）的證券或財貨之間也有函數關係，這就是期貨與現貨價格公式（第九章）與二項式及布萊克—舒爾斯選擇權定價模型（第十章）。在這兩章中，我們也會發現身為標的物的證券或財貨，其本身也是一種衍生性金融商品，因此衍生性金融商品所含有的性質，這些證券或財貨也有。

⊗ 公司的資本結構

當交易成本為零時，組織（公司）的資本結構不會影響到資金提供者分配得到的份額（公司的市場價值），這就是著名的摩迪格蘭尼—米勒第一定理 (Modigliani-Miller first proposition)，第十一章以兩隻母牛的故事，說明了這個定理的成立並不需要「個人與公司借款利率相同」的假設，摩迪格蘭尼—米勒第二定理（股東的期望報酬率會隨著公司的負債比例上升而上升）的成立也並不一定是因為股東的風險增加所致。當有交易成本時，低負債與高負債會帶來不同的交易成本（公司所得稅抵減、倒閉成本、代理成本等），這些都是第十二章的內容。第十六章的股利政策是討論在零交易成本之下的股利與資本利得的等價關係，及在有稅及代理成本之下公司的股利政策對股東的影響。第十七章的債券管理分析了債券的性質，及如何評價債券。第十八章是國際財務管理與匯率及利率的關係。

⊗ 公司控制權與廠商理論

廠商理論 (theory of firm) 並不是有關如何調配生產資源來生產，以獲得最大利潤的理論。在交易成本為零時，由公司或是由市場來協調生產的效率是相同的。廠商理論的重點是公司控制權屬於誰，誰就對生產資源有調配指揮的權力。公司裡各生產資源提供者有自由加入與退出的選擇的自由，所根據乃是能否在公司裡得到不低於機會成本的報酬，因此並沒有所

謂組織（公司）裡面權力均衡 (balance of power) 的問題：應如何分配公司的控制權。權力均衡的概念來自於政治學，當人們在政治組織裡沒有加入與退出的選擇時，權力制衡才有意義。

　　本書的第十四章討論公司如何進行接管與防禦公司的控制權。在零交易成本之下，控制權（第十三章）與財產權（第十五章）都是無關緊要的。當有交易成本時，公司控制權的產生既不是由於生產資源提供者放棄部分權力，而聽命於某一中央指揮者（類似社會契約 (social contract) 的概念），也不是因為接受監督者為提升效率而對之的壓迫（類似於馬克思的剝削勞工論），第十三章採取了熊彼得的觀點，強調唯有能創新者（企業家）才能創造超額利潤（正的淨現值），也因為其餘的人希冀能有份於這個超額利潤，創新者才能對他人（公司）有控制指揮權。

零交易成本下的公司組成及經營目標

公司是如何組成的？誰雇用了誰？誰又是公司的所有者？這些都是有趣的問題。公司依公司法是由股東選出來的董事為代表，再由董事會任命管理人員，因此管理人員似乎應該是為股東追求最大財富。但是我們又知道，每個生產資源的提供者是在自願情形下進行合作交易，合則來不合即去，嚴格來說，並沒有誰雇用了誰的問題。若是沒有交易成本 (transaction cost)，由公司協調生產或是由市場協調生產的效率會是相同的，公司與市場並沒有分別。本章的 2.1 節說明了在沒有交易成本情形之下，公司可以看作是一組契約的組合。2.2 節分析個人是如何進行跨期的消費與投資選擇，生產投資決策與股東的消費偏好無關，生產投資決策與融通資金的來源無關。2.3 節證明了當交易成本為零時，利潤極大化與各個生產資源提供者的財富極大化是相同的。

2.1　零交易成本與契約觀點下的公司

我們可以以下面的一個例子來說明，在沒有交易成本的情形下（亦即沒有尋找並瞭解交易對象的成本、接觸交易對方的成本、談判的成本、訂定合約的成本、及事後檢查對方遵守合約的成本），公司可以看成是一組契約的組合。假設羅賓漢打算組成一個強盜集團，去搶暴君約翰王的金庫。他需要一位射術高超的弓箭手、一位慣使刀槍的打手、一位跑得快的把風者，以及一位負責煮飯的阿婆。身為老大的羅賓漢與大家事先約定 (ex-ante contract)：每次搶得之後，阿婆拿 10 枚金幣，剩下的由弓箭手分得 20%、打手得 30%、把風者得 15%、老大得 35%。若是某次搶得的金幣少於 10 枚，則全數歸阿婆所有，並且在下次再補足不足之數。羅賓漢與強盜集團的成員非常熟悉，彼此有很深的互信，交易成本極低，很容易集合起來作案。每次作案後分錢、散夥，以避風頭，2 個月後再集合起來做第二票。

上述的強盜集團就像一個集合各種生產資源（勞工、資本、原料等），生產、銷售後再將所得分配給各生產資源提供者的公司。在這個強盜集團（公司）裡，並沒有所謂「公司的所有者」(the owner of firm)；每一位生

產資源提供者都是所有者，他所擁有的僅是他所提供的生產資源。羅賓漢老大不能稱該集團為「我的強盜公司」，他所擁有的只是他的企劃能力，是屬於他的財產權範圍裡的部分。一般稱謂的「公司的老闆」不能混淆稱之為「公司的所有者」。每個公司都有個自然人為代表，通常是股東的代表（例如董事長）即為公司的老闆，公司也是個法人（corporate entity），像個自然人一樣，可以有締約、結合和分離的權利，但是法人不像自然人，是沒有政治上的投票權。公司的產品若是出問題，賠償多是由股東負責，因為他是最後得到分配的人（residual claimant）。但要注意的是，股東雖然負責賠償事宜，但這並不一定會對他不公平，這是因為只要在事前已知以後可能要他賠償，股東自然會盤算參加該公司是否划算。因此有權訂定法律的政府是不宜隨意訂法，干涉公司的財富事後是如何分配的。例如一個公司原來處在一個沒有退休金制度的環境裡，公司經營一段時間後，政府可能為了討好人數眾多的勞工，突然要求公司提撥更多的退休金，如此一來，原料、水電等提供者並沒有受到影響，仍會得到在改變法律之前所約定的份額，勞工則會增加所得，勞工所得增加的部分是由股東手中轉移而來的。換言之，這是政府在事後（ex-post）改變了公司各生產資源提供者在事前所訂定的合約，造成了財富的重新分配。這當然對股東是極不公平的，因為股東若是在事前知道政府會做這種事，在事前他就會做出選擇：要求增加他的分配份額或者不參加該公司，再者，現在的股東可能是最近才接手股票成為股東的，沒有道理要他負擔過去工作多年勞工的退休福利，要負責也應該是從前的股東。政府常改變私人間的契約會造成嚴重的後果，例如突然規定不得隨意關廠倒閉，這就相當於規定人們結婚後不准離婚，它的後果是，沒結婚者不敢結婚（停止設廠或到他處設廠），已結婚但離不成的想辦法除掉對方（惡意關廠）。政府想要幫助弱勢勞工，反而會造成更多的失業，愛之適足以害之。

　　公司倒閉清算是一件不幸的事，這代表了許多生產資源提供者拿不到事前所預期的報酬，甚至蝕掉老本。但是公司就像強盜集團的例子一樣：集合生產資源做一票，再按照事前的約定，分配所得的大餅，只是公司並

未像強盜集團，需要躲幾個月避風頭。公司是清算後，各生產資源提供者又立刻拿出自己的部分份額再投入、組合公司，繼續生產銷售。因此我們可以說公司是隨時都在清算中，只要公司的財務報表一公佈，哪些是屬於誰的就一目了然，只是大家並沒有把全部的份額拿走，有些仍繼續留在公司生產。在沒有交易成本與倒閉成本（律師、會計師在倒閉清算過程中的收費）之下，公司的清算、解散、再組合與強盜集團的分錢、散夥、再組合並沒有任何差異。

　　上述的強盜集團例子中，若是做老大的羅賓漢為了敬老尊賢，每次搶完後，都請阿婆先拿，然後再分給弓箭手等人，老大最後拿（他是剩餘請求者），則阿婆先拿是否會造成其他後拿者（特別是老大）的風險？我們的答案是，不會。在這裡並沒有所謂「先拿先贏」的問題，阿婆即便先拿也是拿事前約定好的 10 枚金幣，老大先拿也是拿事前約定的部分，大家一起上前來拿，桌上的大餅也是如此分配。因此，只要按照事前約定，就沒有所謂「先拿者造成後拿者的風險」的問題。在此例中，阿婆就像是公司的債主，每次拿固定的份額，老大則像是公司的股東，拿剩餘的部分。按照公司的損益表 (income statement)，銷貨收入減掉銷貨成本（勞工、原料等支出）、管理與行銷費用、利息支出、公司所得稅後，剩下的為淨利 (net income)。淨利是屬於股東的，債主要比股東先分配得到利息，股東最後拿，但這並不表示債主（或勞工等）的先拿會造成股東後拿的風險，因為這些分配都是按照事前的合約進行的。先拿先贏只有在財產權不清楚（例如公共財）的情形下才會發生，例如湖裡的魚或是山中的木材，若是產權不清楚，則誰先取得就屬於誰。公司則是私人間的契約，在成立之初就已經決定事後應如何分配，不會有事後財產權不清楚的情況。

　　我們以下面的例子來說明股東的單位報酬率會隨著公司的負債比例上升而上升，但這卻是與風險毫無關係。

　　釋例 1　假設妳擁有特殊的技術或專利權，投資 80 萬元後，每年可得確定的 12 萬元（因此有 15%（= 12/80×100%）的報酬率），外面銀行的

無風險利率為 10%。妳會發現：若是以 10% 向銀行借款 10 萬元，自己出資 70 萬元，則身為股東的妳每投資 1 元的單位報酬率為 15.71% ($= (12 - 1)/70 \times 100\%$)；若是向外借 40 萬元，自己出資 40 萬元，則報酬率會上升為 20% ($= (12 - 4)/40 \times 100\%$)；若是 80 萬元全數向外借入，則報酬率為無限大 ($= (12 - 8)/0 \times 100\%$)。因此我們發現：股東的報酬率會隨著公司的負債上升而上升，但是這卻與風險毫無關係；股東報酬率的上升並不是因為什麼債主先拿所造成的風險所致。

提供公司資本者稱為資金提供者（例如股東、債主等）。假設公司所賺得的大餅在扣掉非資金提供者（勞工、原料等）的份額後為 X，X 稱之為資金流量 (cash flow)，分別分給股東 X_S，與債主 X_B。可分的大餅與個人分得的份額的總數會完全相等：

$$X \equiv X_B + X_S \tag{1}$$

為了得到 X_B，債主需要出 B 資金，亦即報酬率為 $r_B \equiv X_B / B$；股東想要得到 X_S，需出資金 S，報酬率為 $r_S \equiv X_S / S$。至於 X_B、X_S、S、B 的大小，完全由股東與債主協商決定，只是其他生產資源提供者，會要求資金提供者需總共投資 V（$= 80$ 萬元 $\equiv B + S$），才能得到資金流量 X（$= 12$ 萬元 $\equiv X_B + X_S$）。(1)式因此可以改寫為：

$$(r_{WACC}) \cdot (V) \equiv r_B \cdot B + r_S \cdot S \tag{2}$$

其中 r_{WACC} 稱為加權平均資金成本 (weighted average cost of capital: WACC)，$X \equiv (r_{WACC}) \times (V)$，移項後，

$$r_{WACC} = r_B \cdot \frac{B}{B + S} + r_S \cdot \frac{S}{B + S} \tag{3}$$

因此加權平均資金成本 r_{WACC} 為各項資金成本的加權平均數，權數為該資金占全部資金的比例。因為 X 及 V（$\equiv B + S$）為固定不變，負債 (B) 與股東權益 (S) 的相互增減不會改變 V 或 r_{WACC} 的大小。由(3)式，股東的單位報酬率可以表示為：

$$r_S = r_{WACC} + \frac{B}{S}(r_{WACC} - r_B) \tag{4}$$

當釋例 1 的負債為 40 萬元時，$r_S = 15\% + (40/40)(15\% - 10\%) = 20\%$；當負債為 80 萬元時，$r_S = 15\% + (80/0)(15\% - 10\%) \approx +\infty$。我們發現只要 (4)式右邊第二項裡的 r_{WACC} 大於 r_B，股東的單位報酬率 r_S 就會隨著負債權益比 (B/S) 上升而增加，這就是著名的摩迪格蘭尼－米勒 (Modigliani-Miller) 在確定情況下的第二定理。但我們在此證明了：股東的報酬率會隨著負債增加而增加，但這並不是因為債主先拿而造成股東的風險增加所致，是與任何的風險毫無關連的。

強盜集團或公司的生產資源提供者在決定是否參加該集團或公司時，是以機會成本 (opportunity cost) 來做考量，若是在別處投入同樣的資源卻可分得更多的份額，他就會離開，參加其他的公司。因此機會成本假設了人們會去追尋自己的最大利益 (self-interest)。做某個選擇的機會成本是：你因為做了這個選擇，所放棄的機會中所給付的最大報酬。生產成本是機會成本，交易成本也是機會成本：在事前，羅賓漢可以有選擇與張三或李四交易合作。最早提出交易成本概念的人可能是亞當・斯密 (Adam Smith)，亞當・斯密在《國富論》(*An Inquiry into the Nature and Causes of the Wealth of Nations*) 的第二篇第二章中曾經提到：「銀行為了應付兌現需要而借錢，到處借錢的全部花費，例如雇人四處尋找金主、和金主協商、乃至擬定適當的擔保或讓渡契約等費用，都一定是由自己來負擔，……，一家銀行也許貸款給五百個不同的客戶，對於大部分貸款客戶的品行與能力，銀行主管所知必然有限，因此在篩選貸款對象時，不可能像只借錢給少數人時那麼有判斷力」。科斯 (Ronald Coase) 在〈社會成本的問題〉(The Problem of Social Cost) 一文中曾指出：「為了要進行市場中的交易，個人就必須去尋找並開發所欲交易的對象、告知對方交易的意願與條件、進行協商談判、擬定合約、進行為確定對方會遵守合約的檢查等等。這些工作經常是要付出極大的成本的」，換言之，交易成本包含五種交易中的機會成本：尋找並瞭解交易對象的成本、接觸交易對方的成本、談判的成本、訂定合約的成本、事後檢查對方遵守合約的成本。這五項交易中的成本都是相當主觀的，這是因為個人與不同的對象合作時愉悅的感受不同。交易成本也

與生產成本分不開，例如勞工在找尋工作與未來的合作對象時，不會只考慮工作時需付出幾小時的工作時間，而是在談判時就已預想到未來是否容易合作，合作過程中是否會花費太多的監督成本等等。也就是因為交易（以及生產）成本是主觀的機會成本，因此人與人的合作才會有各種制度上的安排，根據文化、宗教、習俗等衍生出五花八門的各種組織制度，以幫助人們進行合作與交易。本書在後面的章節中，將會討論在不同的交易成本下，各種組織制度及設計對公司各個利益關係人 (stakeholders) 的影響。在本節與接下來的兩節中，我們假設交易成本為零。

2.2　消費與投資選擇

在跨期的情況下，生產資源的所有者（特別是資金提供者）如何做成各期的消費與投資決策，是與市場利率息息相關。以下我們先來瞭解利息的成因。

◉ 為什麼要收利息

在許多文化裡，從道德層面來看，收取利息（高利貸）被視為是一種罪惡，因而常被壓制。《漢摩拉比法典》（約西元前 1800 年）就規定穀物的年利率最高不得超過 33.33%，銀子的貸出利率不得超過 20%。希臘的梭倫法律（西元前 600 年）的訂定是因為當時許多人付不出利息而成為奴隸，因此訂定法律以減銷債務，並取消利率上限、規定不得質押為奴。羅馬的十二銅表法同樣是因為人民負債太普遍，形成政治危機，而規定利率最高為 8.33%。現在的英國跟隨梭倫法，廢除利率上限，美國則跟隨漢摩拉比法與羅馬法，有利率的上限。早期的猶太人依據《舊約》的經典，是不能向本族人收取利息的，西歐到了基督教時代，則是規定不得向任何人收取利息，教父阿奎那曾引用亞里斯多德的論點「貨幣是無繁殖力的」，聲明收取高利貸是邪惡的、叛教的。中世紀的經院學者 (schoolman) 則努力分別高利貸 (usury) 與利息 (interest) 的差別：高利貸是指得到的比給出去的多，

因此應被禁止；利息則是貸出者因為被迫貸款或是對方延遲償還而遭受了損失，因此允許收取。

　　許多人認為經院學者的努力，只是一些為了經濟發展的需要而不得不從宗教經文中為借貸尋找出路的無聊詭辯，但是凱恩斯 (John M. Keynes) 卻認為經院學者的努力有助於壓低流動性偏好（亦即對持有貨幣的偏好），以免阻礙投資。亞當・斯密認為資本產生的利潤或是收入，可以分為利息跟風險性報酬，在他的《國富論》中，並沒有分別資本家 (capitalist) 與企業家 (entrepreneur)，企業家也提供資本，也會因為冒險創新而得到超額利潤（第一篇第十章）。馬歇爾 (Alfred Marshall) 提出利息是源自於等待或是節欲，企業家是得到利息與因承受風險的報酬（《經濟學原理》附錄一）。馬克思 (Karl Marx) 認為企業家是因為擁有資本才得以管理生產活動，並且因為管理才得以剝削工人所創造的剩餘價值，利潤與利息是工人所創造的剩餘價值的轉化，而不是什麼管理與組織企業的代價。龐巴維克 (Eugen von Böhm-Bawerk) 以為利息是用現在的購買力來交換未來購買力的貼水 (premium)，其原因是：(1)借款人預期未來的處境會更好因此願付利息；(2)人們偏好現在的享受而非未來的享受（亦即有時間偏好 time preference）；(3)掌握了現在的財貨就能進入物質生產力更大的過程。龐巴維克的學生熊彼得 (Joseph Schumpeter) 則認為龐巴維克的第一個理由並不成立：即使未來大家的收入減少，利息也不會是負數，第二和第三個理由不像費雪 (Irving Fisher) 在他的《利息論》中提出的「無耐性理論」清楚：有投資機會就會有時間偏好。熊彼得在《經濟成長與發展理論》(*Theories of Economic Growth and Development*) 中提出：在產品、生產方法、開闢市場、控制原料來源以及企業組織的創新才是利息的來源。在他的分析之中，一個循環流轉的經濟均衡體系裡，收入等於支出，不會有創新的企業家，也不會有生產性的利息。企業家是創新的革命者，他的資金是來自資本家從循環體系中抽出的資金或是銀行家所創造的信用。創新的企業家組合生產因素造成經濟發展，他也因此獲得利潤，但他並不負擔風險，資本家或是銀行家則是因為承擔資金的風險，從而獲得從利潤中分出的利息。凱恩斯的《一

般理論》認為等待或是節欲並不能帶來利息，利息是由於預期的內部投資報酬率增大而不貯錢的報酬，利息也是因為承擔收益可能低於預期、債務不履行、通貨膨脹等三種風險所獲得的補償。希克斯 (John R. Hicks) 則認為即使沒有上述三種風險，貨幣以外的債券也因為缺乏普遍的接受性而引起投資的麻煩（亦即有交易成本），使得它們的現值要比票面上的價值低，這中間的差價就是利息。

　　綜合上述各家解釋利息及時間偏好的成因，大致有五種：低於約定報酬的風險，不履行債務的信用風險，通貨膨脹的風險，犧牲其他投資機會的機會成本，收兌債券的交易成本等。在這裡我提出選擇範圍 (choice set) 的概念來解釋利息存在的原因。設想魯賓遜及星期五兩人生活在一個荒島上，魯賓遜在床底下有一條鹹魚，星期五想要借它 1 個月，魯賓遜要用什麼理由要求星期五在 1 個月之後，除了還一條品質、大小相同的鹹魚之外，還要多加一個椰子當作利息？假設魯賓遜擁有太多鹹魚，在幾個月之內根本不會消費這條鹹魚，也沒有其他投資（出借）的機會，經濟體系一切如常，沒有通貨膨脹，也沒有賴帳不還的信用風險或交易成本，但魯賓遜仍然是可以要求利息的。理由是這條鹹魚借出去之後，魯賓遜的選擇範圍縮小了，在這個月之內，他不能再對這條鹹魚做任何事（例如拿來觀賞或是祭祀），而星期五的選擇範圍擴大，他可以拿這條鹹魚做任何事。為了要讓雙方自願簽下交易的契約，選擇範圍擴大的一方，必須付費（利息）給範圍縮小的一方。魯賓遜得到利息，並不是因為他承受了什麼風險，也不是因為犧牲了其他的投資機會，純粹是因為他的選擇範圍變小，而對方的選擇變多，選擇範圍變大，並且也因此願意付出代價。

　　在財務金融裡，保險、選擇權 (options) 及期貨 (futures) 也與選擇範圍的增減有關。為了要讓保險公司在你的房子遭到火災時給你一筆錢，你必須在事前先付一筆保險費，以誘使保險公司跟你簽約。這個契約使得保險公司在火災發生時受到損失，沒發生火災甚至房屋增值時，一點好處也沒有。被保險者的選擇範圍擴大，承保人的選擇範圍縮小，因此被保險人要付出保險費。選擇權是指在未來的某個期限之內，你有權但是沒有義務用

某個價錢向對方購買或是出售一定數量的財貨。選擇權契約擴大了一方的
選擇範圍（有選擇可以要求對方做或是不做），但是另一方的選擇範圍縮小
了（對方要求的買賣不能拒絕）。因此選擇權是一種權利，是要花錢去購買
的。期貨則是指雙方在未來某個時點，有權利也有義務要交易，雙方的選
擇範圍既擴大（有權利），也同時縮小（有義務），因此在簽訂契約時，並
不需要付給對方任何代價。

當政府要求銀行不能拒絕存款，但是銀行的錢又貸不出去的時候（銀
行的選擇範圍擴大，但是銀行並不需要），銀行就會付出零利息，甚至還要
收取保管費。換言之，利息最低為零，但是不會是負值的，負的利息指的
是保管費。在十九世紀時，政府發行的紙幣是一種流動債券，因此有利息，
現在政府的紙幣稱為法定支付工具 (legal tender)，並沒有付任何利息。唐代
的官員領到的薪資是布帛，羅馬帝國的士兵領到的是鹽，這些都是財貨或
是商品貨幣，可以立即到市集上去交換。現在的士兵領到的卻是一些有油
墨的紙（紙幣），這就相當於士兵們將應得的布帛、鹽或金幣等物品，交給
政府換得紙幣。士兵們願意這樣做，是因為手上的紙幣在市場上被視同為
金幣，擁有紙幣的選擇範圍跟擁有其他商品的選擇範圍是一樣大的。因此
紙幣雖然也是一種證券，但它卻沒有利息。紙幣要被廣泛接受，就必須人
民對它有信心，例如不能發行太多導致貶值（這就像是發行太多股票導致
股權稀釋一樣）。政府想要強迫人民接受紙幣是不可能的，例如美元上有一
行字：此票券為支付公共與私人債務的法定貨幣 (This Note is Legal Tender
for All Debt, Public and Private)，作為支付公共債務繳給政府的稅是可以
的，但是即使有這一行文字，政府仍然無法強迫民間私人往來時使用它。
根據《宋史》記載，宋徽宗崇寧年間，政府曾以三枚銅錢的材料鎔鑄成一
個大錢，並且以一當十，強迫民間使用，當十大錢初行時，揚州「市區晝
閉，人持錢買物，至日旰，皇皇無肯售」。亞當・斯密曾提到，北美殖民地
政府曾發行未付利息且多年以後才能兌現的本票，並宣告此本票為法定貨
幣，任何人都不得拒絕，但是「即使殖民地政府十分穩固，沒有賴帳不還
的問題，法令可以訓令民事法庭，在債務人支付紙幣之後免除他的債務，

但是對任何可以隨自己意思賣或是不賣的商人來說，沒有任何法律可以強
迫他在販賣自己的貨品時，接受 1 先令紙幣當作 1 先令金幣貨款」，即使是
金幣，「如果他什麼都換不到，金幣就跟破產者開出的票據一樣，和不值一
文錢的紙張沒有兩樣」（《國富論》第二篇第二章）。

✖ 跨期交換經濟

假設一切都是確定的，則只會有一個利率，那就是無風險利率 (risk-
free interest rate)，否則人們可以進行套利，由低利率的銀行借出，再存入
高利率的銀行。在一個期初投入、期末獲利的一期模型中，若是只有交換
而無生產機會，則可以用圖 2-1 表示。$\$^0$ 代表期初金額，$\$^1$ 代表期末金額，
無風險利率為 r，OA 為市場利率線 (market interest line)，因此若是在期初
存入 OD，期末可以得到 $OE = OD(1 + r)$。將圖 2-1 的 OA 畫成對角線 FC，
則就如圖 2-2 所示，投資人若是在期初擁有 OC 的財富，那麼 FC 線就代
表他的所有可能的選擇。B 點的意思是：在期初消費 OH，投資 HC，在期
末的時候得到 $OG = HC(1 + r)$。

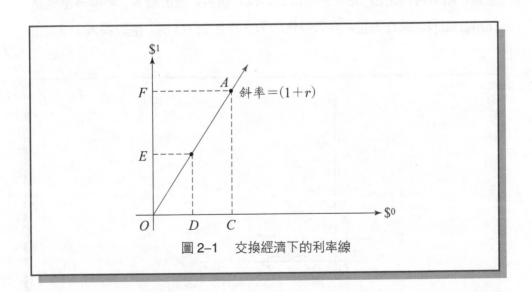

圖 2-1　交換經濟下的利率線

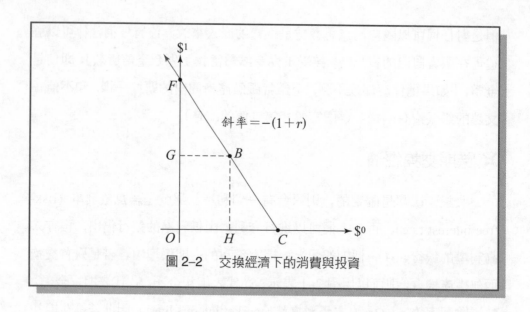

圖 2-2　交換經濟下的消費與投資

✖ 跨期生產經濟

　　若是只有生產機會而無交換機會，則個人投資及消費型態可以用圖 2-3 表示。*OZ* 代表生產可能線 (production possibility curve)，期初投資 *OD* 於生產，期末可得產出 *OF*。一般而言，投入越多，產出越多，亦即邊際產出 (marginal product) 為正。例如投資由 *OD* 增加到 *OA* 時，邊際投入（投入增

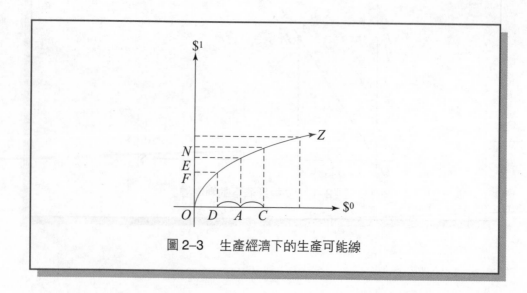

圖 2-3　生產經濟下的生產可能線

量）為 *DA*，邊際產出（產出增量）為 *FE*。在此圖中我們假設隨著投入增加，邊際產出會逐漸變小，我們稱之為報酬遞減現象，例如當投入由 *OA* 增至 *OC* 時，邊際投入 *AC* = *DA*，而邊際產出 *NE* 小於 *EF*。同樣地，我們可以將 *OZ* 畫成對角線 *IJ*，如圖 2–4 所示，假設投資人期初擁有 *OI* 財富，選 *B* 點代表期初消費 *OH*、投資 *HI*，在期末獲得 *OG* 產出。

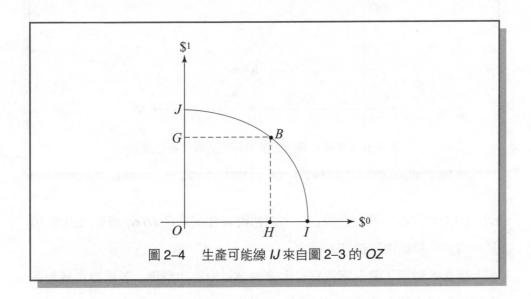

圖 2–4　生產可能線 *IJ* 來自圖 2–3 的 *OZ*

✴ 跨期生產與交換經濟

　　當魯賓遜除了有生產機會外還有交換機會時，他的選擇變多，財富也會增加。例如圖 2–5 所示。

　　假設期初擁有 *OI* 財富，投資 *HI* 於生產，貸出 *OH*，則在期末時可以得到產出 *BH* = *OG*，及對方償還借款的本利和 *EG*。選擇 *B* 點的期末總財富為 *OE* = *OG* + *EG*，透過利率 *r* 的折現，期末總財富 *OE* 相當於期初財富 *OC*。但是投資 *HI* 於生產並非最佳選擇，理由是再增加投資於生產的邊際成本 *r* 是比生產的邊際收益小，因此會選擇 *A* 點生產（邊際收益等於邊際成本），也就是投資 *MI*，貸出 *OM*，則會在期末得到 *OF*，是大於投資在 *B* 點生產的所得 *OE*。在只有生產而無交換的機會時，魯賓遜的期初財富為

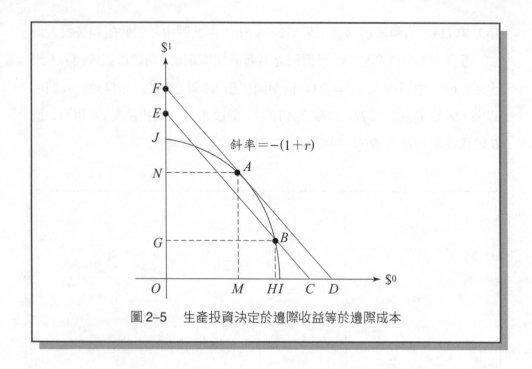

圖 2–5　生產投資決定於邊際收益等於邊際成本

OI，加上有交換的機會之後，他的期初財富會擴增至 *OD*，增加的份額 *ID* 是來自於交換經濟所帶來的好處。

圖 2–5 顯示了將財富投資於生產或是貸出去的選擇。若是魯賓遜想要在期初與期末都有消費，則只要在期初擁有 *OI* 財富，擁有生產機會及投資 *MI* 於生產之中，則 *DF* 線上的任何點都可以是他的消費選擇（若是只投資 *HI* 於生產中，則就只能在 *CE* 線上選擇）。例如圖 2–6 所示，若是魯賓遜選擇 *A'* 點：期初消費 *OR*，期末消費 *OS*，期初他可以向市場借入 *MR*，投資 *MI* 於生產中，消費 *OR* = *OI*（原財富）+（*MR* − *MI*），期末由生產可得到 *ON*，償還借款的本利和 *NS*，期末可消費 *OS* = *ON* − *NS*。若是選擇 *A″* 點：期初消費 *OT*，期末消費 *OU*，期初生產投入仍是 *MI*，貸出 *TM*，消費 *OT*，期末可得到 *OU* = *ON*（生產所得）+ *NU*（貸出所得），以供消費。以上的討論說明了生產決策（投資 *MI*）與個人的消費偏好無關，換言之，若是生產機會的擁有者，請經理人代理生產，該經理仍然應在期初投資 *MI* 數額，使得邊際收益等於邊際成本，以使得生產的超額利潤的期初現值最大：$\dfrac{AM}{1+r}$ − *MI* = *ID*。

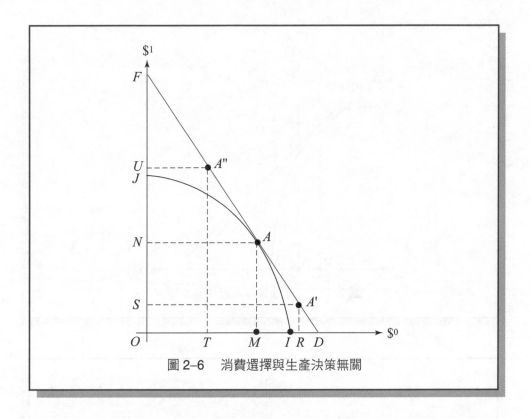

圖 2-6　消費選擇與生產決策無關

在圖 2-5 當中，若是擁有生產機會者在期初只有 HI 的自有資金，則他是否只應投資 HI 於生產中呢？我們的答案是，仍應投資 MI 於生產中，其中 MH 的部分可以由市場中去借得。我們可以將圖 2-5 重繪成如圖 2-7，若只投資 HI 於生產，期末僅得 BH；若是向外借入 MH，投資 MI 於生產，期末得到 NH，還給貸款的本利和 $NV = (1 + r)MH$，剩下的 VH 是大於 BH。由此我們發現，最佳生產決策（投資 MI）與融資決策是無關的。生產機會所有者的內部投資報酬率是：$(\frac{VH}{HI} - 1)$。若是 MI 全是向外借貸而來（如圖 2-8），內部投資報酬率會變成無限大：$(\frac{CI}{0} - 1) \approx +\infty$。在這裡我們再次證明了，生產機會所有者（股東）的單位投資報酬率會隨著負債的上升而上升，但這與風險是毫無關係的。

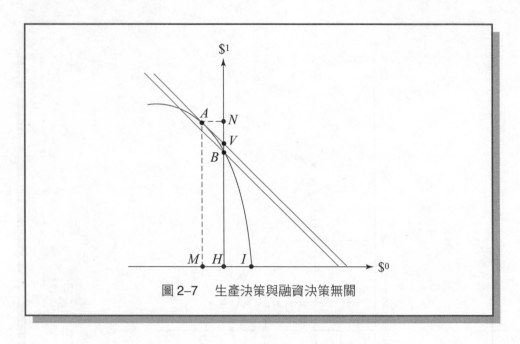

圖 2-7 生產決策與融資決策無關

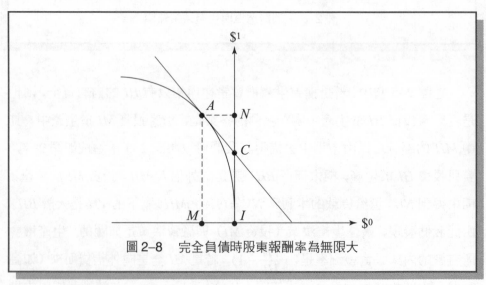

圖 2-8 完全負債時股東報酬率為無限大

2.3 利潤極大化與生產資源提供者財富極大化的等價關係

財務金融的文獻常聲明：公司的目標是使股東的財富極大化，管理階

層會儘量增加股東的財富。這句話似乎是不證自明的，因為公司法及公司章程中規定股東選出董事會 (board of directors)，董事會再選出董事長，董事長任命總經理或是執行長，總經理再尋找員工組成經營團隊，自然而然地，經營管理階層是應為股東效力。在這一節裡，我們將分析經濟學裡所說的利潤極大化 (profit maximization) 與個別生產資源提供者的財富極大化 (wealth maximization) 的關係。要注意的是，任何生產資源提供者若是沒有生產機會的財產權，則他只能獲得所提供資源的機會成本，超額利潤是屬於擁有生產機會財產權者。

馬歇爾的新古典經濟學設定公司（廠商）的目標是利潤極大化，也就是公司組合生產因素協調生產，使得收益與成本的差異最大。假設期初投入勞動 (L) 及資本 (K)，期末可以產出產品 (q)，以數學式表示，

$$\text{Maximize}_{L, K} \pi = p(q(L, K)) \cdot q(L, K) - wL - (1 + r)K \tag{5}$$

上式中，$q(L, K)$ 為生產函數，代表使用 L 及 K 可以生產產量 q，w 為每單位勞動價格，$1 + r$ 為資本投入價格，產品價格為供給量 q 的函數：$p(q)$，而 $q = q(L, K)$，π 是期末的超額利潤。(5)式表明了公司的目標是選擇 L 及 K 的最佳投入量以使得收益：$p(q) \cdot q$，與成本：$wL + (1 + r)K$，之間的差距（超額利潤 π）為最大。(5)式假設了資本在期末的殘值為零，w 和 $1 + r$ 是勞動與資本投入的機會成本。這裡有一個有趣的問題，既然每個生產資源提供者都拿到了機會成本（亦即他在其他地方可以拿到的最大報酬），那麼超額利潤 π 究竟是屬於誰的？或者，(5)式是誰的目標函數而要使得 π 最大？亞當・斯密及馬歇爾等人認為 π 是屬於資本家（他同時也是企業家）的，資本家雇用工人再購進原料等以供生產銷售，π 因此是資本家（企業家）組織並協調生產的報酬。熊彼得則認為 π 是屬於創新的企業家的，若是沒有創新發展，經濟只是一個循環體系，根本不會有超額利潤 π 的存在。

我們可以舉一個例子說明如何估計(5)式中的超額利潤 π：假設(5)式中，

$$q(L, K) = L^{\frac{1}{2}}K^{\frac{1}{2}}, w = 1, r = 0.5625, p(q) = 10 - q = 10 - L^{\frac{1}{2}}K^{\frac{1}{2}}$$

廠商的收益函數為：$R(q(L, K)) = (10 - q) \cdot q = 10q - q^2$，隨著銷售量（產量）

增加，廠商的收益會上升，至最高點 $q = 5$（由 $R(q) = 10q - q^2 = -(q-5)^2 + 25$ 計算得到）之後，就會逐漸下降。廠商的目標是使個別生產資源提供者拿到機會成本之外，還要使得超額利潤最大：

$$\underset{L,\ K}{\text{Maximize}}\ \pi = (10 - L^{\frac{1}{2}} K^{\frac{1}{2}})(L^{\frac{1}{2}} K^{\frac{1}{2}}) - L - 1.5625K \tag{5$'$}$$

假設資本為固定，例如資本提供者只提供 2 個單位的資本投入（亦即 $K = 2$），則廠商要找出在 2 個單位資本投入下的最佳勞動 (L) 的投入量：

$$
\begin{aligned}
\pi &= [10 - L^{\frac{1}{2}} 2^{\frac{1}{2}}] \cdot [L^{\frac{1}{2}} 2^{\frac{1}{2}}] - L - 1.5625(2) \\
&= -3\,[L - \frac{10\sqrt{2}}{3} L^{\frac{1}{2}} + \frac{1.5625(2)}{3}] \\
&= -3\,[(L^{\frac{1}{2}} - \frac{5\sqrt{2}}{3})^2 - (\frac{5\sqrt{2}}{3})^2 + \frac{1.5625(2)}{3}]
\end{aligned}
\tag{6}
$$

因此在 2 個單位資本投入量之下，勞動最佳投入量必須是 5.5556 $(= (5\sqrt{2}/3)^2)$，才能使得超額利潤最大：$\pi = 13.541667$。若是投入資本量是 $K = 3$，則：

$$
\begin{aligned}
\pi &= [10 - L^{\frac{1}{2}} 3^{\frac{1}{2}}] \cdot [L^{\frac{1}{2}} 3^{\frac{1}{2}}] - L - 1.5625(3) \\
&= -4[L - \frac{10\sqrt{3}}{4} L^{\frac{1}{2}} + \frac{1.5625(3)}{4}] \\
&= -4[(L^{\frac{1}{2}} - \frac{5\sqrt{3}}{4})^2 - (\frac{5\sqrt{3}}{4})^2 + \frac{1.5625(3)}{4}]
\end{aligned}
\tag{7}
$$

此時最適勞動投入 $L = 4.6875\ (= (5\sqrt{3}/4)^2)$，超額利潤 $\pi = 14.0625$。我們可以由上述的方法，不斷地變動 K，以找出是多少數量的資本投入，才能使 π 最大。

由表 2–1 我們可以發現，當 $K = 3$ 時，L 的最佳投入量為 4.6875，此時超額利潤 $\pi = 14.0625$ 要高於任何其他資本與勞動投入之下的 π。換言之，(5)$'$ 式的資本最佳投入量為 $K^* = 3$，勞動最佳投入量為 $L^* = 4.6875$，合作生產的最大超額利潤為 $\pi^* = 14.0625$。

表 2–1 說明了當資本投入 K 為固定時，計算最適勞動投入 L 以使得 π 最大。以(6)式為例，當 $K = 2$ 時，L 應為 5.5556，使得 $\pi = 13.5417$，此時

表 2-1　固定資本投入之下的最佳勞動投入 (*L*)、超額利潤 (π) 與準租 (*QR*)

	K = 1	K = 2	K = 2.56	K = 3*	K = 4	K = 5
L	6.25	5.5556	5.0499	4.6875*	4	3.4722
π	10.9375	13.5417	13.9775	14.0625*	13.75	13.0208
QR	12.5	16.6667	17.9775	18.75	20	20.8333

"$[10 - (5.5556)^{\frac{1}{2}}(2)^{\frac{1}{2}}] \cdot [(5.5556)^{\frac{1}{2}}(2)^{\frac{1}{2}}] - (5.5556)$" = 16.6667，是為馬歇爾所謂的「準租」(quasi-rent: *QR*)。準租的意義是，合作生產所得扣去分配給非固定生產因素的份額，所剩下的部分；在(6)式中指的是，收益 "$[10 - (5.5556)^{\frac{1}{2}}(2)^{\frac{1}{2}}] \cdot [(5.5556)^{\frac{1}{2}}(2)^{\frac{1}{2}}]$" 減掉分配給勞動投入的份額 "$1 \times 5.5556$" 所剩下來的部分：16.6667。由表 2-1 可以瞭解到當 *K* 等量增加時，準租 (*QR*) 的增量是逐漸減少，例如當 *K* 由 1 增至 2 時，*QR* 的增量為 4.1667 (= 16.6667 - 12.5)，當 *K* 由 2 增至 3 時，*QR* 的增量減少為 1.3108 (= 17.9775 - 16.6667)。因此準租 *QR* 與資本投入 *K* 的關係可以繪圖如圖 2-9 所示，*QR* 是 *K* 的增函數並且是凹性函數 (concave function)。

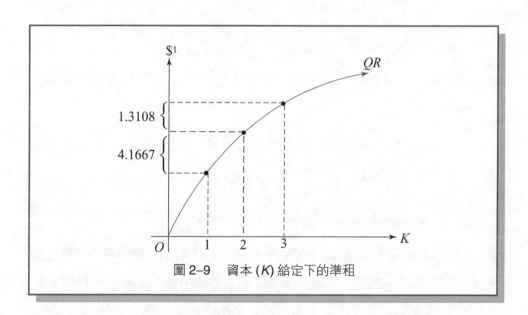

圖 2-9　資本 (*K*) 給定下的準租

圖 2-9 的 *QR* 曲線也就是圖 2-3 的 *OZ* 或是圖 2-4 的 *IJ* 生產可能線。因為 *K* = 3 時，π 為最大值，因此 *QR* 曲線在 *K* = 3 時的切線斜率（資本投

入的邊際收益）會等於 1.5625 (= (1 + r) = 1 + 0.5625) （資金的邊際成本），以圖 2–6 來說明，則是期初資本投入 $MI = 3$，期末得到準租 $MA = ON = 18.75$。若是資本投入 $K = 3$ 完全是向外借債，則以圖 2–8 說明，期初是借入資金 $MI = 3$，期末還債的本利和 $NC = 4.6875$ (= 1.5625 × 3)，擁有生產機會財產權的股東得到超額利潤 $CI = \pi^* = 14.0625$ (= $QR - (1 + r)K$ = 18.75 − 1.5625 × 3)。在此我們說明了，當合作的交易成本為零時，生產機會財產權若是屬於股東（亦即表 2–1 的 QR 及 π 是屬於股東），則使股東財富極大化及使利潤極大化 ((5)′ 式) 是等價的，二者的生產效率完全相同，所得到的都是最大的 $\pi^* = 14.0625$。

(5)′ 式的利潤極大化的求解過程，也可以先假設勞動投入量 L 為固定，再求出使 π 最大的資本投入量 K，最後再比較看哪一個勞動投入量可以使得超額利潤 π 最大。例如當 L 固定為 2 時，(5)′ 式可以表示為：

$$\pi = [10 - 2^{\frac{1}{2}}K^{\frac{1}{2}}] \cdot [2^{\frac{1}{2}}K^{\frac{1}{2}}] - 2 - 1.5625K$$

$$= -3.5625[K - \frac{10\sqrt{2}}{3.5625}K^{\frac{1}{2}} + \frac{2}{3.5625}]$$

$$= -3.5625[(K^{\frac{1}{2}} - \frac{5\sqrt{2}}{3.5625})^2 - (\frac{5\sqrt{2}}{3.5625})^2 + \frac{2}{3.5625}] \tag{8}$$

因此 $K = 3.9397$ (= $(5\sqrt{2}/3.5625)^2$) 可使得 π 最大：12.0351。若是 L 固定為 3 時，則：

$$\pi = [10 - 3^{\frac{1}{2}}K^{\frac{1}{2}}] \cdot [3^{\frac{1}{2}}K^{\frac{1}{2}}] - 3 - 1.5625K$$

$$= -4.5625[K - \frac{10\sqrt{3}}{4.5625}K^{\frac{1}{2}} + \frac{3}{4.5625}]$$

$$= -4.5625[(K^{\frac{1}{2}} - \frac{5\sqrt{3}}{4.5625})^2 - (\frac{5\sqrt{3}}{4.5625})^2 + \frac{3}{4.5625}] \tag{9}$$

$K = 3.6029$ (= $(5\sqrt{3}/4.5625)^2$) 可使得 π 最大：13.4384。我們可以不斷地變動 L，以尋找(5)′ 式的最大的超額利潤。如表 2–2 所示，最適 $L^* = 4.6875, K^* = 3, \pi^* = 14.0625$，是與表 2–1 的結果完全相同。

表 2–2 的準租 (QR) 的意義是：合作生產所得扣去分配給非固定生產因素（此時是資本投入）的份額，所剩下來的部分；在(8)式中指的是，收

表2-2 固定勞動投入之下的最佳資本投入 (K)、超額利潤 (π) 與準租 (QR)

	$L=1$	$L=2$	$L=3$	$L=4$	$L=4.6875^*$	$L=5$
K	3.8073	3.9397	3.6029	3.2319	3^*	2.9025
π	8.7561	12.0351	13.4384	13.9775	14.0625^*	14.0476
QR	9.7561	14.0351	16.4384	17.9775	18.75	19.0476

益 "$[10 - (2)^{\frac{1}{2}}(3.9397)^{\frac{1}{2}}] \cdot [(2)^{\frac{1}{2}}(3.9397)^{\frac{1}{2}}]$" 減掉分配給資本投入的份額 "$1.5625 \times 3.9397$"，所剩下來的部分：14.0351。在這裡，我們隱含了假設生產機會的財產權是屬於勞動投入者（亦即表 2-2 的 QR 與 π 是屬於勞動投入者）。表 2-2 說明了使勞動投入者的財富極大化和使利潤極大化（(5)' 式）是等價的，二者的生產效率完全相同，所得到的最大超額利潤都是 π^* = 14.0625。

表 2-2 假設了勞動投入為固定生產因素，此時估計的準租 (QR) 也是馬歇爾所說的：「經濟學家知道在日常生活中叫做工資的這一混合物含有真正地租的成分」（《經濟學原理》第五篇第九章第四節）。由該表也可以發現，當 L 等量增加時（例如由 1 增至 2 及由 2 增至 3），QR 的增量是逐漸下降（由 4.279 = 14.0351 – 9.7561 降至 2.4032 = 16.4384 – 14.0351），QR 與 L 的關係可以表示如圖 2-10 所示：QR 是 L 的增函數並且是凹性函數。

圖 2-10 的 QR 也是相當於圖 2-3 的 OZ 生產可能線，因此比照圖 2-6，我們可繪製圖 2-11，其中 QR 曲線在 A 點上的切線斜率（勞動投入的邊際收益）等於 -1 $(=-w)$（亦即勞動的邊際成本），QR 在 $L^* = 4.6875$ 時為 $MA = ON = 18.75$，若是擁有生產機會所有權的勞動投入者，決定期初外雇 2 單位勞動量，自行投入 2.6875 勞動量，則如圖 2-12 所示，$MH = 2, HI = 2.6875$，期末給付外雇勞工：$NV = 1 \times 2 = 2$ 之後所得到的為：$VH = NH - HV = 18.75 - 2 = 16.75$，該勞動投入者的單位勞動投資報酬率為：$\frac{VH}{HI} = \frac{16.75}{2.6875} = 6.2326$。若該勞動投入者決定全部由外雇勞工來提供 $L^* = 4.6875$ 的勞動量，則如圖 2-13 所示，期末時給付外雇勞工：4.6875 $(= 1 \times 4.6875)$，該勞動投入者的單位勞動投資報酬率會是無限大：$\frac{VI}{0} = \frac{18.75 - 4.6875}{0} \approx +\infty$。因此我們可以改

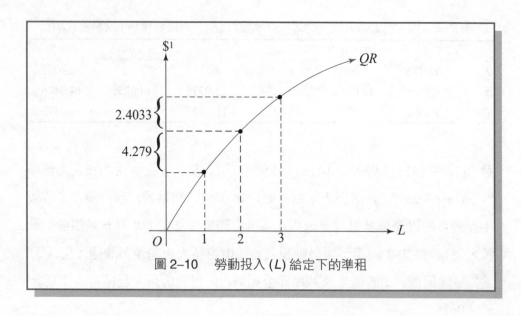

圖 2–10　勞動投入 (L) 給定下的準租

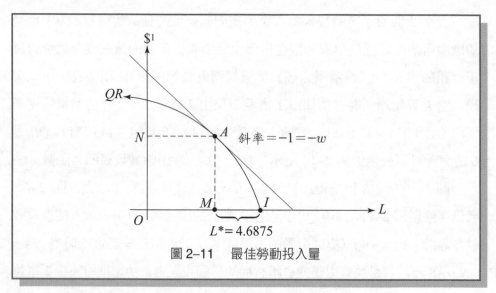

圖 2–11　最佳勞動投入量

寫摩迪格蘭尼－米勒的第二定理為:「當外僱勞動數量上升時,勞動提供者的單位勞動投入報酬率會隨之上升」,同樣的,這是與任何風險毫無關係的。

　　(6)式與(7)式及表 2–1 是假設生產機會的財產權(超額利潤 π^*)是屬於資本提供者的; (8)式與(9)式及表 2–2 是假定生產機會的財產權(超額利潤 π^*)是屬於勞動提供者的。這些結果是因為我們假設生產合作只需要兩種

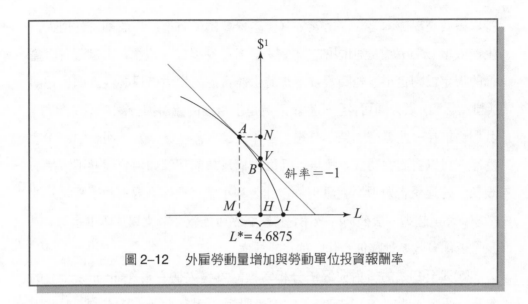

圖 2–12　外雇勞動量增加與勞動單位投資報酬率

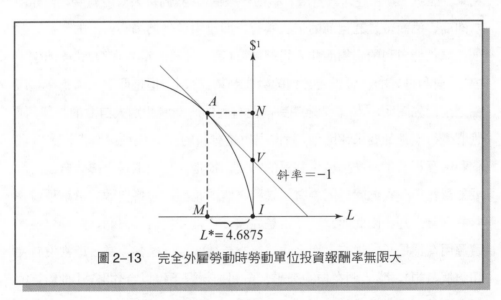

圖 2–13　完全外雇勞動時勞動單位投資報酬率無限大

生產因素（資本及勞動投入）所致，若是生產還需要有其他的生產因素配
合，例如原料與土地等，而原料所有者擁有生產機會的所有權，那麼原料
的所有者就可以得到超額利潤 π^*。由以上的分析我們得到下面的結論：新
古典經濟學 (neoclassical economics) 中的利潤極大化與任何參與合作的生
產資源提供者的財富極大化是等價的。在以上的分析中，我們假設了合作
時的交易成本為零，因此這項結論與著名的科斯定理 (Coase theorem) 相

符：只要交易成本為零，財產權（生產機會的所有權）不論屬於任何人，生產效率 (π^*) 都會是相同的。事實上，若是交易成本為零，則是否有財產權的規定或判定根本無關緊要，這時生產資源的提供者只要注意如何把餅（超額利潤）做大即可，至於生產前或是生產後的協調與分配都不是問題。我們也許在一些緊密團結、有過去合作經驗（甚至感情）的組合中，如家庭等，可以看到交易成本極低，而財產權及超額利潤如何分配並不清楚的現象。管理學者們很早就發現許多非營利事業（例如大學與教學醫院）的效率，甚至超過一般公司的效率，其癥結點可能就在於交易成本的多寡，以及是否能有效率地降低合作時的交易成本。

(5)式至(9)式的新古典經濟分析常被認為是人們自利 (self-interest) 的結果。亞當‧斯密在《國富論》中的一段話：「我們每天有吃有喝，並非由於肉商、酒商或是麵包商的仁心善行，而是由於他們關心自己的利益，我們訴諸他們自利的心態而非人道精神」（第一篇第二章），常被錯誤的引申為：「自利是好的，可以使社會的生產效率最大」。但是亞當‧斯密在這段話之前已先闡明：「如果他能朝對自己有利的方向喚起別人自愛的心理，讓他們覺得照他的要求協助他，對自己也是有利的」，之後他又緊接著說：「我們利用互相約定，交換或是購買的方式，從他人身上取得大部分自己所需要的幫忙……人們就是因為有了這種確實的把握，才各自致力於某種特殊行業（分工）」。因此亞當‧斯密是先談合作，然後再談自利，這樣可使得資源用在最適當的地方，而合作是有交易成本的（雖然亞當‧斯密沒有使用這個名詞），當人們在自由競爭、自利的情況下得以合作時，「他盤算的是自己的利益，但是他受到一隻看不見的手的引導，去盡力達到一個並非他本意想達到的目的」《國富論》第四篇第二章）。就連新古典經濟學的創始者馬歇爾，也不斷的在他的《經濟學原理》書中強調：「當我們說到一個人活動的動機，是為他能賺得金錢所激發時，這並不是說，在他心目中除了唯利是圖的念頭外，就沒有其他一切考慮了，因為即使在生活中最純粹的營業關係也是講誠實與信用的」（第一篇第二章），「資本與勞動的合作就如同紡工跟織工的合作一樣重要」（第六篇第二章），「因此經濟學家所研究

的是一個實際存在的人：不是一個抽象或是經濟的人，而是一個血肉之軀
的人」（第一篇第二章）。

案例研讀

員工分紅配股與股票選擇權

美國微軟公司 (Microsoft) 於 2003 年 7 月 8 日宣佈，該公司將從當年的 9
月開始停止實施有 30 年之久的員工股票選擇權制度，而代之以限制型股票
(restricted shares) 來酬庸員工。對員工而言，究竟是股票選擇權較有利，還是
限制型股票較有利，是要依照對未來的股價的預期而定。以一個簡單的例子
來說明，如果今天股價是 30 美元，某甲從公司領到 1 萬股的 5 年到期日執行
的股票選擇權，每股執行價為 30 美元；某乙分配到 2,500 股的限制型股票，
5 年後才能出售或轉讓。5 年後到期日時，若是股價小於 30 元，例如 20 元，
則擁有股票選擇權的某甲得到的是一堆廢紙，某乙則得到 5 萬美元的財富 (=
$20 \times 2,500$)。若是 5 年後的股價大於 40 美元（由 $2500x = 10,000(x - 30)$ 計算
得到 $x = 40$ 美元），例如 50 美元，則某甲得到 20 萬美元 (=(50 − 30)
$\times 10,000$)，要高於某乙得到的 12.5 萬美元 (= $50 \times 2,500$)。微軟公司的股價自
3 年前的高峰 56 美元，就一直下滑，至 7 月 8 日宣佈日時只剩下 27.7 美元，
其時針對微軟股票的大多數選擇權的執行價為 27 美元，因此微軟公司對員工
酬庸由股票選擇權改為限制型股票，是希望對員工有較多實質上的獎勵，但
這其中也釋放出該公司對未來股價的預期是較為悲觀的訊息。

在相同的交易成本之下，若是微軟員工的股票選擇權的執行價很低，甚
至接近於 0 美元，則這兩種酬庸員工的方式對員工的影響完全相同（一股執
行價為 0 元的股票選擇權就等於一股限制型股票），所隱含的對公司未來的預
期也是相同。有些公司的員工分紅是直接發給股票，這是與發給現金紅利類
似，但這其中包含了有視員工為合夥人的意味，對員工的士氣會有幫助。直
接發給員工股票可以使得員工立刻獲得現金的好處，是對員工「過去的表現
的獎勵」；發給員工未來才能執行的限制型股票或是股票選擇權，則是「將過
去的表現與未來的表現綁在一起」——不只過去要表現好，未來也要表現好，

才能獲得好處。這種迫使員工未來必需留在公司並且要表現好，才能獲得「對過去表現的獎賞」是不公平的——要求員工繼續與公司「結婚」幾年，而公司卻可以隨時「解除婚約」——解雇員工。此外還有所謂：直接發給員工股票，則會有馬上拿了就跑，而對公司長期經營不利的錯誤說法，這種說法是完全不懂得什麼是機會成本——員工未來只要能在他處拿到更高的報酬，就會離開，而這與現在當下直接發給員工多少股票根本無關。

2.4　總　結

- 本章以一個強盜集團的例子說明了在零交易成本之下，公司可以看作是一組契約的組合。生產資源提供者在自願情況下參與生產合作，然後再按照事前約定好的進行分配，並沒所謂「先拿先贏」的問題。如果稱身為老大的羅賓漢是「強盜集團的擁有者」是荒謬的話，稱公司的董事長是「公司的所有人」也是同樣荒謬；各資源提供者擁有的財產權就是他所提供的資源，不多也不少。

- 股東與債主同樣是資金的提供者，股東的單位投資報酬率會隨著負債的上升而上升，但這並不與風險有任何關係。

- 人們在尋求資源的最佳配適時，會考慮機會成本，以使自己能得到最大的利益，在合作時，也會考慮交易成本的大小。

- 利息是雙方交易的結果，魯賓遜與星期五的例子說明了，即使沒有通貨膨脹、沒有不履行債務的風險、沒有其他的投資機會、沒有買賣債券的交易成本，仍然會有利息的存在。其原因是貸出者的選擇範圍縮小，借入者的選擇範圍擴大，借入者為了誘使貸出者簽下合約，就必須付出代價——利息。為什麼選擇權與保險有價，而期貨無價，也是和交易雙方的選擇範圍的增減有關。零利率的現象也說明了古典經濟學家的說法：「利率是等待或是節欲的結果」，是不正確的。若是銀行的存款再降息也貸不出去，儲蓄不但沒有利息，還必須負擔保管費。

- 在沒有交易成本的情形之下，生產投資決策與消費偏好無關，利潤極大化與各生產資源提供者的財富極大化是等價的。
- 若是沒有交易成本，生產機會的所有權屬於誰根本無關緊要，生產效率均可達到最大。若是生產機會是屬於勞動提供者所有，我們也可以得到類似摩迪格蘭尼—米勒第二定理的結論：「勞動提供者的單位勞動投入報酬率會隨著外雇勞動數量的增加而增加」，同樣地，這項結論也是與風險毫無關係。

 本章建議閱讀著作

關於生產決策與個人消費偏好無關論，請參閱：Fisher, Irving, 1930, *The Theory of Interest*, New York: Macmillan Co.

關於交易成本的開創性研究，請參閱：Coase, Ronald, 1960, "The Problem of Social Cost," *Journal of Law and Economics* 3, 1–44.

本章習題

1. 請問以一系列契約的組合來描述公司時需要什麼樣的假設條件？家庭可否也看成是一組契約的組合？

2. 請以選擇範圍的概念來說明利息的成因。是否可能存在負的利率？

3. 請說明在何種情形下，存在：生產決策與個人跨期消費無關、生產決策與融資決策無關？

4. 請說明為什麼當交易成本為零時，利潤極大化與生產資源提供者的財富極大化是等價的。在這裡對生產機會的財產權的歸屬有什麼特別的要求？

5. 請以圖形說明：當外雇勞動數量上升時，勞動供給者的單位勞動投入報酬率會隨之上升；當向外借債增加時，股東的單位投資報酬率會隨之上升。

6. 請解釋在現代資本主義的社會裡，紙幣、股票或黃金作為交易工具的優缺點為何？

7. 請舉一例說明，當交易成本為零時，由市場或是由公司來協調生產的生產效率會是相同的。

8. 妳（你）是否可以舉出一些例子說明，當下直接發給員工股票的多寡會影響公司未

來的營運表現?

9.請以送禮來說明雙方選擇範圍的變化，送禮是否也是一種選擇權?

評價多期投資的
未來值與現值

　　在第二章裡，我們假設了一期的投資：期初投資，期末始獲得報酬。但在實務上，例如債券或銀行存款是在期間就給予報酬（利息），而中間所得到的報酬又可以進行再投資，因此是一個多期並且具有複利（利上滾利）現象的投資。本章在 3.1 節先說明未來值與再投資利率的關係及如何計算現值，再投資利率也是資金在再投資期間的機會成本。3.2 節為如何計算年金（期間獲得固定收入）的現值及未來值。3.3 節說明實務上的有效年利率的計算。

3.1　現值與未來值

　　我們可以舉一例說明在多期的情形下，現值與未來值的關係。

釋例 1　　在 1 月 1 日購入一張 5 年期的政府公債需付現價 100 元，年利率為 10%（亦即每年年底可以得到 10 元），第 5 年底時可得到公債的票面價值 100 元，再加上當年度的利息 10 元。政府債券帶來的各期收入如下所示：

5 年期政府公債的年利率 10% 代表了在這個經濟體系內投資 5 年，而得到確定 (certain) 收入的投入資金的每年機會成本也是 10%。若不然，若是一家公營銀行給予 5 年確定的存款年利率為 12%，則大家會存錢於銀行，而沒人會購買該政府公債；若是銀行年利率為 8%，則眾人會從銀行貸款來購買政府公債以套利賺錢。因此在市場均衡時，對任何期間（5 年或 10 年），這個經濟體只會存在一個確定的年利率，這就是投資於其上的資金的機會成本。

　　每年年底收到的 10 元利息可以用年利率 10% 再投資，則到了第 5 年底時各項利息再投資的收入為：

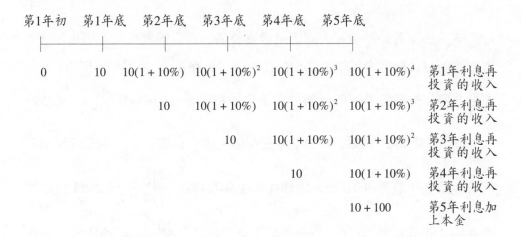

換言之，經過利息的再投資，到了第 5 年底時，投資者的總收入為：

$$10(1+10\%)^4 + 10(1+10\%)^3 + 10(1+10\%)^2 + 10(1+10\%) + (10+100)$$

$$= 10(1+10\%)^4 + 10(1+10\%)^3 + 10(1+10\%)^2 + 10(1+10\%) + 100(1+10\%)$$

$$= 10(1+10\%)^4 + 10(1+10\%)^3 + 10(1+10\%)^2 + (100+10)(1+10\%)$$

$$= 10(1+10\%)^4 + 10(1+10\%)^3 + 10(1+10\%)^2 + 100(1+10\%)^2$$

$$= 10(1+10\%)^4 + 10(1+10\%)^3 + 100(1+10\%)^3$$

$$= 10(1+10\%)^4 + 100(1+10\%)^4$$

$$= 100(1+10\%)^5 \tag{1}$$

161.051 元 $(= 100(1+10\%)^5)$ 為投資該政府債券 5 年後的未來值 (future value: FV)。將(1)式左右兩邊各除以 $(1+10\%)^5$，可得到：

$$100 = \frac{10}{(1+10\%)} + \frac{10}{(1+10\%)^2} + \frac{10}{(1+10\%)^3} + \frac{10}{(1+10\%)^4} + \frac{110}{(1+10\%)^5} \tag{2}$$

　　(2)式左邊的 100 元是該政府債券的現值 (present value: PV)，在本例中是正好等於在第 1 年初的債券的現貨價格 (current or spot price)。一個投資人若是認為未來 5 年內的每年確定利率是 8%，而非 10%，則她會認為該公

債之現值應該為：

$$PV = \frac{10}{(1+8\%)} + \frac{10}{(1+8\%)^2} + \frac{10}{(1+8\%)^3} + \frac{10}{(1+8\%)^4} + \frac{110}{(1+8\%)^5}$$

$$= 107.9855 \tag{3}$$

(3)式的意義是該投資人認定她投資公債的資金的機會成本是每年 8%（亦即若投資於他處每年能拿到的最高確定報酬率為 8%）；如下圖所示：想要在第 1 年底獲得 10 元，需要在第 1 年初投資（或存錢）$\frac{10}{(1.08)} = 9.2593$ 元；想要在第 2 年底獲得 10 元，需要在第 1 年初投資 $\frac{10}{(1.08)^2} = 8.5734$ 元；想要在第 3 年底獲得 10 元，需要在第 1 年初投資 $\frac{10}{(1.08)^3} = 7.9383$ 元；想要在第 4 年底獲得 10 元，需要在第 1 年初投資 $\frac{10}{(1.08)^4} = 7.3503$ 元；想要在第 5 年底獲得 110 元，需要在第 1 年初投資 $\frac{110}{(1.08)^5} = 74.8642$ 元。因此，總計需要在第 1 年初投資 107.9855 元 (= 9.2593 + 8.5734 + 7.9383 + 7.3503 + 74.8642)，才能獲得如該政府債券在每年底給予的報酬。由於政府公債的現價只需要 100 元，該投資人會很樂意以 100 元購進以獲得 7.9855 元 (= 107.9855 – 100) 的利潤。

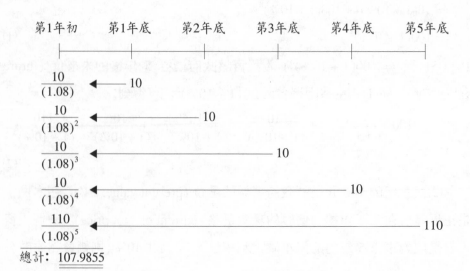

每年 8% 的資金的機會成本也代表了每年再投資的確定報酬率為 8%，該投資人認為這個債券的未來值為：

$$FV = PV(1 + 8\%)^5$$
$$= 107.9855(1 + 8\%)^5$$
$$= 10(1 + 8\%)^4 + 10(1 + 8\%)^3 + 10(1 + 8\%)^2 + 10(1 + 8\%) + 110 \quad (4)$$

在第 1 年初時，若是市場上許多人與這位投資人抱持相同的看法，則大家搶購該債券的結果，會使得債券的現貨價格由 100 元上升至 107.9855 元，亦即到了市場均衡（售價使得供給等於需求）時，5 年期的每年確定（債券或是銀行存款）利率是 8% 而不是 10%。

債券的發放利息通常是每半年發放一次。以(2)式為例，若是每半年發放 5 元利息，而確定的半年利率為 5%（通常是將年利率 10% 除以 2），則該政府債券的現值為：

$$PV = \frac{5}{(1 + 5\%)} + \frac{5}{(1 + 5\%)^2} + \cdots + \frac{5}{(1 + 5\%)^{10}} + \frac{100}{(1 + 5\%)^{10}}$$
$$= 100 \quad (5)$$

未來值為：

$$FV = 5(1 + 5\%)^9 + 5(1 + 5\%)^8 + \cdots + 5(1 + 5\%) + 105$$
$$= 100(1 + 5\%)^{10}$$
$$= 162.8895 \quad (6)$$

比較(1)式與(6)式，我們可以發現當以複利 (compound rate) 計算而發放利息的期間間隔縮短時，債券的未來值會增大。

現值與未來值的公式可以表示為：

$$PV = \frac{C}{1 + r} + \frac{C}{(1 + r)^2} + \cdots + \frac{C}{(1 + r)^n} \quad (7)$$
$$FV = C(1 + r)^{n-1} + C(1 + r)^{n-2} + \cdots + C(1 + r) + C$$
$$= (1 + r)^n \cdot PV \quad (8)$$

其中 r 為投入資金的每期的機會成本（或稱為折現率 discount rate），C 為各期得到的收入。

3.2　年金的計算

我們先舉一例說明如何計算股票的現值。

釋例 2　假設一張股票每年給予固定 C 的股利報酬 (dividends)，每年的資金的機會成本為 r（亦即投資於他處每年最多只能得到 r 的報酬率），則該股票的現值為：

$$PV = \frac{C}{1+r} + \frac{C}{(1+r)^2} + \cdots + \frac{C}{(1+r)^n} + \cdots$$

$$= \frac{C}{1+r}[1 + \frac{1}{1+r} + \frac{1}{(1+r)^2} + \cdots]$$

$$= \frac{C}{1+r} \cdot \frac{1}{1 - \frac{1}{1+r}}$$

$$= \frac{C}{r} \tag{9}$$

(9)式的 C/r 稱為永續年金的現值 (present value of a perpetuity)，是假設了資產能夠永遠的產生收入。以土地租金為例，若是一塊土地的年租金是 1,000 元，而可以永續產生該租金，並且每年投資於該土地的資金的機會成本為 5%，則該土地的現值為 $C/r = 1{,}000/0.05 = 20{,}000$ 元。

有的時候，資產只會在一定期限內產生收入，這就是所謂的年金 (annuity)。如下例所示：

釋例 3　假設現在是 1 月 1 日，妳已經屆臨退休年齡，政府打算從明年開始，每年年初給妳 2,000 元的年金，期間為 30 年，每年的資金的機會成本為 5%，則政府需要計算現在得準備多少現金。

我們可以由(9)式先計算以下兩種資產的現值：

(1)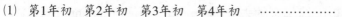

$$PV_1 = \frac{C}{r} = \frac{2,000}{0.05} = 40,000 \text{ 元}$$

(2)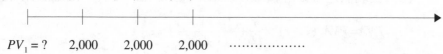

站在第 31 年初時，該年金的現值為：

$$PV' = \frac{C}{r} = \frac{2,000}{0.05} = 40,000 \text{ 元}$$

因此站在第 1 年初時，該年金的現值為：

$$PV_2 = PV' \cdot \frac{1}{(1+r)^{30}} = 40,000 \frac{1}{(1+5\%)^{30}} = 9,255.0979 \text{ 元}$$

將 PV_1 減去 PV_2 就可以得到這 30 年的年金在第 1 年初的現值：

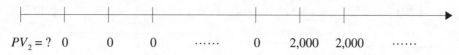

$$PV = PV_1 - PV_2 = \frac{C}{r} - \frac{C}{r}\frac{1}{(1+r)^{30}} = \frac{C}{r}[\frac{(1+r)^{30}-1}{(1+r)^{30}}] = 30,744.9021 \text{ 元}$$

因此年金的現值 (present value of an annuity: PVA) 可以表示為：

$$PVA = \frac{C}{r}[\frac{(1+r)^n - 1}{(1+r)^n}] \tag{10}$$

其中 n 是年金的年數，C 是每年的年金，r 是資金的機會成本。

由(10)式我們也可以計算年金的未來值 (future value of an annuity: FVA)

$$FVA = PVA \cdot (1+r)^n = \frac{C}{r}[\frac{(1+r)^n - 1}{(1+r)^n}] \cdot (1+r)^n$$

$$= \frac{C}{r}[(1+r)^n - 1] \tag{11}$$

上例中若是年金是在第 1 年初而非第 2 年初開始發放（我們稱之為到期年金 annuity due），則如下所示：

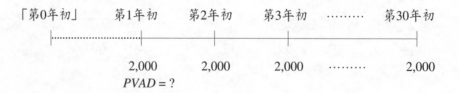

站在「第 0 年初」時的現值與未來值就是(10)式的 PVA 與(11)式的 FVA，但是我們是活在第 1 年初，因此第 1 年初的到期年金的現值 (present value of an annuity due: $PVAD$) 與未來值 (future value of an annuity due: $FVAD$) 分別為：

$$PVAD = (PVA) \cdot (1+r)$$

$$= \frac{C}{r}[\frac{(1+r)^n - 1}{(1+r)^n}](1+r) \tag{12}$$

$$FVAD = (PVAD) \cdot (1+r)^n$$

$$= \frac{C}{r}[(1+r)^n - 1](1+r) \tag{13}$$

3.3　有效年利率的計算

假設一張 1 年期債券的年初現值為 100 元，票面價值為 100 元，年利率為 10%，但是每半年（6 個月）發放一次利息 5 元，則半年後得到的利息 5 元可以以 5% 的半年利率再投資 6 個月，到了年底時，該債券的利息的總和為：$5(1 + 5\%) + 5 = 10.25$ 元。10.25 元的利息可視為一個現價亦為

100 元而年底時才付利息的債券的利息，這個債券的利率為 10.25/100 = 10.25%，10.25% 稱之為有效年利率 (effective annual rate: *EAR*)。在這個例子裡，有效年利率可以表示為：

$$5(1 + \frac{10\%}{2}) + 5 + 100 = 100(1 + \frac{10\%}{2})^2 = 100(1 + EAR)$$

或

$$(1 + \frac{10\%}{2})^2 = 1 + EAR$$

若是每一季發放一次利息，利息為本金乘以 (r/4)，r 為票面上的年利率 (annual coupon rate)，則有效年利率可以表示為：

$$(1 + \frac{r}{4})^4 = 1 + EAR \tag{14}$$

因此 1 年內若發放 *m* 次，則有效年利率為：

$$(1 + \frac{r}{m})^m = 1 + EAR$$

或

$$EAR = (1 + \frac{r}{m})^m - 1 \tag{15}$$

當 *m* 趨近於無限大時，$EAR = e^r - 1$。

下表顯示了由於利息可以再投資，因此當 1 年內利息發放的次數 *m* 增加時，有效年利率 (*EAR*) 會不斷的上升：

表 3–1　年利率 10% 時的有效年利率

發放時間	每年發放次數 (m)	發放期間之利率 (r/m)	$(1 + \frac{r}{m})^m$	EAR
1　年	1	10%	$(1.10)^1$	10%
每半年	2	5%	$(1.05)^2$	10.25%
每　季	4	2.5%	$(1.025)^4$	10.3813%
每　月	12	0.8333%	$(1.008333)^{12}$	10.4713%
每　週	52	0.1923076%	$(1.001923076)^{52}$	10.5065%
每　日	365	0.027397%	$(1.00027397)^{365}$	10.5156%
連　續	$+\infty$	–	$(2.71828)^{0.10}$	10.5171%

案例研讀

莊子與猴子

《莊子·齊物篇》曾提到一段寓言:「朝三而暮四,眾狙皆怒;然則,朝四而暮三,眾狙皆悅。名實未虧,而喜怒為用,亦因是也」。莊子認為猴子們早上得三個桃子下午得四個桃子,與早上得四個桃子下午得三個桃子是等價的,因此「名實未虧」,而猴子們卻「喜怒為用」。在這個例子中,這些猴子很顯然地要比莊子聰明──愈早得到桃子,其選擇愈多(選擇範圍愈大),可以自行消費或是借給其他的猴子,下午所得到的償還桃子數目一定不小於早上借出去的桃子數目。這個寓言也有另一個疑問:莊子怎麼知道眾猴們的反應?不過,莊子若是復生也會反問我們:「你們既然不是我,怎麼知道我一定不曉得猴國的事?」

3.4　總　結

- 在多期的情形下,期末報酬與期初投資之間有複利 (compound rate) 的關係,複利也使得期末報酬能迅速的增加,例如一個每年成長 10% 的經濟體,它的國民所得可以在 7.272541 年後增長 1 倍:$(1.10)^{7.272541} = 2.0$。

- 投資期間的複利關係也假設了投資期間所得的報酬(或利息)可以以該利率進行再投資,而這個再投資的利率 (reinvestment rate) 也就是資金在再投資期間的機會成本。例如一個 2 年期的銀行定期存款,期初存入 100 元,第 1 年利率為 8%,第 2 年利率為 10%,則代表了第 1 年底得到的利息 8 元可以在第 2 年初至第 2 年底之間以 10% 再投資,而這個 10% 的利率也是在這個期間(第 2 年初至第 2 年底)投資所能得到的確定的最高利率──資金的機會成本。

- 定義 r 為每年利率,C 為每年收入,n 為年數,m 為 1 年內發放利息的次

數，現值、未來值、年金與有效年利率的公式整理如下表：

現值	$PV = \sum_{i=1}^{n} \dfrac{C}{(1+r)^i}$
未來值	$FV = \sum_{i=1}^{n} C(1+r)^{n-i}$
年金現值	$PVA = \dfrac{C}{r}[\dfrac{(1+r)^n - 1}{(1+r)^n}]$
年金未來值	$FVA = \dfrac{C}{r}[(1+r)^n - 1]$
到期年金現值	$PVAD = \dfrac{C}{r}[\dfrac{(1+r)^n - 1}{(1+r)^n}](1+r)$
到期年金未來值	$FVAD = \dfrac{C}{r}[(1+r)^n - 1](1+r)$
有效年利率	$EAR = (1 + \dfrac{r}{m})^m - 1$

本章習題

1. 一項 5 年期投資的投入資金為 1,200 元，每年年底可得 50 元，第 5 年底得 50 元利息及還本 1,200 元，投資資金的機會成本為每年 4%，請問妳（你）是否會參加該項投資？

2. 上題中，若是再投資利率為每年 8%，妳（你）是否會進行投資？妳（你）的每年資金的機會成本為多少？

3. 假設現在是 9 月 1 日，明年開始每年 9 月 1 日繳付大學學費，大學 1 年學費 10 萬元，共需付 4 年，期間沒有其他收入來源，在年利率 8% 之下，妳（你）現在需要準備多少錢？

4. 一個工人現在 20 歲，工作至 60 歲時退休，該工人希望在 60 歲退休後每年能有 12 萬元的年金收入至 80 歲為止，假設每年的年利率是 5%，請問該工人自 20 歲至 60 歲之間，每年需存入多少錢才能達成他的願望？

5. 假設年利率為 8%，請比照表 3-1 計算各種發放期的有效年利率。請問估計這些有效年利率時需要做哪些假設?

第四章

財務報表分析

　　公司的財務報表表現了公司的資產與負債的配置狀況，營運收入與費用支出的詳細內容，是管理階層進行公司控管的工具，也是外界投資人（股東、債主等）、信用評等機構、證券分析師評估公司前景的重要依據。本章4.1 節說明了資產負債表、損益表、現金流量表的內容及其應用，其中包括了如何計算經濟加值 (EVA) 及自由資金流量。4.2 節討論如何使用財務比率 (指標)、杜邦圖、共同規模比率及百分比變化以分析公司的資產流動性、資產管理能力、負債管理能力、獲利能力以及市值的表現。

4.1　公司的財務報表

　　公司每年需要公佈各式各樣的財務報表 (financial statements)，其中最主要的有資產負債表 (balance sheet) 以及損益表 (income statement) 兩種。資產負債表是一個存量的概念，是說明某個時點時，公司的各個資金提供者（股東、債主等）對公司各項資產的請求權 (claims)。損益表則是一個流量的概念，是說明公司在某個期間內（某個年度內）的收支狀況。以下舉一個簡單的例子來說明這兩種財務報表的內容。

　　假設天盛電子公司於 1993 年初成立，其時股東提供 80 萬元資金，債主提供 20 萬元資金，總共 100 萬元資金。公司成立之初的資產負債表如表4–1 所示，左邊稱為實質資產 (physical assets)，公司是將 100 萬元資金提出 70 萬元來購買機器設備，餘下的 30 萬元作為現金以應付臨時及當年度的支出。資產負債表的右邊是負債與股東權益 (liabilities and equity)，代表了債主與股東對左邊的公司實質資產的份額，又稱為財務資產 (financial assets) 或財務的請求權 (financial claims)。資產負債表左邊的總額（實質資產總額）必須要等於右邊的總額（財務請求權的總額），亦即不會有任何一塊錢是沒有主人的，也不會有任何一筆股東或債主所提供的資金是消失無蹤的。資產負債表很顯然地只討論了資金提供者所提供的資金的狀況，並不涉及其他生產資源提供者（原料、勞工等）所提供的資源。公司經過 1年的經營後，將所有的收入與支出加總計算後是為損益表（表 4–2）。表 4–2

的損益表假設了政府的稅法允許 70 萬元的機器設備可以用 10 年直線折舊

表 4-1　天盛公司 1993 年初及 1993 年底資產負債表

（單位：萬元）

資產	1993年初	1993年底	負債與股東權益	1993年初	1993年底
流動資產			流動負債		
現金	$ 30	$ 38	應付帳款	$ 0	$ 0
應收帳款	0	3	應付票據	0	0
總額	$ 30	$ 41	總額	$ 0	$ 0
長期資產			長期負債	20	20
機器設備	$70	$70	普通股	$80	$80
減：累計折舊	0	7	保留盈餘	0	4
機器設備淨值	70	63	股東權益	80	84
總資產	$100	$104	對總資產要求	$100	$104

表 4-2　天盛公司 1993 年底損益表

（單位：萬元）

銷貨收入	$100.7
銷貨成本	67.5
銷貨毛利	$ 33.2
銷售與管理費用	15.2
折舊	7
營業收入	$ 11
利息	1
應納稅收益	$ 10
稅支出@40%	4
淨利	$ 6
普通股現金股利	$ 2
保留盈餘增額	$ 4

(straight line depreciation)，亦即每年可以提列 7 萬元 (= 70/10) 的折舊 (depreciation) 費用，並從公司的應納稅所得中扣除。公司所得稅率訂為 40%，公司長期債券的利率為 5%（亦即每年需付 1 萬元利息）。公司在 1993 年 1 年裡雇用勞工、購進原料以生產產品，到年底時所有的產品銷售一空而沒有存貨存留。雇用勞工的工資與購進原料的費用是包含在銷貨成本中，公司的管理與行銷人員的薪資及水電、電話費等支出是包含在銷售與管理費用中。損益表中的 7 萬元折舊費用只是依政府稅法規定而提列的帳面上的支出，並不是實際發生的支出，實際發生的機器設備維修、更換零件及潤滑油等費用已包含在銷貨成本裡。

　　由表 4-1 得知天盛公司在 1993 年中並沒有增加任何長期投資（長期資產並未增加或出售），也沒有短期的負債（應付帳款及應付票據都為零，應付帳款是 30 天內需償還的購料等欠款，應付票據是 90 天內需償還的短期向外借錢融通的債務），因此在該年度裡，公司的實際支出金額為 87.7 萬元（= 67.5（銷貨成本）+ 15.2（銷售及管理費用）+ 1（利息）+ 4（稅）），將 87.7 萬元從銷貨收入（100.7 萬元）中扣除後得到 13 萬元，這 13 萬元是天盛公司在 1993 年所增加的現金或應收帳款。表 4-1 假設了公司在 1993 年底發放了 2 萬元的現金股利給予股東，因此該年底的保留盈餘 (retained earnings) 增加了 4 萬元（= 6 萬元（淨利）- 2 萬元（現金股利）），前述的 13 萬元中的 2 萬元為現金股利付給股東，餘下的 11 萬元中有 3 萬元為應收帳款（表 4-1 的應收帳款由 1993 年初的 0 元增加為 1993 年底的 3 萬元），8 萬元為現金（由 1993 年初的 30 萬元增加為 1993 年底的 38 萬元）。換言之，天盛公司在 1993 年底的資產負債表中的保留盈餘增加了 4 萬元，折舊（請注意，這並沒有支出給任何人）使得長期資產少了 7 萬元，總共是 11 萬元，由於長期資產沒有增購或出售，流動負債未改變（應付帳款與應付票據之和仍是零），長期負債及普通股本也沒有增減，因此這 11 萬元必定是出現在流動資產的項目中：現金增加 8 萬元，應收帳款增加 3 萬元。

　　經過 10 年的經營後，天盛公司已成為一個中大型的公司，2003 年底及 2004 年底的資產負債表及損益表如表 4-3 及表 4-4 所示。以下就這兩

個財務報表分別說明各會計科目的內容及其應用。

1.流動資產與流動負債

　　損益表裡的銷貨收入中有些是現金 (cash)，有些是應收帳款 (account receivable)；銷貨成本及銷售與管理費用的支出有些是支付現金，有些則是尚未付清的應付帳款 (account payable)。資產負債表裡的現金除了貨幣外，還包含一些可以即刻變現的有價證券，這些證券的到期日很短，並且在轉售時不會有太大的價格變動的損失，稱之為約當現金 (cash equivalents)。流動資產 (current assets) 中的存貨 (inventories) 包含原料 (materials)、半成品 (work-in-process) 以及尚未出售的成品 (finished goods)。天盛公司 2004 年的存貨比 2003 年增加了約 50%，而存貨又占了總資產金額的 31%，這顯示該公司的產品銷售可能有些問題。存貨的價值與銷貨成本 (cost of goods sold) 會受到使用不同的會計方法的影響：在物價上漲時，若是採用「先進先出法」(first-in, first-out: FIFO)，而不是「後進先出法」(last-in, first-out: LIFO)，則存貨項目金額會較大，銷貨成本項目的金額會較小 (因此淨利較高，但所繳的公司所得稅也較多)，換言之，採用 FIFO 方法可以使得帳面上的數字變得更好看一些。天盛公司的流動負債 (current liabilities) 要低於流動資產，顯示該公司有不錯的短期清償債務的能力。

表 4–3　天盛公司 2003 年底及 2004 年底資產負債表

(單位：百萬元)

資產		2003年底	2004年底	負債與股東權益		2003年底	2004年底
流動資產				流動負債			
現金		$ 15	$ 10	應付帳款		$ 20	$ 50
應收帳款		310	370	應付票據		200	230
存貨		415	620	總額		$ 220	$ 280
總額		$ 740	$1,000	長期負債		520	854
長期資產				優先股		40	40
廠房與設備	$1,080	$1,380		普通股	$130	$130	
減：累計折舊	280	380		保留盈餘	630	696	
廠房與設備淨值		800	1,000	普通股股東權益		760	826
總資產		$1,540	$2,000	對總資產要求		$1,540	$2,000

優先股數目：400,000 股

普通股數目：50,000,000 股

表 4-4　天盛公司 2003 年底及 2004 年底損益表

（單位：百萬元）

	2003年底	2004年底
銷貨收入	$8,600.0	$9,742.7
銷貨成本	5,743.6	6,742.5
銷貨毛利	$2,856.4	$3,000.2
銷售與管理費用	2,500.4	2,653.2
折舊	80.0	100.0
營業收入	$ 276.0	$ 247.0
利息	50.0	78.0
應納稅收益	$ 226.0	$ 169.0
稅支出 @40%	90.4	67.6
付優先股股利之前淨利	$ 135.6	$ 101.4
優先股股利	3.0	3.0
淨利	$ 132.6	$ 98.4
普通股股利	$ 30.0	$ 32.4
保留盈餘增額	$ 102.6	$ 66.0

每股資料（單位：元）	2003 年底	2004 年底
普通股股價	$25.00	$19.00
每股盈餘 (EPS)	$ 2.652	$ 1.968
每股股利 (DPS)	$ 0.600	$ 0.648
每股帳面價值 (BVPS)	$15.20	$16.52
每股分得資金流量 (CFPS)	$ 4.252	$ 3.968

$$每股盈餘 (earnings\ per\ share: EPS) = \frac{淨利}{普通股數目}$$

$$每股股利 (dividends\ per\ share: DPS) = \frac{普通股股利}{普通股數目}$$

$$每股帳面價值 (book\ value\ per\ share: BVPS) = \frac{普通股股東權益}{普通股數目}$$

$$每股分得資金流量 (cash\ flow\ per\ share: CFPS) = \frac{淨利 + 折舊}{普通股數目}$$

（這裡的股東分得的資金流量是指在損益表中屬於股東的份額）

2. 長期資產與長期負債

長期資產在 2003 年至 2004 年間增加了 3 億元 (= 1,380,000,000 − 1,080,000,000)，由於普通股股份與優先股股份並未增加，流動負債也只增加了 6 千萬元，增加的長期資產主要是由增加的長期負債來支應。天盛公司的長期資產的淨值要高於長期負債，顯示出該公司的長期債務在這段期間還算安全。長期資產的累計折舊在 2004 年增加了 1 億元，這個數字也同時出現在 2004 年底的損益表的折舊費用中。政府有時允許某些產業在報所得稅時採用加速折舊法 (accelerated depreciation)，使得公司得以少繳稅，但是此時損益表的淨利會較低些。公司通常會準備兩份財務報表：一份採用加速折舊法供報稅用，另一份採用直線折舊法供股東參考用。公司的長期負債若是以長期公司債 (long-term corporate bonds) 來支應，則可能每年會提撥一筆金額用來買回部分債券 (retirement of the bond issue)，方法是將部分的長期負債置於應付票據的科目中(因此資產負債表中的長期負債減少，應付票據增加)，等到贖回債券實際發生時，資產負債表中的現金會減少，應付票據也相應地減少。

3. 負債與股東權益

在天盛公司的對總資產要求 (亦即負債與股東權益的總和) 中，負債是小於股東權益，但是負債 (特別是長期負債) 有加速上升的趨勢。優先股股東權益並沒有變化 (仍是 4 千萬元)，普通股的股東權益中，保留盈餘增加了 6 千 6 百萬元，這些是由 2004 年底的淨利中扣除股利後的所餘，因此是由現金與應收帳款組成，但是由 2003 年底存留下來的保留盈餘 (6 億 3 千萬元) 則可能有些已被用來購買原料、增建廠房，而不會全數是現金。在天盛公司的股東中有優先股股東與普通股股東兩類，從表面上來看，優先股股東似乎是比普通股股東「先」得到股利，債主又比優先股股東「先」得到利息；當公司倒閉清算時，債主似乎也是「優先」於優先股股東，優先股股東「優先」於普通股股東獲得補償。但我們由前面第二章羅賓漢強盜集團的例子中已瞭解到，即使阿婆 (債主) 先拿也不會造成後拿的羅賓漢 (股東) 的任何風險，這是因為所有的生產資源提供者在事前已根據機

會成本來考量是否參加該集團（公司），事後的分配也是按照事前約定的內容，並沒有所謂「先拿先贏」的問題。在這裡我要強調，優先股股東、債主、勞工、原料提供者都是拿固定的報酬，而只要公司的收入不確定，普通股股東的報酬就會是不確定的，債主等資源提供者是以犧牲更多向上的可能獲利機會（他們的所得有固定的上限），來交換避免可能向下的更多損失，普通股股東是以承受更多可能的向下損失來交換獲得更多可能向上獲利的機會，我們不能看到普通股股東拿到的是不確定的報酬就說：普通股股東因債主（或其他生產資源提供者）先拿，造成他們後拿者的風險。此外普通股股東也與其他生產資源提供者一樣，只承受有限責任 (limited lia-bility)——最多只會虧掉自己已投入的生產資源，小股東不參加公司營運不需要負無限責任，大股東（透過擔任公司董事）參與經營也是不需要承擔無限責任，公司的管理階層負責日常的營運，只要沒有欺詐行為，同樣地也不需要負無限責任。

4.管理經營能力與普通股的機會成本

　　天盛公司的普通股股東組成董事會，董事會再聘任管理階層，因此管理階層理當為普通股股東效力。損益表顯示了公司銷貨收入扣除了勞工、原料、借債、優先股的機會成本，但是並未計入普通股的機會成本。我們可以考慮公司的收入在扣除所有的生產資源提供者（包括普通股股東）的機會成本後的餘額（亦即超額利潤），並以之來衡量該公司在各年度的經營管理能力，這種方法稱為經濟加值法 (economic value added: EVA)。EVA 方法是考慮某一年裡的資金提供者（債主、優先股股東與普通股股東）的收益與成本，其公式如下：

$$EVA = (EBIT)(1 - 公司所得稅率) - (營運資本)(加權平均資金成本：WACC) \tag{1}$$

其中 EBIT 是營運收入又稱為利息與稅前（但折舊後）的盈餘 (earnings be-fore interest and taxes)，「(EBIT)(1 - 公司所得稅率)」又稱為稅後淨營業收益 (net operating profit after taxes: NOPAT)。資金提供者在某一年度裡提供的資金(稱為營運資本 operating capital)，包含了兩個部分：淨營運資本 (net operating working capital) 及營運長期資本 (operating long-term assets)。淨營運資本包含了流動資產中的現金（作為週轉用的金額）、應收帳款（是為了經營需要而無息借給他人的金額）、存貨（是用來購買原料的資金以及積壓在半成品與成品的資金），再減去流動負債中的應付帳款（是別人暫借給公司而不需付利息的金額）。流動負債中的應付票據則因為是向銀行借款而需付利息，是資金提供者之一（銀行）所提供的資本，所以不應從淨營運資金中扣除。以表 4–3 為例，淨營運資本＝(現金＋應收帳款＋存貨)－(應付帳款)。營運長期資本則是表 4–3 中的廠房與設備淨值。由以上的分析我們可以瞭解到：(1)式中的營運資本指的是，只要是要求報償（股利或利息）的資金就算是營運資本的一部分，因此我們可以用資產負債表右邊的負債加上股東權益，再減去所有不需報償的資金（例如應付帳款等），所餘之數就是營運資本。

　　資金用來購買廠房與設備，並且用了 1 年之後會發生以下三項費用：(1)廠房與設備的維修與保養費用；(2)廠房與設備價值的自然耗損（市值下降）；(3)投入在廠房與設備的資金的機會成本（亦即這筆資金用在他處可以得到的最高報酬）。第一項費用是包含在損益表的銷貨成本中，第二項費用是以損益表中的折舊費用為代表，因此資金提供者的收入是以損益表裡的營運收入 (EBIT) 再乘上 (1－公司所得稅率)。要注意的是，以「(EBIT)(1－公司所得稅率)」來代表資金提供者的收入是假設了公司沒有負債（因此沒有利息抵減所得稅），如此做的原因是排除融資所帶來影響而只看經營管理的表現，例如在 2003 年底天盛公司的 (EBIT)(1－公司所得稅率)＝276,000,000(1－40%)＝165,600,000 元，若考慮融資的影響則 132,600,000（淨利）＋3,000,000（優先股股利）＋50,000,000（利息）＝185,600,000 元要大於 165,600,000 元。廠房與設備的資金的機會成本（第三項費用）是與淨營運資本的機會成本一起考量在(1)式右邊的第二項中。我們若假設資金的機會成本 (WACC) 為每年 9%，則天盛公司兩年的 EVA 如下表所示，2004年要比 2003 年少了 5 千多萬元：

表 4–5　經濟加值 (EVA) 與投入資本報酬率 (ROIC) 的計算

（單位：百萬元）

	EBIT	(1 – 公司所得稅率)	營運資本	WACC	EVA	ROIC
2003 年底	276	60%	(15 + 310 + 415) – 20 + 800 = 1,520	9%	28.8	10.89%
2004 年底	247	60%	(10 + 370 + 620) – 50 + 1,000 = 1,950	9%	–27.3	7.60%

若以 NOPAT（ = (EBIT)(1 – 公司所得稅率)）除以營運資本，可以得到投入資本的報酬率 (return on invested capital: ROIC)，ROIC 與 WACC 之間的差距也可以用來比較具有不同規模的公司的超額報酬率。天盛公司的 ROIC 在 2004 年下降了 3.29%。

　　由天盛公司的例子我們可以發現，當有大量投資時（2004 年），當年的 EVA 就會銳減，這也會影響到管理階層進行大量投資（例如研發、併購等）的意願。再者若是依每年的 EVA 來衡量管理階層的績效，管理階層可能會對財務報表進行「窗飾」(window dressing)——延後報銷費用以增加當年的淨利，這點對於衡量部門經理（或低階管理階層）的表現時更為重要，低階管理人員流動性較大，是有較高的意願美化短期內的財務數字。EVA 方法的另一個問題是營運長期資本是帳面上的價值，並且是過去買入設備廠房的歷史成本，因此估計所得的 EVA 有高估的問題，解決的方法是採用設備廠房的重置成本 (replacement costs) 作為營運長期資本。

　　我們若是考慮以股票價格的增減來衡量經營績效，則可使用市值加值法 (market value add: MVA)：

$$MVA = (普通股數目)(每股市價) – (普通股股東權益) \qquad (2)$$

依照(2)式，天盛公司在 2003 年底時的 MVA 為 4 億 9 千萬元，2004 年底時為 1 億 2 千 4 百萬元。若是考慮所有提供的資金的市值變化，則 MVA 可表示為：

$$MVA = (普通股總市值 + 優先股總市值 + 負債總市值)$$
$$– (總投資資金) \qquad (3)$$

假設天盛公司的表 4-3 中的優先股與負債的數字就是它們的市場價值，則由(3)式得到的 MVA 會等於由(2)式得到的 MVA。MVA 方法很容易計算，但是股價很容易受到消息面的影響，也容易受到操弄，使用 MVA 方法時需要多加注意。

5. 自由資金流量

自由資金流量 (free cash flow: FCF) 的定義是：公司在持續地經營下，年底時資金提供者所能夠拿回去的部分，換言之，是公司若解散時資金提供者所能拿到的份額，再扣掉他們再拿出來用以組成並經營公司的金額後所餘下的部分。我們可以由損益表計算公司在該年裡為資金提供者賺得的部分，並由資產負債表計算公司在該年裡增加或減少的投入的資金，兩者的總和就是自由資金流量。例如由天盛公司的損益表計算資金提供者在 2003 年底共得到：132,600,000（淨利）+3,000,000（優先股股利）+50,000,000（利息）+80,000,000（折舊）= 265,600,000 元，在 2004 年底共得到：98,400,000 + 3,000,000 + 78,000,000 + 100,000,000 = 279,400,000 元，其中淨利與折舊（它沒有被真正支出）是屬於普通股股東所有，優先股股利是屬於優先股股東所有，利息是屬於債主所有。天盛公司在 2003 年底至 2004 年底之間，淨營運資本增加了 230,000,000 元 (= − (15,000,000 + 310,000,000 + 415,000,000 − 20,000,000) + (10,000,000 + 370,000,000 + 620,000,000 − 50,000,000))，長期資產總額增加了 300,000,000 元（= 1,380,000,000 − 1,080,000,000 = 1,000,000,000（2004 年底廠房與設備淨值） − 800,000,000（2003 年底廠房與設備淨值）+100,000,000（累計折舊的增額）），因此資金提供者在 2004 年的 1 年之中一共增加了 530,000,000 元的投入資金。530,000,000 元的新增投入資金的另外計算方式是：2003 年天盛公司的由資金提供者提供（帳面上）的總資金為流動資產 740,000,000 元 (= 15,000,000 + 310,000,000 + 415,000,000)，加上固定資產 1,080,000,000 元，再減掉應付帳款 20,000,000 元（這是因為應付帳款不要利息，它的擁有者不算是資金提供者），總數為 1,800,000,000 元；2004 年資金提供者提供的總資金為流動資產 1,000,000,000 元 (= 10,000,000 + 370,000,000 + 620,000,000)，加上

固定資產 1,380,000,000 元，再減去應付帳款 50,000,000 元，總數為 2,330,000,000 元。2,330,000,000 元減掉前一年的總數 1,800,000,000 元，即為資金提供者在 2003 年底至 2004 年底之間增加的投入資金 530,000,000 元。

在 2004 年底時的自由資金流量為：

$$FCF = (淨利 + 優先股股利 + 利息 + 折舊) - (淨營運資本的增額 + 長期資產的增額)$$

$$= 279,400,000 - (230,000,000 + 300,000,000)$$

$$= -250,600,000 \text{ 元} \tag{4}$$

我們若要排除融資的影響，則可以用下式計算：

$$FCF = [(EBIT)(1 - 公司所得稅率) + 折舊] - (淨營運資本的增額 + 長期資產的增額)$$

$$= [(247,000,000)(1 - 40\%) + 100,000,000]$$

$$-(230,000,000 + 300,000,000)$$

$$= -281,800,000 \text{ 元} \tag{5}$$

6. 現金流量表

資產負債表中所記載的現金（包含貨幣及約當現金）在 1 年之中會由於生產、銷售、融資等活動而有增減，這些活動所影響的現金流入與流出稱為現金流量 (cash flow)。要注意的是，這裡的現金流量與自由資金流量 (free cash flow) 及第五章所提及的資金流量 (cash flow) 雖然都是使用 "cash flow" 這個英文名詞，但意義卻大不相同：前者指的是 1 年內公司的現金的使用情形，後者則是指公司的價值在年底時屬於資金提供者的份額。

損益表中的各項收入或支出可能以現金或是以應收、應付帳款的面貌出現，而扣除各項股利後的淨利中的現金部分也有可能被用來購買原料(列入存貨項目中)、購入長期資產（列入長期資產科目中）、購回股票或還債（列入應付帳款、長期負債、普通股科目中）。將公司生產銷售的營運活動 (operating activities)、投資的活動 (investing activities)、融資的活動 (financing activities) 對現金流量的影響列表分析，就是財務報表中的現金流量表

(statement of cash flows)。以天盛公司為例，在 2004 年 1 年中的現金流入與流出如表 4–6 所示，該年度的現金減少了 5 百萬元，因此使得 2004 年底的資產負債表的現金由 1 千 5 百萬元減少為 1 千萬元。

表 4–6　天盛公司 2004 年底現金流量表

（單位：百萬元）

營運對現金的增減	
付優先股股利前的淨利	$101.4
調整項目：	
非現金的調整：	
折舊	100.0
營運資本的調整：	
應收帳款增額	(60.0)
存貨增額	(205.0)
應付帳款增額	30.0
營運活動所產生的淨現金流量	($ 33.6)
長期投資對現金的增減	
長期資產投資所產生的淨現金流量	($300.0)
融資對現金的增減	
應付票據增額	$ 30
長期負債（債券）增額	334
付優先股及普通股股利	(35.4)
融資活動所產生的淨現金流量	$328.6
本期現金增（減）額	($ 5.0)
年初現金	15.0
年底現金	$ 10.0

在營運活動對現金流量的影響方面，付優先股股利前的淨利加上折舊（因為不是真正的支出），減掉應收帳款的增額（因為應收帳款比以前增加，代表了淨利中現金的部分較少），減掉存貨的增額（因為購買原料的支出），加上應付帳款的增額（因為購買原料、支付勞工薪資等支出中有部分尚未

支付現金），總計在營運活動中淨現金流量為負的 33,600,000 元。這是個重要的警訊，但併同損益表來看時，天盛公司的銷貨收入在 2004 年是上升，而銷貨成本與管理行銷費用並沒有暴增，因此此項負的淨現金流量主要還是來自於存貨的大幅提升，這時我們需要查明是由於成品積壓太多賣不出去，還是因為購買原料的數量太多所致。生產與銷售是公司最重要的活動，若是公司的前景不佳，通常會在營運活動的淨現金流量中先表現出來。

在長期投資活動方面，天盛公司增加了 3 億元的固定資產投資。在融資活動方面，應付票據的增額代表了向銀行（或債市）短期借款增加，因此公司的現金增加，長期負債的增額也代表了現金的流入，扣除付給普通股及優先股股利之後，天盛公司因融資活動使公司的可動用的現金增加了 328,600,000 元。由現金流量表可以發現，天盛公司的長期資產的增額主要是來自於長期負債的融資，以長期融資購進固定資產應屬正確的作法。

4.2　財務比率分析

在前一節裡我們說明了財務報表的內容，及如何應用其中的資訊分析公司的財務狀況。在這一節裡，我們針對公司財務的流動性 (liquidity)、資產管理能力 (asset management)、負債管理能力 (debt management)、獲利能力 (profitability)、市值表現 (market value)，提出各種財務指標（財務比率 financial ratios）。這些財務比率可以用來與公司過去的歷史做比較（趨勢分析 trend analysis），也可以與同一產業內的同行進行比較（橫斷面分析 cross-section analysis）。以下以天盛公司為例，說明各項財務比率的意義。

⊗ 流動性指標

1.流動比率 (current ratio)

$$流動比率 = \frac{流動資產}{流動負債} \tag{6}$$

流動資產包括了現金、應收帳款及存貨；流動負債包括了應付帳款與

應付票據,因此流動比率代表公司的短期償債能力。天盛公司的流動比率在 2003 年及 2004 年分別為: $740/220 = 3.36$ 倍, $1,000/280 = 3.57$ 倍,代表了流動資產是流動負債 3 倍之多。

　　流動比率高對債主(例如上游供應商)比較有保障,因此債主會注意這個比率是否下降。但是流動比率過高對公司股東不見得是件好事,這代表了公司裡有不少閒置資金並未用到生產經營上面。

　　2. 速動比率 (quick ratio)

$$速動比率 = \frac{流動資產 - 存貨}{流動負債} \tag{7}$$

　　流動比率中的流動資產包含了存貨,但是存貨並不一定能很快的轉換成現金,因此速動比率將存貨由流動資產中剔除,對於短期償債能力的估計是更加保守。天盛公司在 2003 年及 2004 年的速動比率為: $325/220 = 1.48$ 倍, $380/280 = 1.36$ 倍。速動比率是比流動比率有降低的趨勢,這也顯示出該公司的存貨有上升的趨勢。

⊛ 資產管理能力指標

　　3. 存貨週轉率 (inventory turnover ratio)

$$存貨週轉率 = \frac{銷貨毛利}{存貨} \tag{8}$$

　　存貨週轉率愈高,代表生產完畢後至銷售出去的期間愈短,原料積壓的時間也愈短,積壓在原料、半成品及成品上的資金愈少,對公司整體愈有利。公司產品的銷售若是有季節性(例如冬季較多,夏季較少),則存貨項應以全年平均存貨金額代替年底存貨金額。天盛公司在 2003 年及 2004 年的存貨週轉率為: $2,856.4/415 = 6.88$ 倍, $3,000.2/620 = 4.84$ 倍,顯示該公司的存貨增加造成的資金積壓有快速上升的趨勢。

　　4. 應收帳款平均回收時間 (days sales outstanding)

$$應收帳款平均回收時間 = \frac{應收帳款}{平均每日銷貨毛利} = \frac{應收帳款}{銷貨毛利/365} \tag{9}$$

若是以銷貨毛利除以應收帳款則可以得到「應收帳款週轉率」，應收帳款週轉率愈高代表應收帳款平均回收時間愈短，公司收到現金的時間愈快。若是公司給予客戶的信用等級未變，而應收帳款平均回收時間卻加長，則需要注意客戶的信用狀況，以免發生呆帳收不到錢。若是銷售有季節性，則應收帳款也可能會隨著季節增減，此時可以以平均應收帳款為(9)式的分子。天盛公司在 2003 年及 2004 年的應收帳款平均回收時間為：310/ (2,856.4/365) = 39.61 天，370/(3,000.2/365) = 45.01 天，是逐漸上升，並且高於公司的 30 天內收回帳款的政策，該公司應加速收回應收帳款。

5. 固定資產週轉率 (fixed assets turnover ratio)

$$固定資產週轉率 = \frac{銷貨毛利}{固定資產淨值} \tag{10}$$

固定資產週轉率代表公司運用長期資產來獲取收益的能力，愈高則代表公司積壓資金的機會成本的數額愈小，對公司是件好事。使用固定資產週轉率時要注意固定資產淨值通常是過去買入價格的記錄，因此在比較新與舊廠的固定資產週轉率時，需要做些調整（例如以重置成本計算）。天盛公司在 2003 年及 2004 年的固定資產週轉率為：2,856.4/800 = 3.57 倍，3,000.2/1,000 = 3.00 倍，有下降的趨勢，主要是因為在 2004 年中購進大量固定資產所致。

6. 總資產週轉率 (total asset turnover ratio)

$$總資產週轉率 = \frac{銷貨毛利}{總資產} \tag{11}$$

固定資產週轉率對於擁有大量長期資產的製造業較有意義，對於沒有多少固定資產的服務業而言，總資產週轉率較能說明公司資金的運用管理能力。天盛公司在 2003 年及 2004 年的總資產週轉率為：2,856.4/1,540 = 1.85 倍，3,000.2/2,000 = 1.50 倍，是逐漸地下降。

✪ 負債管理能力指標

7. 負債比率 (debt ratio)

$$負債比率 = \frac{總負債}{總資產} = \frac{流動負債 + 長期負債}{總資產}$$ (12)

　　負債比率高代表債主的出資比例高，公司可以少交些所得稅（省下來的稅金是屬於股東的），但是債務的還本與利息支付的壓力會加大，債主不會樂見這個比例上升。有些人認為公司負債比例增加可以使得公司股東的投資報酬率上升，但這是以「股東的風險增加為代價」的，這種說法並不正確，例如第二章的釋例 1 所示，股東的單位投資報酬率會隨著負債的比例上升而上升，但這與風險卻是毫無關係。

　　天盛公司在 2003 年及 2004 年的負債比率為：$(220 + 520)/1,540 = 48.05\%$，$(280 + 854)/2,000 = 56.70\%$，比例上升並且超過 50%，可能使得公司日後的借債成本上升。

　　8. 利息保障倍數 (times-interest-earned ratio)

$$利息保障倍數 = \frac{營運收入}{利息}$$ (13)

　　營運收入是利息與稅前（但折舊後）的盈餘（亦即 EBIT），將之除以利息可以得到利息保障倍數。利息保障倍數由於常被信用評等公司用來評量公司信用，因此受到公司管理階層的重視。管理階層通常不願借債太多而降低利息保障倍數，造成公司的信用評等下降，進而影響公司的整體運作（原料供應商要求及早付款、借債利息上升、招募新員工較為困難等）。

　　天盛公司在 2003 年及 2004 年的利息保障倍數為：$276/50 = 5.52$ 倍，$247/78 = 3.17$ 倍，下降的幅度相當大，可能會影響公司未來的信用評等及借債利率。

　　9. EBITDA 保障比率 (EBITDA coverage ratio)

$$EBITDA\ 保障比率 = \frac{EBITDA + 租賃支出}{利息 + 還本支出 + 租賃支出}$$ (14)

　　利息保障倍數只考慮了公司支付負債利息的能力，而並未考慮債務還本及支付租賃費用的能力。公司有長期負債時會有定期償還部分負債的政策，對於租賃的設備也需要支付租金，一旦無法支付這些費用，會影響公

司的信用等級，甚至有倒閉的危險。EBITDA 是公司付利息、稅、折舊、攤銷 (amortization) 之前的收益，要比營運收入 (EBIT) 多加了折舊 (D) 與攤銷 (A) 的部分。另外，(14)式的分子部分還包含了租賃支出 (在計算 EBIT 時已扣除了此項費用)，也就是說，我們是考慮了所有能支付有關債務的資金流量，並以之除以每年需支付的利息、還本及租賃費用。在未來的短期內 (比如說在未來的 5 年內)，本年度損益表中所列的折舊費用 (此時並未真正支出) 還會被保留在公司內，沒有被支出，但是時間一長，該項資金遲早會被再投資於 (新) 設備上以持續公司的生產，因此短期的債主 (例如銀行等) 會比較重視 EBITDA 保障比率，而較長期的債主 (例如購買長期公司債者) 會較注意利息保障倍數的變化。

　　天盛公司在 2003 年及 2004 年中並沒有租賃任何設備，但每年需償還負債 (還本) 2 千萬元，因此該公司的 EBITDA 保障比率為：$(276 + 80)/(50 + 20) = 5.08$ 倍，$(247 + 100)/(78 + 20) = 3.54$ 倍，有快速下降的趨勢，若不改善會影響公司未來的短期借款。

❽ 獲利能力指標

10.銷售淨利率 (profit margin on sale)

$$銷售淨利率 = \frac{屬於普通股股東的淨利}{銷貨毛利} \tag{15}$$

　　由損益表計算得到的淨利會受到公司融資政策的影響，因此兩家公司在相同的經營管理能力之下，負債較多者會產生較少的淨利。天盛公司在 2003 年及 2004 年的銷售淨利率為：$132.6/2{,}856.4 = 4.64\%$，$98.4/3{,}000.2 = 3.28\%$，有下降的趨勢。

11.基本盈利率 (basic earning power ratio)

$$基本盈利率 = \frac{EBIT}{總資產} \tag{16}$$

　　基本盈利率考慮了利息與稅前的營運收入占總資產的百分比，因此可以用來比較在不同融資策略及稅制下的各公司的盈利狀況。天盛公司在

2003 年 2004 年的基本盈利率為：276/1,540 = 17.92%，247/2,000 = 12.35%，也是在下降中。

12. 資產報酬率 (return on assets)

$$資產報酬率 = \frac{屬於普通股股東的淨利}{總資產} \tag{17}$$

天盛公司在 2003 年及 2004 年的資產報酬率 (ROA) 為：132.6/1,540 = 8.61%，98.4/2,000 = 4.92%，下降了將近一半，這是因為受到盈利能力下降及利息支出上升的雙重影響。

13. 普通股股東權益報酬率 (return on common equity)

$$普通股股東權益報酬率 = \frac{屬於普通股股東的淨利}{股東權益} \tag{18}$$

普通股股東權益報酬率 (ROE) 代表管理階層為「雇用」他們的股東所賺得的投資報酬率。天盛公司在 2003 年及 2004 年的普通股股東權益報酬率為：132.6/760 = 17.45%，98.4/826 = 11.91%，下降了約 30% 左右。

✸ 市值表現指標

14. 本益比 (price/earnings ratio)

$$本益比 = \frac{每股市價}{每股盈餘} = \frac{每股市價}{淨利/普通股數目} \tag{19}$$

本益比代表市場裡的投資人對公司的整體評價。若是公司的流動性、資產管理能力、負債管理能力、獲利能力諸指標都表現不錯，而本益比卻較低，則表示投資人對公司未來的前景較不樂觀。本益比的倒數可作為普通股股東投資的機會成本（這時以前投入的資金是以現在的股票市值計算），比起(18)式的普通股股東權益報酬率更能代表在當下股東投資的報償。本益比低者代表「還本」的速度較快，多屬於成熟型的產業，成長型的產業的本益比會比較高。天盛公司在 2003 年及 2004 年的本益比分別為：25/2.652 = 9.43 倍，19/1.968 = 9.65 倍，變化並不大。

15. 市值與資金流量比 (price/cash flow ratio)

$$市值與資金流量比 = \frac{每股市價}{每股分得資金流量}$$

$$= \frac{每股市價}{(淨利+折舊)/普通股數目} \tag{20}$$

市價與資產流量比考慮了所有屬於普通股股東的份額。天盛公司在 2003 年及 2004 年的市價與資金流量比為：25/4.252 = 5.88 倍，19/3.968 = 4.79 倍。

16.市值與帳面價值比 (market/book ratio)

$$市值與帳面價值比 = \frac{每股市價}{每股帳面價值}$$

$$= \frac{每股市價}{普通股股東權益/普通股數目} \tag{21}$$

市值與帳面價值比可以顯示一般投資人對公司未來的預期。天盛公司在 2003 年及 2004 年的市值與帳面價值比為：25/15.20 = 1.64 倍，19/16.52 = 1.15 倍，代表了公司的股價有較大幅度的下降。

我們可以將 16 項財務比率列在表 4–7 中，與天盛公司所在的產業的平均值進行比較，可以發現該公司的各項指標都要比產業平均來得差，特別是存貨週轉率與利息保障倍數的差異更大，需要多加注意。我們也可以使用如圖 4–1 的「杜邦圖」(Du Pont chart) 以方便瞭解天盛公司資產的組成及各項費用支出的細目，由該圖也可預測若是變動某些項目的金額時，對資產報酬率與股東權益報酬率的影響。若將銷售淨利率乘以總資產週轉率可得資產報酬率，此即為「杜邦方程式」(Du Pont equation)：

$$資產報酬率 (ROA) = 銷售淨利率 \times 總資產週轉率$$

$$= \frac{屬於普通股股東的淨利}{銷貨毛利} \times \frac{銷貨毛利}{總資產} \tag{22}$$

若定義權益乘數 (equity multiplier) 為總資產除以股東權益，則普通股股東權益的報酬率可以表示為：

普通股股東權益報酬率 (ROE)

= 銷售淨利率 × 總資產週轉率 × 權益乘數

$$= \frac{\text{屬於普通股股東的淨利}}{\text{銷貨毛利}} \times \frac{\text{銷貨毛利}}{\text{總資產}} \times \frac{\text{總資產}}{\text{股東權益}} \qquad (23)$$

表 4-7　天盛公司財務比率分析

財務比率	2003 年	2004 年	產業平均值	評等
流動性指標				
(1)流動比率	3.36 倍	3.57 倍	4.2 倍	較差
(2)速動比率	1.48 倍	1.36 倍	2.2 倍	較差
資產管理能力指標				
(3)存貨週轉率	6.88 倍	4.84 倍	8.2 倍	很差
(4)應收帳款平均回收時間	39.61 天	45.01 天	35 天	較差
(5)固定資產週轉率	3.57 倍	3.00 倍	3.00 倍	普通
(6)總資產週轉率	1.85 倍	1.50 倍	1.8 倍	較差
負債管理能力指標				
(7)負債比率	48.05%	56.70%	42.00%	較差
(8)利息保障倍數	5.52 倍	3.17 倍	6.0 倍	很差
(9)EBITDA 保障比率	5.08 倍	3.54 倍	4.5 倍	較差
獲利能力指標				
(10)銷售淨利率	4.64%	3.28%	5.0%	較差
(11)基本盈利率	17.92%	12.35%	17.50%	較差
(12)資產報酬率	8.61%	4.92%	9.0%	很差
(13)普通股股東權益報酬率	17.45%	11.91%	14.0%	較差
市值表現指標				
(14)本益比	9.43 倍	9.65 倍	12.5 倍	低
(15)市值與資金流量比	5.88 倍	4.79 倍	6.8 倍	低
(16)市值與帳面價值比	1.64 倍	1.15 倍	1.7 倍	低

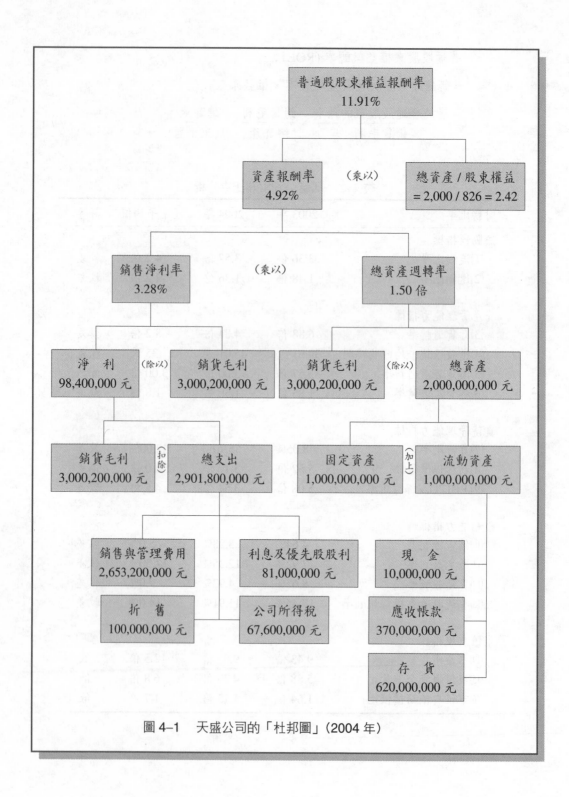

圖 4-1　天盛公司的「杜邦圖」（2004 年）

　　我們也可以將損益表與資產負債表中的金額以百分比表示，並列出產業平均的百分比與之比較，稱之為共同規模的比率分析 (common size analysis)，其目的是使不同規模的公司可以進行比較。如表 4–8 所示，銷貨成本及折舊費用的比例要高於產業平均，因此使得營業收入下降，利息支出比例上升，也造成淨利占銷貨收入的比例只有產業平均的一半。表 4–9 顯示天盛公司的現金低於產業平均，存貨的比例過高，長期負債也高於產業平均，這些都是需要改進之處。在百分比變化分析方面 (percentage change analysis)，由表 4–10 我們發現，銷貨成本的增長高於銷貨收入的增加，代表生產產品的成本上升及產品售價的不理想，折舊與利息的快速增加導致淨利較前一年少了約四分之一。表 4–11 顯示流動資產的增長主要是來自於應收帳款及存貨的增加，而現金減少了近三分之一是需要改進，應付帳款及長期負債大量增長可能會影響公司的短期與長期借債能力。

表 4–8　天盛公司的共同規模比率損益表

	2003 年底	2004 年底	2004 年底產業平均
銷貨收入	100%	100%	100%
銷貨成本	66.79%	69.21%	68%
銷貨毛利	33.21%	30.79%	32%
銷售及管理費用	29.07%	27.23%	27.02%
折舊	0.93%	1.03%	0.88%
總營運費用	30.00%	28.26%	27.90%
營業收入 (EBIT)	3.21%	2.53%	4.10%
利息	0.58%	0.80%	0.50%
應納稅收益	2.63%	1.73%	3.60%
稅支出	1.05%	0.69%	1.27%
付優先股股利之前淨利	1.58%	1.04%	2.33%
優先股股利	0.03%	0.03%	0.00%
淨利	1.55%	1.01%	2.33%

表 4-9　天盛公司的共同比率資產負債表

	2003 年底	2004 年底	2004 年底產業平均
總資產			
現金	0.97%	0.50%	3.20%
應收帳款	20.13%	18.50%	17.60%
存貨	26.95%	31.00%	19.40%
總流動資產	48.05%	50.00%	40.20%
長期資產淨值	51.95%	50.00%	59.80%
總資產	100.00%	100.00%	100.00%
負債與股東權益			
應付帳款	1.30%	2.50%	1.42%
應付票據	12.99%	11.50%	11.75%
總流動負債	14.29%	14.00%	13.17%
長期負債	33.77%	42.70%	30.36%
總負債	48.06%	56.70%	43.53%
優先股股東權益	2.59%	2.00%	0.00%
普通股股東權益	49.35%	41.30%	56.47%
總負債與股東權益	100.00%	100.00%	100.00%

表 4-10　天盛公司損益表的百分比變化

（單位：百萬元）

	2003 年底	2004 年底	百分比增減
銷貨收入	$8,600.0	$9,742.7	13.29%
銷貨成本	5,743.6	6,742.5	17.39
銷貨毛利	$2,856.4	$3,000.2	5.03%
銷售與管理費用	2,500.0	2,653.2	6.13
折舊	80.0	100.0	25.00
總營運費用	$2,580.0	$2,753.2	6.71%
營業收入 (EBIT)	$　276.0	$　247.0	(10.51%)
利息	50.0	78.0	56.00
應納稅收益	$　226.0	$　169.0	(25.22%)
稅支出	90.4	67.6	(25.22)
付優先股股利之前淨利	$　135.6	$　101.4	(25.22%)
優先股股利	3.0	3.0	0.00
淨利	$　132.6	$　98.4	(25.79%)

表 4–11 天盛公司資產負債表的百分比變化

(單位：百萬元)

	2003 年底	2004 年底	百分比增減
總資產			
現金	$　　15	$　　10	(33.33%)
應收帳款	310	370	19.35
存貨	415	620	49.40
總流動資產	$　740	$1,000	35.14%
長期資產淨值	800	1,000	25.00
總資產	$1,540	$2,000	29.87%
負債與股東權益			
應付帳款	$　　20	$　　50	150.00%
應付票據	200	230	15.00
總流動負債	$　220	$　280	27.27%
長期負債	520	854	64.23
總負債	$　740	$1,134	53.24%
優先股股東權益	40	40	0.00
普通股股東權益	760	826	8.68
總負債與股東權益	$1,540	$2,000	29.87%

　　財務比率分析、共同規模比率分析、百分比變化分析及杜邦分析圖可以幫助公司發現問題，有助於公司之間的比較分析。但是由於這些分析使用的是歷史資料，對於公司未來前景的預測還需要有更多的分析，這些分析包括了整體政經環境（法律制度、財政及貨幣政策）的變動、競爭對手（產品）的可能策略、核心產品的獲利前景、開發新產品的可能性等對公司的影響，將之併同財務比率分析等一起考量，才能有較好的公司控管。

案例研讀

誰來監督監督者?

　　2001 年 12 月排名美國前十大公司的安隆 (Enron) 能源公司宣佈破產。安隆公司利用合法的「特殊目的實體」(special purpose entities: SPEs) 來美化母公司的帳目,最後出了問題。SPE 的方式是由母(安隆)公司成立一家子公司,再由該子公司大量向外借款,購置設備後再轉租給母公司,母公司可以很方便的使用資產,但是在它的資產負債表上並不會出現該項資產或增加任何負債(稱之為資產負債表外的融資 "off balance sheet" financing)。安隆公司利用 SPE 來隱藏大量債務,美化營收,並且又為這些子公司擔保,因此當子公司的現金流量出現問題時,安隆公司需要撥付更多的資金支援,造成母公司的資金不足。除了 SPE 造成公司的財務報表失真外,還有所謂「盈餘管理」(earnings management) 也會影響財務報表的正確性。盈餘管理是將某些費用列為特殊(或特別)費用 (unusual or special expenses),得不計入損益表中,因此誇大了公司的淨利及每股盈餘。

　　政府的證券管理單位為了保護投資人,通常會要求上市公司定期公佈財務報表,並且由公司外面的獨立單位來審核並簽名保證這些報表的正確性。但是在安隆的事件裡,負責簽證查核的安達信會計師事務所 (Arthur Anderson LLP) 不但沒有盡到替投資大眾把關的責任,甚至還與該公司的管理階層勾結,共同隱瞞、偽造數據,案發後這家原是美國五大會計師事務所之一的著名公司被起訴、罰款,最後以倒閉告終。

　　安達信之所以願意為安隆公司造假、掩飾的背後有其制度上的因素。第一、自 1980 年代開始,各會計師事務所除了查帳與為公司報稅外,也提供資產鑑價、公司併購、稅務規劃等服務,這些顧問諮詢服務的收益逐漸超越了查帳簽證的收入(例如在 1976 年各大會計師事務所的查帳收入占總收入的 70%,但到了 1998 年只占了 34%),若是查帳、審核太嚴,是會得罪業主,影響未來的諮詢服務收入。第二、會計師事務所是由公司的管理階層(它同

時又控制了董事會）雇用來查帳，由於付錢的是老大，自然不會嚴格執行各項查核程序。美國的證管會 (Securities and Exchange Commission: SEC) 與國會有鑑於此，於安隆及世界通訊案 (WorldCom) 爆發後，積極地推動各項法案，訂定更多管制規則，例如規定公司不得長期固定由同一家會計師事務所簽證；公司需要更頻繁地公佈財務報表；簽證時需要更多的會計師與公司執行長簽名保證；董事會需要由外界聘任更多的獨立董事等。但是更頻繁的公佈財務報表、聘任更多的外部獨立董事會花掉公司更多的資金、提高營運成本。並且這種委託人 (principal) 與代理人 (agent) 的問題自古就有，並不是增加了更多的監督單位或人員就可以解決的，否則歷史上也不會有朝代更替的事──皇帝派大臣為他治理他的財產（人民），又派御史大夫、太監、密探來監察，但是這些監督者很容易為被監督者所買通，一同來欺騙股東（皇帝）。為皇帝做監察的人若是欺君，是有掉腦袋的危險，身為現代公司裡的獨立董事在公司出問題時則可能會被股東控告，個人需要負責賠償，因此獨立董事（和公司的管理階層）常要求公司為他們購買「董監事及重要職員責任保險」(director & officer insurance)。有趣的是，這些因管制、購買保險而增加的費用完全是由公司的股東來支付，增加了公司的營運成本，不但不能解決問題，還可能造成了「公司已有良好監管」的假象──試問在鉅額的保險額保障之下，被管理階層（或有控制權的大股東）邀請進入董事會的獨立董事們是如何個「獨立」法？

　　委託人與代理人的問題主要是委託人「距離他的財產太遠」，相信代理人會無私心地管理好他的財產，而忘記了代理人與委託人的個人目標可能不同（即使是證管人員、立法代表也可能打著「為公共利益把關」的旗號來謀取私人的利益）。解決之道是政府少干涉私人契約的訂定與執行（特別是強迫公司聘任更多的獨立董事），並提醒財產的所有人（小股東）各種監管措施有其限度，而由民間自然長出各種監管機制（例如成立信用評等公司、由股東自行聘任查帳監管人員等），藉由公司間治理監督制度的競爭來保障公司利益關係人的權益。

4.3　總　結

　　公司的財務報表分析可以幫助管理階層發現問題，進行公司的內部控管，外界的投資人也能藉之瞭解公司的財務狀況，評估公司未來的前景。本章的主要論點為：

- 公司財務報表以資產負債表與損益表最為重要，前者是有關年底時公司資產配置的狀況及各資金提供者對資產的請求權，後者是關於公司在該年度的收支情形。
- 流動資產對應流動負債，長期資產對應長期負債，它們之間的差額不宜太大，以免影響公司的營運。
- 經濟加值法 (EVA) 是計算公司在某一年裡所有資金提供者的收入與成本的差額（超額利潤），可以用來評量經營管理的績效。
- 自由資金流量是計算在公司的持續經營之下，資金提供者所能拿回去的份額。現金流量表則是分析公司的營運、投資及融資活動對公司的現金使用的影響。
- 財務比率分析顯示公司的流動性、資產管理能力、負債管理能力、獲利能力及市值表現，共有十六項指標，可以與公司過去的指標比較，也可以與公司所在的產業的平均值進行比較。
- 杜邦圖表示公司資產的組成與各項支出的細目，可以用來預估若是變動某些項目的金額時，對資產報酬率與股東權益報酬率的影響。
- 共同規模比率分析可以比較不同規模的公司的資產、負債、收入與支出的優劣，百分比變化分析可以顯示這些項目過去的增減變化。

本章習題

1. 請說明資產負債表與損益表有何不同？
2. 請說明自由資金流量的計算與現金流量表的異同。

3. 若是公司的流動負債大於流動資產，長期負債小於長期資產，請問這代表公司的財
務狀況可能有哪些問題?

4. 請問損益表中的折舊是否為真正的支出? 資金若被用來購買廠房設備 1 年後會發
生哪三項費用? 它們分別出現在財務報表的哪些科目中?

5. 是否所有的資源提供者的機會成本都會出現在損益表中?有哪一類資源提供者的機
會成本沒有出現在財務報表中?

6. 請說明經濟加值法 (EVA) 的意義及其限制。

7. 請以下列天成電子公司的資產負債表與損益表計算第一到第十三項財務比率，並繪
製該公司的杜邦圖，與表 4–7 中的產業平均值進行比較。

天成公司 2004 年底資產負債表

(單位：百萬元)

現金	$ 175	應付帳款	$ 810
應收帳款	1,120	應付票據	356
存貨	1,330	總流動負債	$1,166
總流動資產	$2,625	長期負債	35
固定資產淨值	2,372	普通股	1,230
總資產	$4,997	保留盈餘	2,566
			$4,997

天成公司 2004 年底損益表

(單位：百萬元)

銷貨收入	$9,000
銷貨成本	5,200
銷貨毛利	$3,800
銷售與管理費用	1,200
折舊	450
營業收入	$2,150
利息	120
稅支出 (40%)	812
淨利	$1,218
普通股股利	$ 730
保留盈餘增額	$ 488

第五章

資本預算方法（一）

Financial Management
Financial Management
Financial
Management

　　在本章裡，我們說明了資本預算就是成本與效益分析，其目的是如何選擇投資方案以使得投資人的財富增加。內容包括有：資金流量的定義及其何以包含了折舊與利息（5.2 節）；如何應用機會成本的概念來分析投資計畫（5.3 節的淨現值法）；分析事前有選擇的機會成本與事後沒有選擇的會計費用，及兩者之間的差別（5.4 節）。

5.1　資本預算的目的

　　資本預算 (capital budgeting) 的目的就是分析一個投資計畫的收入是否大於支出（成本）。在第二章的羅賓漢強盜集團的例子裡，只要搶劫的預估所得高於成本，就會出去行搶。若是每次投資生產（搶劫）的收入大於成本，則集團的超額利潤 (excess profit) 就會不斷的上升，集團成員不但能回收自己所提供的生產資源的機會成本，還可分得部分的超額利潤。各生產資源的機會成本就是在別處（別的強盜集團）所能拿到的最高報酬，若是分到的份額低於機會成本，生產資源的提供者就會離開，改投資於他處。

　　至於超額利潤究竟是來自於何處，顯然它不是來自於一個無創新的、均衡、循環經濟體系。在循環的經濟體系中，一個公司的總收入（不包含壟斷因素的收入）恰好足夠與支出相抵，例如用 100 個貨幣單位購買勞動和土地的服務，並用它們來進行生產，而生產的產品剛好在市場上可以換得 100 貨幣單位。熊彼得認為唯有藉由企業家的創新，公司的總收入才會大於總成本，各生產資源的提供者（包括資金提供者）是只能夠獲得機會成本的報酬，超額利潤是屬於創新的企業家所有。當今的財務金融文獻則是跟隨馬歇爾的看法：各生產因素是由資本家來組合生產，超額利潤是屬於資金提供者的。我們以下的資本預算分析，是從資金提供者的角度來看是否他們所得的收益高於他們的機會成本，但要注意的是，這並不表示資本預算方法只能用來分析資本家的得與失（或股東的成本與效益分析），它也可以用來分析整個公司的總收入是否大於總支出（亦即所有的利益關係人 (stakeholders) 的成本與效益分析）。而當交易成本為零時，不論是股東

的成本與效益分析，或是利益關係人的成本與效益分析，都會得到同樣的結果。

假設你有一個生產投資機會，在期初時投入 1,000 元，期末可得到 1,200 元。假設這 1,000 元資金的機會成本 (opportunity cost of capital) 是 10%，亦即投資到他處最多只能得到 1,100 元（= 1,000 × (1 + 10%)），則你因為擁有這個生產投資機會的財產權而得到的期末超額利潤為：

$$NFV = -1,000(1 + 10\%) + 1,200$$

$$= 100 \tag{1}$$

100 元的期末超額利潤又稱為淨未來值 (net future value: NFV)。從另一角度來看，你若是沒有這個投資生產機會，而想要在期末獲得 1,200 元，則必須在期初在別處投資 $\frac{1,200}{1.1} = 1,090.91$ 元，因此擁有這個投資機會的財產權，使得你在期初時省掉了 90.91 元 (= 1,090.91 - 1,000) 的投資金額。90.91 元就是期末超額利潤在期初的價值：$90.91 = \frac{100}{1.1}$，或

$$NPV = -1,000 + \frac{1,200}{(1 + 10\%)}$$

$$= 90.91 \tag{2}$$

我們也稱之為淨現值 (net present value: NPV)，其意義為：在期初投資 1,000 元後立刻轉售，即可獲得 1,000 + 90.91 = 1,090.91 元，其中 90.91 元為該生產機會的財產權的現值。1,090.91 元是該投資計畫的市場價值 (the market value of the project)，10% 的資金的機會成本又稱為該投資計畫的折現率 (discount rate)。期末投資報酬除以期初投資再減去 1，即為內部報酬率 (internal rate of return: IRR)：$[\frac{1,200}{1,000} - 1] \times 100\% = 20\%$，

$$0 = -1,000 + \frac{1,200}{(1 + IRR)}$$

$$IRR = 20\% \tag{3}$$

在一期（亦即只有期初與期末）的模型中，若是投資的內部報酬率超過投資的機會成本（折現率），則淨現值為正。內部報酬率若是小於資金的機會成本，則該計畫不可行，淨現值為負。因此當只有一期時，不論用淨現值法或是內部報酬率法來評估投資方案，都會得到相同的結果。

5.2　資金流量的定義

在第二章的羅賓漢集團的例子裡，每位生產資源提供者提供生產資源來生產，然後再按事前的約定來分配總收入。公司裡的資金提供者是事前提供資本，他們在事後分得的份額我們稱之為資金流量 (cash flow)。若是合作生產只有一期，資金流量為期末清算公司時的總市值，再減去除資金提供者以外的所有資源提供者所應得的部分。若是為多期的投資計畫，資金提供者每期所得之中的一部分將會再投入公司以繼續生產，這時資金提供者所拿走的資金流量稱為自由資金流量 (free cash flow)。以下我們舉一例說明如何計算資金流量。

假設宏碁電腦公司想要生產一種新型電腦，需要投資 500 萬元購買設備，預備生產 5 年，在第 5 年底時，設備的殘值估計為 30 萬元。政府的稅法規定直線折舊，每年折舊 96 萬，殘值定為 20 萬元（ $= 500 - 96 \times 5$ ）。營運期間另外需要保持 10 萬元的營運資金 (working capital)，其中包含現金、存貨及應收帳款與應付帳款的差額。現金是為著日常經營時的臨時支付。存貨包含已購進但是尚未使用的原料、半成品及未銷完的成品。應收帳款為顧客應支付但尚未支付的款項，是相當於對客戶的無息貸款；應付帳款則是公司即將支付的負債，是相當於別人給公司的無息貸款。若是應收帳款大於應付帳款，則代表公司有正的淨對外無息放款，若是應付帳款大於應收帳款，則代表公司有正的淨外界給予公司的無息貸款。500 萬元的投資額中有 100 萬元為借款，每年需支付 10 萬元的利息，公司所得稅率是30%。表 5-1 為該投資計畫預估 5 年的損益表。

在表 5-1 中，每項支出都有實際支付的對象，只有折舊費用是為了因應稅法的規定而列入，是帳面上而非實際上的折舊，該項費用並沒有被任何人拿走。設備維修、零件替換的費用是已包含在銷貨成本中。利息則是付給債主。因此折舊費用與利息支出都應該包含在資金流量中，是屬於資金提供者的。根據上述的資訊，我們可以推算出各年的資金流量如表 5-2 所示。

表 5-1　預估損益表

(單位：萬元)

	第 1 年底	第 2 年底	第 3 年底	第 4 年底	第 5 年底
⑴銷售款	500	560	660	500	200
⑵銷貨成本	160	150	220	200	70
⑶管銷費用	10	18	25	28	10
⑷折舊費用	96	96	96	96	96
⑸利息支出	10	10	10	10	10
⑹應納稅所得 [⑴−⑵−⑶−⑷−⑸]	224	286	309	166	14
⑺公司所得稅 [⑹×30%]	67.2	85.8	92.7	49.8	4.2
⑻淨利	156.8	200.2	216.3	116.2	9.8

表 5-2　預估各年的資金流量

	第 1 年初	第 1 年底	第 2 年底	第 3 年底	第 4 年底	第 5 年底
⑴設備殘值之市值						30
⑵稅後設備殘值						27
						$(= 30 - 0.3(30 - 20))$
⑶淨利		156.8	200.2	216.3	116.2	9.8
⑷利息支出		10	10	10	10	10
⑸折舊費用		96	96	96	96	96
⑹營運資本	−10					10
⑺設備投資	−500					
⑻資金流量 [⑵+⑶+⑷+⑸+⑹+⑺]	−510	262.8	306.2	322.3	222.2	152.8

　　資金提供者在第 1 年初時需要投資 510 萬元，其中 10 萬元為營運資本，到了第 5 年底時，營運資本 10 萬元將可歸還。此外，設備殘值的市價為 30 萬元，要比法定殘值 20 萬元高出了 10 萬元，因此需要付所得稅 3 萬元 (= 10 × 0.3)，稅後設備殘值為 27 萬元。在第 5 年底時，資金流量為：淨利 (9.8 萬元)、利息支出 (10 萬元)、折舊費用 (96 萬元)、稅後設備殘值

（27 萬元）以及營運資金（10 萬元）之總和。由表 5-1 及表 5-2 得知，債主、勞工、原料等生產資源提供者，是拿到他所提供的生產資源的機會成本，政府也參與分一杯羹（稅），因此如何合法節稅成為財務規劃的重要課題。我們可以以提高負債比例、加速折舊、利用各種投資獎勵的規定來節稅。資金提供者所得的資金流量，即為在分配給其他資源提供者與政府之後，所剩餘的部分。計算完資金流量後，我們就可以用各種資本預算方法來評估投資計畫的優劣。

5.3　淨現值法

淨現值法 (net present value: *NPV*) 是在「現在」這個時點的基礎上計算所有的支出與收入，它也就是一般所謂的成本與效益分析。投資計畫只要收入大於支出（淨現值大於零），就能增加資金提供者的財富，就應該進行。在這裡涉及的是邊際的觀念，只要邊際收益大於邊際成本就應該進行，而與其他已在進行的項目無關，這裡的邊際成本是指還有機會做選擇的機會成本。我們以 5.2 節的宏碁電腦公司為例，估計該投資計畫的淨現值。

釋例 1　由於未來的收益是確定的，因此資金提供者的資金機會成本（折現率）為 10%（股東與債主的資金的機會成本都是 10%），各年的資金流量為：

表 5-3

（單位：萬元）

	第 1 年初	第 1 年底	第 2 年底	第 3 年底	第 4 年底	第 5 年底
資金流量	-510	262.8	306.2	322.3	222.2	152.8

換言之，該公司因為擁有生產機會的財產權 (property right)，在第 1 年初投入 510 萬元後，就可以在後續的 5 年之中，獲得一系列的收入。若是沒有

該項投資生產機會，該公司就只能得到資金的機會成本（每年 10%）：想要在第 1 年底得 262.8 萬元，就必須在第 1 年初在別處投資 $\frac{262.8}{1.10} = 238.91$ 萬元；在第 2 年底得 306.2 萬元，則必須在第 1 年初在別處投資 $\frac{306.2}{(1.10)^2} =$ 253.06 萬元；在第 3 年底得 322.3 萬元，第 1 年初需在別處投資 $\frac{322.3}{(1.10)^3} =$ 242.15 萬元；在第 4 年底得 222.2 萬元，第 1 年初需在別處投資 $\frac{222.2}{(1.10)^4} =$ 151.76 萬元；在第 5 年底得 152.8 萬元，第 1 年初需在別處投資 $\frac{152.8}{(1.10)^5} =$ 94.88 萬元。因此，資金提供者因為擁有了投資生產機會的財產權，使得他們在第 1 年初時只需要投入 510 萬元，而不是 980.76 萬元 (= 238.91 + 253.06 + 242.15 + 151.76 + 94.88)，就可以得到如表 5–3 的資金流量，總共節省了 470.76 萬元 (= 980.76 – 510) 的投資金額，470.76 萬元也可稱為這個生產機會的財產權的市場現價。這也代表了若在投資 510 萬元之後立刻轉售，則可獲得 980.76 萬元。淨現值的計算因此可以表示為：

$$NPV = -510 + \frac{262.8}{(1+10\%)} + \frac{306.2}{(1+10\%)^2} + \frac{322.3}{(1+10\%)^3} + \frac{222.2}{(1+10\%)^4} +$$

$$\frac{152.8}{(1+10\%)^5}$$

$$= 470.76 \tag{4}$$

由於在第 1 年初這個時點上折現的總收益(980.76 萬元)大於成本(510 萬元)，因此這個投資計畫應該進行。此外我們也發現此一投資計畫是否應進行，是僅僅看它所帶來的收益是否大於它的成本而定（亦即投資此計畫的邊際收益是否大於邊際成本），而不需要考慮宏碁公司原來的生產項目的收益或成本。

在計算上述投資計畫的淨現值時，有兩項因素需要加以考慮。第一是表 5–1 的 96 萬元的折舊費用只是帳面上而非實際發生的費用，但在第 1 年初投入的 510 萬成本在後來的 5 年間會有機會成本,其中包括:(1) 510 萬

元可以投資於他處的機會成本（亦即每年在他處可得到 510(0.10) = 51 萬元的收入）；(2) 500 萬元購買機器設備後，每年發生的維修與更換零件費用；(3) 500 萬元設備的每年自然耗損（市場價值會逐年下降）。510 萬元可投資於他處的機會成本（51 萬元）是不需要加以考慮的，這是因為我們是將投資成本及收入（資金流量）均放在第 1 年初這個時點上來比較，因此不會有 510 萬元投資於他處的機會成本的問題（若是以淨未來值 (NFV) 來評量投資計畫，則如下面第(8)式所示，是需要考慮 510 萬元投資資金的機會成本）。設備的維修及更換零件費用已經計入在銷貨成本裡，計算資金流量時已扣除了該項支出。設備的自然折舊耗損不應從資金流量中扣除，這是因為它已被考慮在 510 萬元的期初投資成本中：在以(4)式計算淨現值 (NPV)時，若是再從各年底的資金流量再扣除自然折舊，則會重複計算該項費用。

第二項需要考慮的因素是：470.76 萬元的淨現值（超額利潤）究竟是為誰所擁有。在計算淨現值(4)式時，收入與成本是從資金提供者（股東與債主）的角度來看的，但是由於我們假設了生產機會的財產權是屬於股東所擁有，因此債主投入 100 萬元之後所能得到的僅為機會成本（是債主在他處所能得到的最高報酬），換言之，債主的資金的機會成本為下式的 10%：

$$100 = \frac{10}{(1 + 10\%)} + \frac{10}{(1 + 10\%)^2} + \frac{10}{(1 + 10\%)^3} + \frac{10}{(1 + 10\%)^4} + \frac{110}{(1 + 10\%)^5}$$

(5)

亦即債主每年底得利息 10 萬元，第 5 年底得本金加利息 110 萬元，而他貸出 100 萬元後所得到的資金流量的現值即為 100 萬元；債主只能得到資金的機會成本，不能得到任何超額利潤，因此該投資計畫的淨現值 470.76 萬元是屬於擁有生產機會財產權的股東所有。

我們可以將(5)式改寫為：

$$0 = -100 + \frac{10}{(1 + 10\%)} + \frac{10}{(1 + 10\%)^2} + \frac{10}{(1 + 10\%)^3} + \frac{10}{(1 + 10\%)^4} +$$
$$\frac{110}{(1 + 10\%)^5}$$

(6)

再將(4)式減去(6)式，可得到由股東的角度來看的成本與效益分析的淨現值：

$$NPV = -410 + \frac{252.8}{(1+10\%)} + \frac{296.2}{(1+10\%)^2} + \frac{312.3}{(1+10\%)^3} + \frac{212.2}{(1+10\%)^4} +$$

$$\frac{42.8}{(1+10\%)^5}$$

$$= 470.76 \tag{7}$$

換言之,擁有生產機會財產權的股東在期初投入 410 萬元的現值是 880.76 萬元 (= 410 + 470.76),沒有生產機會財產權的債主在期初投入 100 萬元的現值仍是 100 萬元 (= 100 + 0)。誰擁有生產機會的財產權,誰就能得到超額利潤(正的淨現值)。而不論是由資金提供者(股東加上債主)的角度來計算淨現值(例如(4)式),或是由股東的角度來計算淨現值(例如(6)式),所得到的淨現值都是相同的。

由於股東擁有生產投資機會才得以擁有超額利潤(正的淨現值),因此公司投資的資金來源會以內部資金為優先(從保留盈餘 retained earnings 或由現有的股東出資),其次才考慮向外貸款(貸款的交易成本通常要高於使用內部資金的交易成本),而發行新股並引入新股東來與現有股東分享正的淨現值會是個最糟糕的選擇。因此公司一旦以發行新股來融資投資計畫時,會被外界解讀為:一定是個負的淨現值投資計畫,公司如此做的目的,只是想利用新股東的錢來補貼現有的股東,而市場的反應是,現有的股票的價格會立刻下跌。這裡的解釋也符合融資順位理論 (pecking order theory) 的說法。

我們若將(4)式等號的兩邊分別乘上 $(1+10\%)^5$,則可以得到第 5 年底的淨未來值:

$$NFV = -510(1+10\%)^5 + 262.8(1+10\%)^4 + 306.2(1+10\%)^3 + 322.3(1+$$

$$10\%)^2 + 222.2(1+10\%)^1 + 152.8 = 758.16$$

$$= (NPV) \times (1+10\%)^5 \tag{8}$$

淨未來值 NFV = 758.16 萬元的意義是,每一年的資金流量可以以資金的機會成本 10% 再投資於他處,累積至第 5 年底時總共所得到的款項,其中期初投入的 510 萬元在這 5 年中是有機會成本的:若投資於他處,在第

5 年底時可以得到 $510 \times (1 + 10\%)^5 = 821.36$ 萬元。

510 萬元的投資金額是機會成本,因此若是(4)式中所計算的 *NPV* 為負(亦即(8)式中的 *NFV* 為負),則可以選擇不投資。因此機會成本代表了你仍然有機會做出選擇,是做還是不做。

上面的釋例 1 說明了如何評量一個新增的投資計畫。下面我們再舉一例說明如何評量以新代舊的**更替問題** (replacement project)。

釋例2 天成公司擁有一部已使用 10 年的影印機,當初購入的價格是 15,000 元,使用期限為 15 年。天成公司現在考慮是否以自有資金買進另一部新影印機來更換目前的舊機器。新影印機的市價為 24,000 元,依政府稅法規定,在購入後天成公司可以在 4 年內加速折舊完畢,折舊率為:33%, 45%, 15%, 7%,在第 5 年底出售這臺機器的殘值為 4,000 元。新影印機由於功能較強,每年比舊影印機可節省人工等費用 8,000 元。舊影印機是以直線折舊方式折舊(每年列折舊費用 1,000 元),目前帳面上的殘值為 5,000 元,出售的市價僅為 2,000 元,公司所得稅率為 40%,因此出售舊影印機的帳面損失為 3,000 元,可以有 1,200 元 $(= (0.4) \times (5,000 - 2,000))$ 的稅減免 (tax credit)。

在考慮更替問題時,我們是考慮新機器在舊機器剩餘年限裡的成本與收入。在本例中舊影印機只餘 5 年壽命,因此我們將替換的新影印機的使用也設定為 5 年,之後即出售,以使得兩個計畫(更換或不更換)可以進行比較。在比較的過程裡,我們是以更換新影印機所增加的成本與它所帶來的增加的收益來計算淨現值,因此是一個討論邊際收益是否大於邊際成本的問題。我們可以將無更替下的公司的每年資金流量定義為:

$$(s - c_o - d_o - D - A)(1 - 0.4) + d_o + D + A \tag{9}$$

其中 *s* 為銷貨毛利 (net sale or gross profit),c_o 為在使用舊影印機之下的公司的總營運費用,d_o 為舊影印機的每年折舊費用,*D* 為除了影印機之外的廠房與設備折舊費用,*A* 為攤銷費用(請注意 d_o, D, A 都不是真正支出的費

用）。新影印機替換之後公司的每年資金流量為：

$$(s - c_n - d_n - D - A)(1 - 0.4) + d_n + D + A \tag{10}$$

其中 s, D, A 與(9)式相同（這是因為更換影印機並不影響銷貨收入與銷貨成本）。c_n 為使用新影印機之下的總營運費用，$c_o - c_n = 8,000$ 元，d_n 為新影印機的折舊費用。將(10)式減去(9)式可以得到使用新影印機時所增加的資金流量（ΔCF）：

$$\Delta CF = -(c_n - c_o)(1 - 0.4) + (d_n - d_o)(0.4) \tag{11}$$

更換新影印機時的第 1 年初所增加的成本（機會成本）為：

> 24,000（新影印機市價）-2,000（出售舊影印機所得）-1,200（稅減免等於 $0.4 \times (5,000 - 2,000)$）= 20,800 元

第 2 年底至第 4 年底的因更換新機器而增加的資金流量為（由(11)式）：

> 第 1 年底：7,568 元 $= -(-8,000)(1-0.4) + (0.33 \times 24,000 - 1,000)(0.4)$
>
> 第 2 年底：8,720 元 $= -(-8,000)(1-0.4) + (0.45 \times 24,000 - 1,000)(0.4)$
>
> 第 3 年底：5,840 元 $= -(-8,000)(1-0.4) + (0.15 \times 24,000 - 1,000)(0.4)$
>
> 第 4 年底：5,072 元 $= -(-8,000)(1-0.4) + (0.07 \times 24,000 - 1,000)(0.4)$

第 5 年底的資金流量為：

> 6,800 元 $= -(-8,000)(1-0.4) + (0 \times 24,000 - 1,000)(0.4) + 4,000$（出售新影印機的所得）-1,600（出售新影印機的稅支出等於 $0.4 \times 4,000$）

假設資金的機會成本為每年 10%，則更換新影印機的淨現值為：

$$NPV = -20,800 + \frac{7,568}{(1+0.1)} + \frac{8,720}{(1+0.1)^2} + \frac{5,840}{(1+0.1)^3} + \frac{5,072}{(1+0.1)^4} +$$

$$\frac{6,800}{(1+0.1)^5}$$

$$= 5,360.80 \text{ 元}$$

淨現值大於零，因此可以更換影印機。

　　在評估投資計畫時，我們也可以使用不同的折現率（資金的機會成本）來計算淨現值，由此觀察投資計畫的價值對折現率的敏感程度，稱之為敏

感度分析 (sensitivity analysis)。以上例為例，當折現率由 8% 上升時，淨現值會不斷地下降，至 20% 以後，淨現值開始為負數，決策者可以自行判定未來 5 年內利率的走向及折現率是否會大於 20%。

（單位：元）

折現率	8%	9%	10%	11%	12%	13%	14%	16%	20%	21%
淨現值	6,675.42	6,004.78	5,360.80	4,742.08	4,147.32	3,575.32	3,024.93	1,984.75	120.61	−305.23

淨現值（超額利潤）大於零的計畫可以增加投資人的財富，因此都應該進行不應放棄。但有時遇到多選一或互斥型 (mutually exclusive) 投資計畫必須擇一進行時，就須選擇淨現值較大者，以下我們舉一例說明之。

釋例 3　景成建設公司打算在市區的一塊建地上蓋一幢期限 10 年的百貨公司或是戲院，假設二個投資計畫的資金機會成本為每年 10%，各年的資金流量如下，

表 5–4　各年的資金流量表

（單位：萬元）

	第 1 年初	第 1 年底	第 2 年底	……	第 10 年底
百貨公司計畫	1,000	180	180	……	180
戲院計畫	700	140	140	……	140

百貨公司：
$$NPV_1 = -1,000 + \frac{180}{(1+10\%)} + \frac{180}{(1+10\%)^2} + \cdots + \frac{180}{(1+10\%)^{10}}$$
$$= 106.02$$

戲　　院：
$$NPV_2 = -700 + \frac{140}{(1+10\%)} + \frac{140}{(1+10\%)^2} + \cdots + \frac{140}{(1+10\%)^{10}}$$
$$= 160.24$$

投資在戲院計畫可得到較高的淨現值（超額利潤），因此景成公司應選擇投資戲院的計畫。

　　若是兩個計畫的年限不同，但可以在到期時再投資進行，則可以用最小公倍數的年限來比較二計畫的優劣。例如若是釋例 3 的資金流量為：

表 5–5　不同年限的資金流量

（單位：萬元）

	第 1 年初	第 1 年底	第 2 年底	第 3 年底
百貨公司計畫	140	100	100	
戲院計畫	120	60	60	60

百貨公司的年限為 2 年，戲院的年限為 3 年，到期後可以再進行重複投資，則二計畫年限的最小公倍數為 6 年，以之計算的淨現值分別為：

百貨公司：
$$NPV_1 = -140 + \frac{100}{(1+10\%)} + \frac{100-140}{(1+10\%)^2} + \frac{100}{(1+10\%)^3} +$$

$$\frac{100-140}{(1+10\%)^4} + \frac{100}{(1+10\%)^5} + \frac{100}{(1+10\%)^6}$$

$$= 84.20$$

戲　　院：
$$NPV_2 = -120 + \frac{60}{(1+10\%)} + \frac{60}{(1+10\%)^2} + \frac{60-120}{(1+10\%)^3} +$$

$$\frac{60}{(1+10\%)^4} + \frac{60}{(1+10\%)^5} + \frac{60}{(1+10\%)^6}$$

$$= 51.16$$

因此應該選擇投資於百貨公司。

5.4　機會成本的誤用

　　在資本預算中，期初的投資成本是機會成本，代表你仍然有機會做選擇：可以投入或不投入該資金，因此機會成本是一個事前 (ex-ante) 的概念，一旦過了可以做選擇的時點後，所投入的資金就不能稱為機會成本，而稱之為費用 (expense) 更為恰當。以下我們舉一例說明事前的機會成本與事後的會計費用之間的差別。

釋例 4　顏如玉即將從某大學的財務金融系畢業，她有兩個選擇：再多花 2 年時間攻讀財金或是資訊碩士，然後再工作 20 年，她認為每年的折現率是 10%。顏如玉花了 1 萬元做職業傾向測驗及未來職業收入的調查研究，就可以獲得下列資金流量的資訊：

表 5–6

(單位：萬元)

	第1年初	第2年底	第3年底	第4年底	第5年底	……	第22年底
投資於財金碩士(1)	−50	0	10	10	10	……	10
投資於資訊碩士(2)	−50	0	11	11	11	……	11

在計算這兩項計畫的淨現值時，調查研究費用 1 萬元不應該計入。這是因為它是沉沒費用，是在計算淨現值之前就已經發生，計算淨現值之時已成為事後的費用，而非事前可以做出選擇的機會成本。因此這兩項投資計畫的淨現值是：

$$NPV_1 = -50 + \frac{10}{(1+0.1)^3} + \frac{10}{(1+0.1)^4} + \frac{10}{(1+0.1)^5} + \cdots + \frac{10}{(1+0.1)^{22}}$$

$$= 20.36 \tag{12}$$

$$NPV_2 = -50 + \frac{11}{(1+0.1)^3} + \frac{11}{(1+0.1)^4} + \frac{11}{(1+0.1)^5} + \cdots + \frac{11}{(1+0.1)^{22}}$$

$$= 27.40 \tag{13}$$

投資於資訊碩士的淨現值（27.40 萬元）要高於投資於財金碩士的淨現值（20.36 萬元），因此顏如玉應該選擇攻讀資訊碩士。

　　假如顏如玉認為既然大學讀的是財務金融，「碩士改讀資訊則以前所讀的豈不是白費」，因此決定先花 2 年拿到財金碩士的學位，再決定是否攻讀資訊碩士學位。假設 2 年後顏如玉已可自行獲得表 5–6 的資訊，而不需再花 1 萬元的調查費用，則此時對從事財金行業或是再攻讀資訊碩士 2 年並

從事資訊業的淨現值分析為：

$$NPV_1 = \frac{10}{(1+0.1)} + \frac{10}{(1+0.1)^2} + \frac{10}{(1+0.1)^3} + \cdots + \frac{10}{(1+0.1)^{20}}$$

$$= 85.14 \tag{14}$$

$$NPV_2 = -50 + \frac{11}{(1+0.1)^3} + \frac{11}{(1+0.1)^4} + \cdots + \frac{11}{(1+0.1)^{20}}$$

$$= 24.56 \tag{15}$$

在 2 年後的時點上做選擇時，過去 2 年發生的費用不應計入，因此(14)式並未包含攻讀財金碩士的 50 萬元費用，該費用不是機會成本。在(15)式中，攻讀資訊碩士的 50 萬是有選擇的，顏如玉可以決定花或是不花，因此它是機會成本，應列入在淨現值的計算之中。比較(14)式與(15)式，85.14 大於 24.56，顏如玉會選擇不再攻讀資訊碩士。

由(12)式至(15)式的分析中，我們可以發現在不同的時點上做決策，會有截然不同的結果。顏如玉的看法「碩士改讀資訊，則大學時讀的財金變成浪費」顯然是錯誤的，導致她選擇了淨現值較小的投資方案。在投資於研究發展時，我們也常會聽到類似的說法：「既然已經花了 1 億元的研發經費，就不應該改換研發其他的項目，免得前面的投資浪費」，這種說法混淆了事前有選擇情形下的機會成本與事後沒有選擇機會的會計費用。在已經花掉 1 億元的研發經費後，決策者要考慮的是繼續研發該項目的再投入成本（機會成本）及其未來可能帶來的收入，而不是已發生的、不可挽回的 1 億元會計費用。在日常投資時，我們也可能犯同樣錯誤：股票價格跌到一半時，仍不肯認賠賣出，因為「賣出股票就無法翻本拿回原來的損失」，其實這時要考慮的是，繼續持有該股票的機會成本與未來的收益，而不是過去的已經無法挽回的損失。我們可以再舉一個有趣的比喻來說明成本（機會成本）與費用（會計費用）的不同：一對夫婦在決定是否生養一個孩子的時候，可以選擇是生養一個小孩還是買一棟房子，這時候我們可以說生養小孩的機會成本為若干，買一棟房子的機會成本為若干，但是孩子一旦生出來之後，此時就只能說生養孩子的費用是多少（即使這筆錢尚未花費出去），因

為這時這對夫婦已經沒有機會去選擇生養或不生養小孩了。

　　在管理學的教科書中常介紹一種投資評估方法——損益平衡分析 (break-even analysis)，例如購買某一種機器設備來生產，則每年的固定支出為 20,000 元（包括自然耗損、維修、利息等），每生產 1 單位產品的變動成本（variable cost：原料、工資等支出）為 2 元，每單位產品的售價為 3 元，因此由下式的損益平衡分析：

$$20,000 + 2q = 3q \tag{16}$$

得到損益平衡時的產量 $q = 20,000$ 單位。如下圖所示，當產量達到並銷售 20,000 單位以上時，此項投資才有利潤。

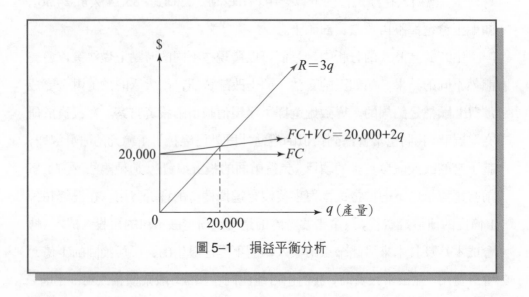

圖 5–1　損益平衡分析

　　但是在上面的分析中，固定支出的 20,000 元不一定是沒有選擇的費用。若是在做決策的時點之前還未購進任何機器設備，則決策者可以比較購買不同機器的優劣：例如若購買另一型機器的固定支出為 15,000 元，每單位產品的變動成本為 2.2 元，則損益平衡時的產量為：$15,000 + 2.2q = 3q$，$q = 18,750$ 單位，決策者可以決定較保守的作法（生產 18,750 單位）或是較進取的作法（生產 20,000 單位），此時所有的固定支出或是單位變動成本都是事前有選擇的機會成本。

損益平衡分析若是用在已購進機器設備後的分析，則固定支出是事後沒有選擇的費用，此時使用損益平衡分析(16)式是錯誤、並且沒有什麼意義的。正確的作法是：只要生產的單位變動成本（2 元）小於單位產品售價（3 元），就應該進行生產，這時即使是只生產銷售 1 單位產品，只賺得 1 元 (= 3–2)，也可以補償部分每年需支出的 20,000 元固定費用。

案例研讀

顏如玉與機會成本

以下是一個真實發生的故事。有一天一位計量財務金融系的大四女生(姑且稱她為顏如玉)，興沖沖地跑到我的研究室，告訴我她考上了研究所，然後是下面一段師生間的對話：

顏：老師，我考上了 X 大的財務金融研究所。

師：恭喜妳了，但 …… 妳有沒有考其他，例如資訊的研究所？

顏：沒有！我幹嘛要考別的研究所？我考這些研究所，那我在大學唸的財務金融豈不白費？

師：妳顯然不懂什麼是機會成本，看樣子妳的經濟學原理和財務管理都白唸了 !!

顏 (????)：願聞其詳。

師：我舉一個例子給妳聽。有位漂亮女生在剛進大學大一時遇到一位男生，兩人開始交往。交往 2 個禮拜後，男生要求繼續交往，女生就想：「既然已經交往 2 週，如果不繼續交往，那麼前面交往的 2 週豈不白費」，因此又繼續交往 2 年。2 年後，女生又想到若不再來往，那麼以前的投資（交往）豈不浪費，於是又交往 4 年。6 年後，女生想到既然已經交往這麼久，不結婚豈不浪費，因此乾脆嫁給他算了。而妳就是那個女生。

顏：我才沒有那麼笨呢！

師：妳既然在婚姻的事上不會做這種傻事，那妳為什麼在職業的選擇上
　　要做這種傻事？

　　顏如玉聽到這裡，沒等到我繼續解釋就氣嘟嘟的跑掉了。顏如玉在選擇
考財務金融研究所或是其他的研究所時，要考慮的是：考這些不同研究所花
的成本（機會成本）與未來的收益，再從中選出一個正的淨現值（超額利潤）
最大的一個，而不是被過去大學唸的專長所束縛——過去唸的財務金融已是
事後無法改變、無法選擇的會計費用，而不是事前可以做選擇的機會成本，
是不能考慮在成本與效益的分析當中的。

　　顏如玉是學生，搞不清楚什麼是機會成本，而身為知名學者的教授們也
不見得高明。2002 年諾貝爾經濟學獎得主卡尼曼 (Daniel Kahneman) 在 1979
年與托維斯基 (Amos Tversky) 共同提出展望理論 (Prospect Theory)，其主要論
點是：人們在遇到利得時，行為較保守，是風險趨避；但碰到有損失時，行
為卻較為冒險，是風險愛好。他們做了一項實驗來證明這項理論：第一種情
形是有兩個選擇，A 是肯定得到 1,000 元，B 是 50% 的可能性贏得 2,000 元及
50% 的可能性得到 0 元；第二種情形也是兩個選擇，A 是肯定損失 1,000 元，
B 是 50% 的可能性損失 2,000 元及 50% 的可能性損失 0 元。結果發現在第一
種有利得的狀況下，多數人會選擇 A，在第二種有損失的狀況下，多數人會
選擇 B。卡尼曼與托維斯基認為在參考點 (reference point) 相同的情形之下，
亦即在同一財富水準時，人們遇到有利得時行為是較為保守而不願冒險，但
遇到有損失時行為是較願意冒險。我對卡尼曼等人的理論有下列三點批評：
(1)在第一種有利得的情形下，除了 A 與 B 兩個選擇之外，人們還有第三個選
擇：將 A 或 B 得到的任何錢丟棄或捐獻出去——亦即可以回到原來的財富水
準，但在第二種有損失的情形下，是只有 A 與 B 兩個選擇——人們是無法丟
棄損失的；(2)我們可以將第一種有利得的情況改述為：在已經獲得 1,000 元之
下的兩個選擇，C 是不參加任何賭局，D 是 50% 的可能性贏得 1,000 元及 50%
的可能性損失 1,000 元；將第二種有損失的情況改述為：在已經損失 1,000 元
之下的兩個選擇，C 是不參加任何賭局（亦即認賠殺出），D 是 50% 的可能性
贏得 1,000 元及 50% 的可能性損失 1,000 元，因此有利得情形時的參考點是
比原來財富多了 1,000 元，有損失情形時的參考點是比原來財富少了 1,000

元，兩者的參考點其實並不相同；(3)人們並不是「遇到有利得時較保守，遇到有損失時較願冒險」，而純粹是誤用了機會成本的概念：在第二種有損失的情況下願意冒險，就有如買股票不久即損失 1,000 元之後，只想到：「賣掉股票則沒有翻本的機會」，因此不肯認賠殺出，而繼續參加 50% 可能性得 1,000 元、50% 可能性損失 1,000 元的賭局。

卡尼曼與托維斯基的另一項實驗是：第一種情形是先得到 1,000 元後，再有兩個選擇，A 是肯定得到 500 元，B 是 50% 的可能性贏得 1,000 元及 50% 的可能性損失 0 元；第二種情形是先得到 2,000 元後，再有兩個選擇，A 是肯定損失 500 元，B 是 50% 的可能性損失 1,000 元及 50% 的可能性損失 0 元。卡尼曼與托維斯基認為這兩種情形的最終結果是相同的：都是等於兩個選擇，E 是得到固定的 1,500 元，F 是 50% 的可能性贏得 2,000 元及 50% 的可能性贏得 1,000 元，但他們卻發現多數人在第一種有利得的情形時是不會參加賭局（選 A，只願得 500 元），在第二種有損失的情形時卻願意參加賭局（選 B，50% 的機會損失 1,000 元，50% 的機會損失 0 元）。但我們由前面的分析中已瞭解到這兩種情形的參考點其實並不相同（原財富水準是分別增加了 1,000 元及 2,000 元），而當人們遇到第二種有損失的情況時，常忘了使用機會成本的概念：在損失 500 元之後，仍不願認賠殺出，而繼續參加 50% 機會贏得 500 元、50% 機會損失 500 元的賭局。

5.5 總 結

財務管理所討論的就是成本與效益分析，只要效益大於成本，就應該進行以增加投資者的財富。本章的主要論點為：

- 資本預算的目的是查驗投資計畫的收益是否大於投資的機會成本。由於收益是在未來發生的，因此需要將之以資金的機會成本（折現率）折現，而與期初投入的成本在同一時點上進行比較。
- 我們若由資金提供者的角度來分析資本預算，則資金流量定義為資本提供者所能分得的份額。淨現值 (*NPV*) 法計算未來收益的現值大於期初投

人成本的部分（正的淨現值或超額利潤），擁有生產機會財產權的人（例如股東）才擁有正的淨現值，因此正的淨現值可以看作是生產機會財產權的現值。沒有生產機會財產權的人是只能獲得他所提供的生產資源的機會成本。

- 成本與效益分析是分析邊際收益是否大於邊際成本。邊際收益是指該投資計畫的未來收益的現值，而與目前公司正進行的其他生產活動無關；邊際成本是指該投資計畫所需要的期初投入的機會成本，也與其他的計畫無關。

- 機會成本是指在事前有選擇可以花費或不花費的支出，一旦過了能做選擇的時間點後，所支出的就成了事後沒有選擇的會計費用。人們因為誤用機會成本的概念，才會做出：「既然已經花了 1 億元的研發費用，就不應該改換研發其他的項目，免得前面的研發投資浪費」的錯誤決定。

 本章建議閱讀著作

關於機會成本與選擇，請參閱：Buchanan, James, 1969, *Cost and Choice*, Chicago: The University of Chicago Press.

 本章習題

1. 請說明資金流量的定義及其用途。

2. 資金流量中應包含損益表中的折舊費用，請問為什麼？

3. 在使用淨現值法時，考慮資金提供者的成本與效益分析是否等同於考慮股東的成本與效益分析？這裡面做了哪些假設？

4. 當投資計畫為互斥型或是多選一，而計畫年限不同時，請問應該如何選擇投資計畫？這時需要做何種假設？

5. 請舉例說明什麼是事前有選擇的機會成本與事後沒有選擇的會計費用，兩者之間的差別為何？為什麼卡尼曼等人的「人們遇到利得時行為較保守（風險趨避），遇到損失時行為較冒險（風險愛好）」的展望理論，可能只是人們不瞭解、並且誤用機

會成本的概念所致?

6. 下列投資計畫的資金機會成本為每年 10%，請計算其淨現值。下列哪些數字是成本與效益分析中的機會成本?

	第 1 年初	第 1 年底	第 2 年底	第 3 年底	第 4 年底
資金流量	−510 萬元	−50 萬元	700 萬元	800 萬元	400 萬元

7. 在釋例 2 中，若是新影印機需要額外的 2,000 元淨營運資本 (net working capital)，請問是否應進行該更新計畫?

第六章

資本預算方法（二）

Financial Management

Financial Management

Financial Management

Management

　　本章討論傳統的內部報酬率法的缺失及如何計算投資計畫的修正的內部報酬率（6.1 節）；面對有限資金時的利潤指標法（6.2 節）；追求短期內收回成本的回收期限法（6.3 節）；使用會計盈餘而非資金流量的平均會計報酬率法（6.4 節）。

6.1　內部報酬率法

　　傳統的內部報酬率法 (internal rate of return: *IRR*) 又稱為折現後的資金流量報酬率法 (discounted-cash-flow rate of return)，目的是找出使淨現值為零的折現率。在第五章 5.1 節的一期模型裡（第五章(3)式），期初投資 1,000 元，期末得 1,200 元，而使得淨現值為零的折現率 (*IRR*) 為 20%：$0 = -1,000 + \dfrac{1,200}{(1+IRR)}$。在多期的計畫中，*IRR* 被定義為下列方程式的解（其中 CF_t 為第 t 期的資金流量，$t = 0, 1, 2, \cdots, T$）：

$$0 = CF_0 + \frac{CF_1}{(1+IRR)} + \frac{CF_2}{(1+IRR)^2} + \cdots + \frac{CF_T}{(1+IRR)^T} \tag{1}$$

它也是使淨現值為零的折現率。第五章的(3)式是一個一期模型，不會有期間的資金流量收到後再投資的問題，但是上面(1)式的多期模型卻有誤用錯誤的資金機會成本再投資的問題。我們現在舉一例說明：

釋例 1　　開元公司打算進行一項 3 年期的計畫，資金機會成本為 10%，計畫的資金流量如下：

表 6–1　各年資金流量表

（單位：萬元）

	第 1 年初 CF_0	第 1 年底 CF_1	第 2 年底 CF_2	第 3 年底 CF_3
資金流量	−1,000	570	259.92	444.4632

(1)式可以表示為：

$$0 = -1,000 + \frac{570}{(1+IRR)} + \frac{259.92}{(1+IRR)^2} + \frac{444.4632}{(1+IRR)^3} \qquad (2)$$

因此 $IRR = 14\%$。(2)式也可以表示為：

$$1,000(1+14\%)^3 = 570(1+14\%)^2 + 259.92(1+14\%) + 444.4632 \qquad (3)$$

該計畫的淨現值為：

$$NPV = -1,000 + \frac{570}{(1+10\%)} + \frac{259.92}{(1+10\%)^2} + \frac{444.4632}{(1+10\%)^3}$$

$$= 66.92 \qquad (4)$$

到了第 3 年底時，淨未來值等於：

$$NFV = -1,000(1+10\%)^3 + 570(1+10\%)^2 + 259.92(1+10\%) + 444.4632$$

$$= 89.08$$

$$= NPV(1+10\%)^3 \qquad (5)$$

(5)式可以表示為：

$$1,000(1+10\%)^3 + 89.08 = 570(1+10\%)^2 + 259.92(1+10\%) + 444.4632$$

$$= 1,420.08 \qquad (6)$$

(6)式等號右邊的各項，代表了各年的資金流量是以資金的機會成本 (10%) 再投資，直到計畫終了時的總收益。我們也可以將此 3 年的投資計畫視為一期模型：期初投資 1,000 萬元，期末得 1,420.08 萬元，因此它的內部報酬率為 42.008%：

$$0 = -1,000 + \frac{570(1+10\%)^2 + 259.92(1+10\%) + 444.4632}{(1+42.008\%)} \qquad (7)$$

或

$$1,000(1+42.008\%) = 570(1+10\%)^2 + 259.92(1+10\%) + 444.4632 \qquad (8)$$

比較(3)式與(8)式，我們可以發現(3)式假設了各年的資金流量可以以 14%（使淨現值為零的折現率）再投資，直到計畫結束，這個假設當然是不成立的，因為資金流量的再投資也只能得到資金的機會成本 10%，而不是 14%。因此，以一期模型方式的(8)式得到的「修正的內部報酬率」(modified internal rate of return: *MIRR*) 為：

$$1,000(1+MIRR)^3 = 570(1+10\%)^2 + 259.92(1+10\%) + 444.4632 \qquad (9)$$

$$MIRR = 12.4012\%$$

修正內部報酬率 12.4012% 大於資金機會成本 10%，所以該計畫的淨現值是正的，$NPV = 66.92$ 萬元，該投資計畫應該進行。

　　開元公司各年的資金機會成本若是不同：$r_1 = 10\%$, $r_2 = 11\%$, $r_3 = 12\%$，則(9)式變成：

$$1,000(1 + MIRR)^3 = 570(1 + 11\%)(1 + 12\%) + 259.92(1 + 12\%) +$$
$$444.4632 \tag{10}$$

$$MIRR = 13.034\%$$

此時我們可以比較 $(1 + 13.034\%)^3 = 1.4442$ 與 $(1 + 10\%)(1 + 11\%)(1 + 12\%) = 1.3675$ 的大小，或 $1,000(1 + 13.034\%)^3 = 1,444.2$ 與 $1,000(1 + 10\%)(1 + 11\%)(1 + 12\%) = 1,367.5$ 的大小。因為在期末時，該計畫的總價值 1,444.2 萬元大於投資的機會成本 1,367.5 萬元，所以該計畫的淨現值是大於零，應該執行。

　　比照(10)式，多年期計畫的修正的內部報酬率可以由下式得出：

$$0 = CF_0 + \frac{CF_1(1 + r_2)(1 + r_3) \cdots (1 + r_T)}{(1 + MIRR)^T} + \frac{CF_2(1 + r_3)(1 + r_4) \cdots (1 + r_T)}{(1 + MIRR)^T}$$
$$+ \cdots + \frac{CF_{T-1}(1 + r_T)}{(1 + MIRR)^T} + \frac{CF_T}{(1 + MIRR)^T} \tag{11}$$

其中 $r_1, r_2, \cdots, r_T$ 為 T 期中各期的資金的機會成本。比較(1)式與(11)式，我們可以發現傳統的內部報酬率(1)式是假設了各期的資金機會成本等於內部報酬率：$r_2 = r_3 = \cdots = r_T = MIRR$，這當然是個錯誤的假設。由以上這些分析，我們可以總結為：傳統的內部報酬率是使淨現值為零的折現率；修正的內部報酬率為（類似一期模型）：期初投資，而期間的資金流量是以資金的機會成本再投資到期末的報酬率。

　　在使用修正的內部報酬率法時，我們需要注意何謂期初投資的機會成本。例如在釋例 1 中的開元公司假設有下列投資建廠計畫，資金機會成本為每年 10%，除了第 1 年初投資 1,000 萬元外，在第 1 年底還需再投入 500 萬，第 3 年底才開始獲得正的資金流量：

表 6-2　開元公司新廠資金流量表

（單位：萬元）

	第1年初	第1年底	第2年底	第3年底	第4年底	第5年底
資金流量	−1,000	−500	700	800	−100	900

淨現值 *NPV* 為：

$$NPV = -1,000 + \frac{-500}{(1+10\%)} + \frac{700}{(1+10\%)^2} + \frac{800}{(1+10\%)^3} + \frac{-100}{(1+10\%)^4} +$$

$$\frac{900}{(1+10\%)^5}$$

$$= 215.5466 > 0 \tag{12}$$

修正的內部報酬率為：

$$0 = -1,000 + \frac{-500(1+10\%)^4}{(1+MIRR)^5} + \frac{700(1+10\%)^3}{(1+MIRR)^5} + \frac{800(1+10\%)^2}{(1+MIRR)^5} +$$

$$\frac{-100(1+10\%)}{(1+MIRR)^5} + \frac{900}{(1+MIRR)^5}$$

$$MIRR = 14.38\% > 10\% \tag{13}$$

換言之，一期（期初與期末）模型的修正內部報酬率為：

$$0 = -1,000 +$$

$$\frac{-500(1+10\%)^4 + 700(1+10\%)^3 + 800(1+10\%)^2 - 100(1+10\%) + 900}{(1+MIRR)^5}$$

$$\tag{14}$$

或

$$1,000(1+MIRR)^5 = -500(1+10\%)^4 + 700(1+10\%)^3 + 800(1+10\%)^2 -$$

$$100(1+10\%) + 900 \tag{15}$$

　　值得注意的是，雖然在第 1 年底開元公司還需再投入 500 萬元，但是這 500 萬元卻不是期初投資的機會成本，這是因為在第 1 年初投入的 1,000 萬元才是有選擇的期初投資的機會成本，而在第 1 年底時必須要投入的 500 萬元是沒有選擇的費用，不是機會成本，因此以下式計算 *MIRR* 是錯誤的：

$$[1,000 + \frac{500}{(1 + 10\%)}](1 + MIRR)^5 = 700(1 + 10\%)^3 + 800(1 + 10\%)^2 -$$

$$100(1 + 10\%) + 900 \tag{16}$$

傳統的內部報酬率法(1)式，有時會得到多個折現率，甚至沒有實數解的折現率，這時我們仍然可以計算修正的內部報酬率，以下例說明之。

釋例2　　天寶礦業公司有下列兩個 2 年期的投資計畫，資金的機會成本都是每年 10%，除第 1 年初需投資生產外，第 2 年底亦需投資以恢復礦產地的環境景觀。

表 6-3　天寶公司的資金流量表

（單位：萬元）

	第 1 年初 CF_0	第 1 年底 CF_1	第 2 年底 CF_2
採煤計畫(1)	-4,000	25,000	-25,000
採鐵計畫(2)	-1,000	3,000	-2,500

第一個計畫的傳統內部報酬率是：

$$0 = -4,000 + \frac{25,000}{(1 + IRR)} + \frac{-25,000}{(1 + IRR)^2}$$

$IRR = 400\%$ 或是 25%

而修正的內部報酬率是：

$$0 = -4,000 + \frac{25,000(1 + 10\%)}{(1 + MIRR)^2} + \frac{-25,000}{(1 + MIRR)^2}$$

$MIRR = -20.94\%$

因此第一個計畫不應該進行。第二個計畫的傳統內部報酬率是：

$$0 = -1,000 + \frac{3,000}{(1 + IRR)} + \frac{-2,500}{(1 + IRR)^2}$$

IRR 無實數解

而修正的內部報酬率是：

$$0 = -1,000 + \frac{3,000(1 + 10\%)}{(1 + MIRR)^2} + \frac{-2,500}{(1 + MIRR)^2}$$

$$MIRR = -10.56\%$$

因此第二個計畫亦不應進行。

當公司有互斥（多選一）的投資計畫而且計畫的規模不同時，無論是修正的或是傳統的內部報酬率法均不宜使用。例如有兩個互斥的投資計畫，資金機會成本都是 5%，計畫一期初投資 100 元期末得 110 元，計畫二期初投資 10 元期末得 15 元，計畫二的內部報酬率為 50% 雖然大於計畫一的 10%，但是計畫一的淨現值 4.76 元大於計畫二的淨現值 4.29 元。我們的結論是，在有互斥的投資計畫，並且各投資計畫的規模不同時，不應使用內部報酬率法，而應使用淨現值法，以增加投資人的財富。

6.2　利潤指標法

利潤指標法 (profitability index: *PI*) 是將由淨現值法得到的淨現值 *NPV* 加上期初投資的機會成本後再除以期初的機會成本。以前一節的表 6–2 開元公司為例，其投資淨現值為：

$$NPV = -1{,}000 + \frac{-500}{(1+10\%)} + \frac{700}{(1+10\%)^2} + \frac{800}{(1+10\%)^3} + \frac{-100}{(1+10\%)^4} +$$

$$\frac{900}{(1+10\%)^5} = 215.5466$$

因此它的利潤指標為：

$$PI = \frac{215.5466 + 1{,}000}{1{,}000} = 1.2155$$

這代表了每 1 元的期初投資帶來 1.2155 元現值的收益，而每 1 元投資的超額利潤為 0.2155 元。有些公司（及一些財務管理的教科書）將所有的負的資金流量都視為成本，而以下式估計利潤指標：

$$PI = \frac{正的資金流量總現值}{負的資金流量總現值} = \frac{\dfrac{700}{(1+10\%)^2} + \dfrac{800}{(1+10\%)^3} + \dfrac{900}{(1+10\%)^5}}{1{,}000 + \dfrac{500}{(1+10\%)} + \dfrac{100}{(1+10\%)^4}}$$

$$= 1.1415$$

這當然是個錯誤的作法，因為只有在第 1 年初（期初），該公司才有機會選擇是否進行該投資項目，一旦決定進行，花下頭一個 1,000 萬元後，後續的 500 萬元（第 1 年底）及 100 萬元（第 4 年底）都是沒有選擇的會計費用，因此它們不是投資的機會成本，計算利潤指標時不應計入分母之中。

在多選一的互斥型計畫中，我們仍應該採用淨現值法，這是因為利潤指標法會產生如同使用內部報酬率法的問題：較高的利潤指標並不是代表較高的淨現值，而投資人能夠拿來花用的是淨現值（超額利潤）的金額，而不是什麼指標或是比率。但是利潤指標法在公司的資本預算有限制時，是可以幫助我們選擇非互斥型的投資計畫。如下例所示，天寶公司只有 10 萬元可進行投資，而有下列五項非互斥的投資計畫可以選擇。

表 6–4　淨現值與利潤指標

投資計畫	期初投資(1)	淨現值 NPV (2)（單位：萬元）	利潤指標 PI: [(1) + (2)] / (1)
A	6	−1	0.83
B	7	5	1.71
C	6	1.5	1.25
D	5	−1	0.80
E	4	3	1.75

A 與 D 計畫因為 PI 值小於 1（亦即淨現值為負）因此不予考慮。第一個可能的選擇應該是 E 計畫，它的 PI 值較 B 與 C 都高，投資於 E 計畫可以使得投資人的財富比較快速地增加。我們接下來若選擇 B 計畫（$PI =$ 1.71），則預算 10 萬元不足以同時支持 E 與 B 計畫，而同時選 E 與 C 計畫的淨現值（4.5 萬元）還小於選 B 計畫的淨現值（5 萬元），因此我們的結論是選擇 B 計畫。

在資本有限的情形下，利潤指標法可以幫助我們挑選邊際收益相對於邊際成本比值較大的投資方案。在今日資金快速移動並且無國界的時代裡，只要淨現值大於零，將不難找到足夠的資金來融資，資本有限造成放棄正

的淨現值投資計畫的情形應會逐漸減少。

6.3　回收期限法

回收期限法 (payback period: *PP*) 是先設定某個期限，任何投資項目可以在期限之前回收所有期初投資者則予以接受。例如天寶公司有下列四個投資計畫，折現率每年為 10%，其淨現值及回收年限為：

表 6–5　淨現值與回收年限

投資項目	CF_0	CF_1	CF_2	CF_3	回收年限	淨現值（單位：萬元）
A	−5,000	0	5,000	0	2	−867.77
B	−5,000	2,500	2,500	0	2	−661.16
C	−5,000	2,500	2,500	2,500	2	1,217.13
D	−5,000	2,000	2,000	2,000	2.5	−26.29

若是回收期限訂為 2 年，則 D 計畫不會被接受，在 A、B 與 C 計畫中，只會選出淨現值為正的 C 計畫。

回收期限法的缺點是忽略了未來資金流量的現值，並且未考慮所有期間的資金流量。我們也可以針對未來的資金流量予以折現，再選出能在期限內回收期初投資的項目，這種方法稱之為折現的回收期限法 (discounted-payback period)，但是這個方法仍未考慮全部期間內的所有的資金流量。回收期限法的優點是容易使用，並且適合於政治風險及通貨膨脹風險較大的地方。

6.4　平均會計報酬率法

平均會計報酬率法 (average accounting return: *AAR*) 是將投資計畫存續期間內的每年平均的稅與折舊後，但利息前的會計盈餘，再除以每年平均

的帳面投資金額。以第五章的表 5-1 的宏碁公司為例，該投資計畫的平均
會計報酬率為：

表 6-6　宏碁公司平均會計報酬率 (AAR)

	第 1 年底	第 2 年底	第 3 年底	第 4 年底	第 5 年底	每年平均	AAR
稅與折舊後但利息前盈餘	166.8	210.2	226.3	126.2	19.8	149.86	
帳面投資額	414	318	222	126	30	222	
							$\frac{149.86}{222} = 67.5\%$

平均會計報酬率法並未考慮未來資金流量的折現，並且會計盈餘與資金流
量的意義亦不相同，以 AAR 和資金的機會成本來做比較並不恰當，但它的
好處是易於計算。

案例研讀

資本預算的應用[1]

　　一般認為淨現值法是計算收益的現值與期初成本間的差距，因此是最符
合經濟學對人類行為的假設：只要淨現值（超額利潤）為正，就可以進行該
投資計畫以增加投資人的財富。但是淨現值是會隨著折現率的不同而改變的。
傳統的內部報酬法是計算使淨現值為零的折現率，因此比淨現值法容易表達

[1] Graham, John and Campbell Harvey, 2001, "The Theory and Practice of Corporate Finance: Evidence from the Field," *Journal of Financial Economics* 60, 187–243.

Kahneman, Daniel and Amos Tversky, 1984, "Choices, Values, and Frames," *American Psychologist* 39, 341–350.

Klammer, T., 1972, "Empirical Evidence of the Adoption of Sophisticated Capital Budgeting Techniques," *Journal of Business* 45, 387–397.

Schall, Lawrence, Gary Sunden and William Geijsbeek, Jr., 1978, "Survey and Analysis of Capital Budgeting Methods," *Journal of Finance* 33, 281–287.

（淨現值法需要列出折現率與淨現值的關係）。回收期限法與平均會計報酬率法未考慮未來資金流量的折現問題，並且未考慮期限內所有的資金流量，因此應比淨現值法或傳統內部報酬率法較無理論基礎。但在實務上，我們卻常發現廠商使用好幾種方法來評估投資計畫，並且較不符合理論的回收期限法反而最常被使用。

克萊摩 (Klammer, 1972) 發現愈來愈多的大公司（特別是石化與汽車工業）使用較複雜的淨現值法與傳統內部報酬率法，而平均會計報酬率法與回收期限法的使用率在下降。夏爾等人 (Schall et al., 1978) 的研究則發現回收期限法最常被公司採用（約占 74%），然後是傳統內部報酬率法 (65%)、平均會計報酬率法 (58%)、淨現值法 (56%)，只有 16% 的公司是完全不採納回收期限法或平均會計報酬率法。摩爾與瑞契特 (Moore and Reichert, 1980) 發現最常使用的是回收期限法 (79.9%)，然後是淨現值法 (68.1%)、傳統內部報酬率法 (66.4%)、平均會計報酬率法 (59.1%)。最近的研究（賈拉罕和哈威 Graham and Harvey, 2001）仍顯示回收期限法（包含折現的回收期限法）使用的比率最高 (86.2%)，然後是傳統的內部報酬率法 (75.6%)、淨現值法 (74.9%)、平均會計報酬率法 (20.3%)。

賈拉罕等人亦發現不論是大或小的公司，只要負債比例高或者付股利者，均較常使用淨現值法或傳統內部報酬率法；回收期限法較被小型公司使用，但這並不是因為公司的資金有限所致。值得注意的是，賈拉罕等人也發現較年輕、具有企管碩士 (MBA) 學位的執行長 (CEO) 較樂於採用淨現值法或傳統內部報酬率法，但是這裡面可能牽涉到他們研究問卷的回答是否屬實的問題：一個年輕具有 MBA 學位的執行長很可能在面對學術單位的問卷時，不願承認她（他）是採用了最不符合學理的回收期限法。

回收期限法比其他較複雜的淨現值法或內部報酬率法更常被公司採用的可能原因是：未來的資金流量與折現率隨著期間愈長，愈不確定，而且投資是否在短期內有績效，也關係到執行長的前途。回收期限愈短代表折現率愈高，這也符合了一般人的認知。凱恩斯就曾指出：「投資專家們（他們所有的知識與判斷能力超出一般的個人投資者）並不關心，假如一個人購買一個投資，不再轉讓後，該投資對此人真正值多少。他們關心的是，在 3 個月或 1 年

以後，在群眾心理影響下，市場對此投資的估價為多少」（《一般理論》第十二章）。投資人若相信在短期內發生重大變化的可能性不大，則他的投資在短期內相對是較安全的。

傳統內部報酬率法在選擇多選一的互斥型並且規模不同的投資計畫時，常會得到與淨現值法相左的結果，但實務上公司仍常採用它。卡尼曼及托維斯基 (Kahneman and Tversky, 1984) 的心理學實驗亦發現個人在做選擇時，會以內部報酬率法而非以淨現值法為依據。他們提出一個假想的情況：本地店音響與計算器的售價分別為 125 美元及 15 美元，離此 20 分鐘車程的另一地點的分店的價錢則為 120 美元及 10 美元。結果多數人在購買音響時不會為了省 5 美元而赴分店購買，但在買計算器時卻會去分店購買以節省 5 美元。這裡顯示出兩個重點：一是人們在選擇時不是只考慮省 5 美元的淨現值，而是考慮 5/10 與 5/120 內部報酬率的差異；二是在交易時不只是考慮個人的利得與損失（兩者都是省下 5 美元），還會考慮到交易對手是否賺了太多的內部報酬率，而覺得不公平（5/10 大於 5/120 許多）。不公平的感覺是主觀的，這也說明了人們在交易時的交易成本是主觀的。

6.5　總　結

本章的主要論點為:

- 傳統內部報酬率 (*IRR*) 法是使淨現值為零的折現率，在某些情形下是無法使用，而修正內部報酬率 (*MIRR*) 法以正確的機會成本計算報酬率可克服這些問題。對於非互斥型計畫，*MIRR* 方法可以得到與淨現值方法相同的結果。

- 利潤指標法 (*PI*) 是淨現值法的延伸，在預算有限時可決定投資的優先次序。

- 回收期限法 (*PP*) 未考慮投資期限內所有的資金流量，但在較大的不確定情形之下要比其他方法更為適用，回收期限訂得愈短，代表了該投資計畫的折現率愈高。

- 平均會計報酬率法 (AAR) 未能考慮折現的問題，也未考慮資金流量。
- 在實務上，多數公司一直採用回收期限法，其原因可能是人們對短期內的變化較有把握，若能早點收回投資額比較安全。
- 使用淨現值法時需要說明計算淨現值時所採用的折現率為何，而內部報酬率法只需列出一個比率即可，這也是為什麼在實務上內部報酬率法歷久不衰的原因之一。

本章習題

1. 下列投資計畫的資金的機會成本為每年 10%，請分別計算並比較傳統內部報酬率及修正內部報酬率。下列哪些數字是成本與效益分析中的機會成本？

	第 1 年初	第 1 年底	第 2 年底	第 3 年底	第 4 年底
資金流量	−400 萬元	−100 萬元	300 萬元	360 萬元	−50 萬元

2. 請說明利潤指標法的分母是什麼？它是機會成本還是會計費用？

3. 請說明傳統的內部報酬率法做了什麼不合理的假設？回收期限法與會計報酬率法和淨現值法有何不同？

4. 如果有人說：買股票應買本益比 (price-earning ratio: 每股股價 / 每股盈餘) 較低者，妳（你）認為這個投資的折現率是高還是低？這種買股票的投資方式是屬於資本預算中的哪一個方法？

5. 凱恩斯認為人們的投資都只著重短期，請問這是何種資本預算方法？

6. 私人間借貸的利息高並且期間很短，請問這是屬於資本預算中的哪一個方法？

7. 在實務上，回收期限法最常被採用，請問其原因是什麼？

第七章

風險與報酬

Financial Management

Financial Management

Financial

Management

俗諺：「高風險帶來高報酬」究竟是何意義？本章將先說明期望值、變異數、共變異數的性質（7.1 節），再討論如何使用期望效用理論以分析人們在面對不確定時的投資決策（7.2 節）。7.3 節討論期望效用理論在應用上的限制。7.4 節為期望值－變異數投資組合分析（mean-variance portfolio analysis），裡面將定義效率投資組合與最小變異數投資組合。7.5 節分析以變異數代表風險的問題。風險應是指財富可能向下的損失，變異數的意思則是：以承受可能的向下損失來交換財富可能的向上機會。

7.1　期望值、變異數與共變異數

我們首先定義期望值 (mean)、變異數 (variance)、共變異數 (covariance) 這些統計量 (statistics)。假設一個賭局有 n 種可能性，機率分別為 $p_1, p_2, \cdots, p_n$，並且 $1 \geq p_i \geq 0, i = 1, \cdots, n, \sum_{i=1}^{n} p_i = 1$，$x_i$ 為第 i 種可能發生時的報酬，$i = 1, \cdots, n$，則期望值為：

$$\mu_X \equiv E_X[\tilde{X}] \equiv \sum_{i=1}^{n} p_i x_i \tag{1}$$

其中 $\tilde{X}$ 為隨機變數 (random variable)，代表其值是隨著不同機率的發生而改變，$E_X[\cdot]$ 是代表對 $\tilde{X}$ 這個隨機變數求取期望值。這場賭局的報酬的變異數為：

$$\sigma_X^2 \equiv Var(\tilde{X}) \equiv E_X[\tilde{X} - E[\tilde{X}]]^2$$
$$= E_X[\tilde{X}^2 - 2\tilde{X} \cdot E[\tilde{X}] + E[\tilde{X}]^2]$$
$$= E[\tilde{X}^2] - 2 \cdot E[\tilde{X}] \cdot E[\tilde{X}] + E[\tilde{X}]^2 = E[\tilde{X}^2] - E[\tilde{X}]^2 \tag{2}$$

變異數愈大代表愈多可能偏離期望值。一般會將變異數定義為：在其他條件（例如期望值）相同情形之下，變異數愈大代表風險愈大，人們也愈不喜歡。但是變異數大代表了比期望值小（財富向下）的可能性增加，但同時也代表了高於期望值（財富向上）的可能性增加，二者相權之下，不見得變異數較大者，人們就比較不喜歡。這裡面主要還是牽涉到個人的選擇範圍及主觀的認定：⑴若是選擇範圍較大，例如已擁有較多的財富，

或是配偶有固定的收入來源，則可能會選擇變異數較大的投資計畫，以期
獲得可能的更多財富；(2)對個人而言，並沒有進行無數次賭局的機會，主
觀上認定「這次機會較大，可能會成功」就會進行，而與變異數大小並不
一定有關係。

若是有兩個隨機變數 $\tilde{x}$ 與 $\tilde{y}$，機率為 $P(x_i, y_i)$, $i = 1, \cdots, n, j = 1, \cdots, n$，
則：

$$E_{XY}[\tilde{X} + \tilde{Y}] = \sum_{i=1}^{n}\sum_{j=1}^{n}(x_i + y_j)\cdot P(x_i, y_j)$$

$$= \sum_{i=1}^{n}\sum_{j=1}^{n}x_i\cdot P(x_i, y_j) + \sum_{i=1}^{n}\sum_{j=1}^{n}y_j\cdot P(x_i, y_j)$$

$$= \sum_{i=1}^{n}x_i\sum_{j=1}^{n}P(x_i, y_j) + \sum_{j=1}^{n}y_j\sum_{i=1}^{n}P(x_i, y_j)$$

$$= \sum_{i=1}^{n}x_i\cdot P(x_i) + \sum_{j=1}^{n}y_j\cdot P(y_j)$$

$$= E_X[\tilde{X}] + E_Y[\tilde{Y}] \tag{3}$$

若是 a 與 b 不為隨機變數，則：

$$E_{XY}[a\tilde{X} + b\tilde{Y}] = a\cdot E[\tilde{X}] + b\cdot E[\tilde{Y}] \tag{4}$$

$$Var(a\tilde{X}) = E[a\tilde{X}-E[a\tilde{X}]]^2 = a^2\cdot Var(\tilde{X}) \tag{5}$$

$$Var(a + \tilde{X}) = E[(a + \tilde{X})-E[a + \tilde{X}]]^2 = Var(\tilde{X}) \tag{6}$$

$\tilde{x}$ 與 $\tilde{y}$ 之間的共變異數為：

$$\sigma_{XY} \equiv Cov(\tilde{X}, \tilde{Y}) \equiv E_{XY}[(\tilde{X}-E[\tilde{X}])\cdot(\tilde{Y}-E[\tilde{Y}])]$$

$$= E_{XY}[\tilde{X}\cdot\tilde{Y}-\tilde{X}\cdot E[\tilde{Y}]-E[\tilde{X}]\cdot\tilde{Y} + E[\tilde{X}]\cdot E[\tilde{Y}]]$$

$$= E_{XY}[\tilde{X}\cdot\tilde{Y}]-E[\tilde{X}]\cdot E[\tilde{Y}]-E[\tilde{X}]\cdot E[\tilde{Y}] + E[\tilde{X}]\cdot E[\tilde{Y}]$$

$$= E_{XY}[\tilde{X}\cdot\tilde{Y}]-E_X[\tilde{X}]\cdot E_Y[\tilde{Y}] \tag{7}$$

其中 $E_{XY}[\tilde{X}\cdot\tilde{Y}] = \sum_{i=1}^{n}\sum_{j=1}^{n}x_iy_j\cdot P(x_i, y_j)$。令 a 與 b 為常數，則：

$$Cov(a\tilde{X}, b\tilde{Y}) = E_{XY}[(a\tilde{X}-E[a\tilde{X}])\cdot(b\tilde{Y}-E[b\tilde{Y}])]$$

$$= a\cdot b\cdot E_{XY}[(\tilde{X}-E[\tilde{X}])\cdot(\tilde{Y}-E[\tilde{Y}])]$$

$$= a\cdot b\cdot Cov(\tilde{X}, \tilde{Y}) \tag{8}$$

$$Cov(a + \tilde{X}, b\tilde{Y}) = E_{XY}[(a + \tilde{X}-E[a + \tilde{X}])\cdot(b\tilde{Y}-E[b\tilde{Y}])]$$

$$= E_{XY}[(\tilde{X}-E[\tilde{X}])\cdot(b\tilde{Y}-E[b\tilde{Y}])]$$

$$= b\cdot Cov(\tilde{X},\,\tilde{Y}) \tag{9}$$

$$Var(a\tilde{X}+b\tilde{Y}) = E_{XY}[(a\tilde{X}+b\tilde{Y})-E_{XY}[a\tilde{X}+b\tilde{Y}]]^2$$

$$= E_{XY}[a(\tilde{X}-E[\tilde{X}])+b(\tilde{Y}-E[\tilde{Y}])]^2$$

$$= E_{XY}[a^2(\tilde{X}-E[\tilde{X}])^2+2a\cdot b(\tilde{X}-E[\tilde{X}])(\tilde{Y}-E[\tilde{Y}])+$$

$$b^2(\tilde{Y}-E[\tilde{Y}])^2]$$

$$= a^2\cdot Var(\tilde{X})+2a\cdot b\cdot Cov(\tilde{X},\,\tilde{Y})+b^2\cdot Var(\tilde{Y}) \tag{10}$$

7.2　期望效用函數方法

　　早期對風險的衡量主要是以期望值為依據，伯努里 (Daniel Bernoulli, 1738/1954) 曾以「聖彼德堡難題」來說明期望值不足以描述人們的選擇。❶ 聖彼德堡難題是這樣的：張三丟銅板，若第一次就出現正面則遊戲結束並付給李四 1 元，若第二次才出現正面則結束並付給 2 元，第三次才出現正面則結束並付給 4 元，以此類推。第一次即出現正面的期望報酬為：$(\frac{1}{2})(1)$，第二次才出現正面的期望報酬為：$(\frac{1}{2})(\frac{1}{2})(2)$，第三次才出現正面的期望報酬為：$(\frac{1}{2})^2(\frac{1}{2})(4)$，因此李四參加這場遊戲的期望報酬是無限大：$(\frac{1}{2})(1)+(\frac{1}{2})^2(2)+(\frac{1}{2})^3(4)+(\frac{1}{2})^4(8)+(\frac{1}{2})^5(16)+\cdots\approx+\infty$。但是實際上沒有人會願意出一大筆錢（更不用說無限大的金額）來得到與張三對賭的權利。伯努里認為財富增加所產生的邊際效用會逐漸減少，例如由 4 元增加為 8 元所增加的效用要大於由 8 元增加為 12 元的效用，因此這場賭局的價值只會是一有限數值，而不是無限大。馮‧努依曼和摩根斯坦 (von Neumann and Morgenstern, 1944)❷ 從伯努里的想法發展出期望效用函數 (expected utility function) 以分析人們如何在不確定下做選擇，我們在下面

---

❶ Bernoulli, Daniel, 1738/1954, "Exposition of a New Theory on the Measurement of Risk," *Econometrica* 22, 23–26.

❷ von Neumann, John and Oskar Morgenstern, 1944, *Theory of Games and Economic Behavior*, Princeton: Princeton University Press.

舉一例說明之。

　　假設張三是個貴族擁有財產 10 萬元，有一場戰爭爆發而國王要他去參戰，參戰結果張三有 20% 的機會得到戰利品使財產增加為 30 萬元，有 80% 的機會財產減為 5 萬元，參戰的財富期望值為：$0.8(5)+0.2(30) = 10$。假設張三的效用函數為 $u(w) = \ln w$，w 為財富，期望效用函數存在而且張三以之為決策的根據，則張三參戰的期望效用為：$E[u(w)] = (0.8) \cdot u(5) + (0.2) \cdot u(30) = (0.8)(\ln 5) + (0.2)(\ln 30) = 1.97$，如圖 7–1 所示，這場賭局（戰爭）對張三而言，僅值 7.17 萬元（令 $u(w') = \ln w' = 1.97$，則 $w' = 7.17$）。換言之，張三最多只願付給國王 $10 - 7.17 = 2.83$ 萬元以避免參加這場戰爭，2.83 萬元又稱為風險貼水 (risk premium)。

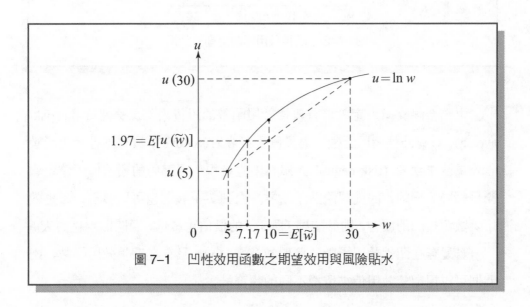

圖 7–1　凹性效用函數之期望效用與風險貼水

　　因為張三的效用函數為凹性 (concave function)，因此有 2.83 萬元正的風險貼水。若是效用函數為凸性 (convex function)，則代表不但不付錢避免參戰，反而願意付錢來參戰。如圖 7–2 所示，若是李四擁有的財富也是 10 萬元，效用函數為 $u(w) = w^{3/2}$，是凸性，並且是以期望效用為決策根據，則他會認為這場賭局（戰爭）的價值為 $w' = 12.05$ 萬元（w' 是由 $(0.8)(5)^{3/2} + (0.2)(30)^{3/2} = (w')^{3/2}$ 計算而得），是大於不參戰的結果（10 萬元）。因此李

四會願意付給國王一筆金錢以獲得參戰的權利，但是這筆錢將不會超過 X = 2.61072 萬元，X 由下式計算而得：$(0.8)(5-X)^{3/2} + (0.2)(30-X)^{3/2} = (10)^{3/2}$。

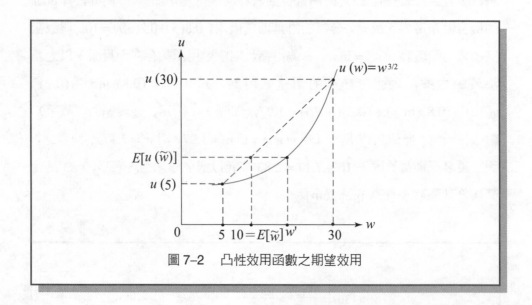

圖 7–2　凸性效用函數之期望效用

　　財務金融文獻是定義具有凹性效用函數的投資人為風險趨避者 (risk-averse)，具有凸性效用函數者為風險愛好者 (risk-love)，具有線性效用函數者為風險中立者 (risk-neutral)。風險中立者視一場賭局的期望值與確定報酬是相同等價的，因此風險貼水為零。由圖 7–1 我們也可以發現，若是效用函數愈是凹的厲害，則該賭局（戰爭）的價值也愈低，風險貼水也愈大。

　　若是存在凹性效用函數，例如 $u(w) = \ln w$，及存在期望效用函數，則我們可以用期望效用值來選擇不同的投資計畫。

 A 與 B 兩個互斥投資計畫的報酬為

A 計畫			B 計畫		
機率	0.8	0.2	機率	0.4	0.6
報酬	15	90	報酬	10	50

期望報酬： $\mu_A = (0.8)(15) + (0.2)(90)$

$\qquad = 30$

$\qquad \mu_B = (0.4)(10) + (0.6)(50)$

$\qquad = 34$

報酬變異數： $\sigma_A^2 = (0.8)(15-30)^2 + (0.2)(90-30)^2$

$\qquad = 900$

$\qquad \sigma_B^2 = (0.4)(10-34)^2 + (0.6)(50-34)^2$

$\qquad = 384$

期望效用： $E[u(A)] = (0.8)(\ln 15) + (0.2)(\ln 90)$

$\qquad = 3.0664$

$\qquad E[u(B)] = (0.4)(\ln 10) + (0.6)(\ln 50)$

$\qquad = 3.2682$

B 計畫的報酬變異數較小，報酬期望值及期望效用較大，期望效用值較大者會被選擇。若是兩個互斥計畫的報酬期望值相同，而報酬變異數較小者不一定具有較高的期望效用值。

 C 與 D 兩個互斥投資計畫的報酬為

C 計畫			D 計畫		
機率	0.5	0.5	機率	0.8	0.2
報酬	10	50	報酬	18	78

期望報酬： $\mu_C = (0.5)(10) + (0.5)(50)$

$\qquad = 30$

$\qquad \mu_D = (0.8)(18) + (0.2)(78)$

$\qquad = 30$

報酬變異數： $\sigma_C^2 = (0.5)(10-30)^2 + (0.5)(50-30)^2$

$\qquad = 400$

$$\sigma_D^2 = (0.8)(18-30)^2 + (0.2)(78-30)^2$$
$$= 576$$

期望效用： $E[u(C)] = (0.5)(\ln 10) + (0.5)(\ln 50)$
$$= 3.1073$$
$$E[u(D)] = (0.8)(\ln 18) + (0.2)(\ln 78)$$
$$= 3.1836$$

C 與 D 計畫具有相同的報酬期望值，雖然 C 計畫具有較小的報酬變異數，但是 D 計畫的期望效用值仍然較高。若是兩個互斥計畫報酬的分配為對稱分配 (symmetric distribution)，則在報酬期望值相同的情形之下，具有較小報酬變異數者會有較大的期望效用值。

 E 與 F 兩個互斥投資計畫的報酬為

E 計畫				F 計畫		
機率	0.5	0.5		機率	0.5	0.5
報酬	40	80		報酬	20	100

期望報酬： $\mu_E = (0.5)(40) + (0.5)(80)$
$$= 60$$
$$\mu_F = (0.5)(20) + (0.5)(100)$$
$$= 60$$

報酬變異數： $\sigma_E^2 = (0.5)(40-60)^2 + (0.5)(80-60)^2$
$$= 400$$
$$\sigma_F^2 = (0.5)(20-60)^2 + (0.5)(100-60)^2$$
$$= 1,600$$

期望效用： $E[u(E)] = (0.5)(\ln 40) + (0.5)(\ln 80)$
$$= 4.0355$$
$$E[u(F)] = (0.5)(\ln 20) + (0.5)(\ln 100)$$
$$= 3.8005$$

E 計畫對擁有效用函數 $u(w) = \ln w$ 者具有較高的期望效用值，它的報酬在低於期望值時是 40 要比 F 計畫的 20 高，但是在高於期望值的部分只有 80 是小於 F 計畫的 100。人們也許願意以承受向下的可能損失來交換得到向上的可能利得，這時會選擇 F 而不是 E 計畫。期望值、變異數、期望效用值等這些統計量在只有少數投資機會可以嘗試時，並不一定很有意義。

7.3 期望效用函數方法的問題

期望效用函數若存在則會滿足獨立公設 (independence axiom) 的必要條件。例如有個賭局 $\tilde{x}$ 有 α 機率得到 w_1，$(1-\alpha)$ 機率得到 w_2，另一個賭局 $\tilde{y}$ 有 α' 機率得 w_1，$(1-\alpha')$ 機率得 w_2，假設 $E[u(\tilde{x})] = \alpha \cdot u(w_1) + (1-\alpha) \cdot u(w_2)$ 大於 $E[u(\tilde{y})] = \alpha' \cdot u(w_1) + (1-\alpha') \cdot u(w_2)$。設若這兩個賭局改為複合式賭局：有 a 機率參與 $\tilde{x}$ 或 $\tilde{y}$ 賭局，有 $(1-a)$ 機率參與 $\tilde{z}$ 賭局，而 $\tilde{z}$ 有 β 機率得 w_3，$(1-\beta)$ 機率得 w_4，亦即：

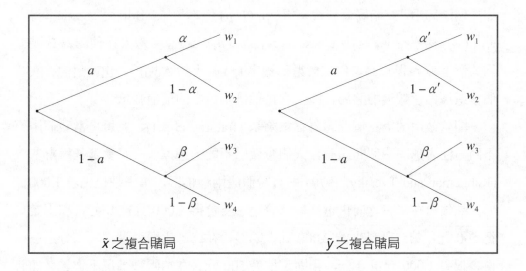

我們發現 $\tilde{x}$ 複合賭局的期望效用：$a[\alpha \cdot u(w_1) + (1-\alpha) \cdot u(w_2)] + (1-a)[\beta \cdot u(w_3) + (1-\beta) \cdot u(w_4)]$ 仍然大於 $\tilde{y}$ 複合賭局的期望效用：$a[\alpha' \cdot u(w_1) + (1-\alpha') \cdot u(w_2)] + (1-a)[\beta \cdot u(w_3) + (1-\beta) \cdot u(w_4)]$。換言之，你若喜歡 A 股票

超過 B 股票，則任何一個新加入股票（或賭局）使之成為複式賭局（例如兩個複式賭局分別為：a 機率得 A 股票，$(1-a)$ 機率得 C 股票；a 機率得 B 股票，$(1-a)$ 機率得 C 股票），都不會改變你原來的偏好：喜歡 A 超過 B。

阿雷的矛盾 (The Allais Paradox) 則顯示一般人的行為卻是常違反獨立公設。例如賭局的獎金為頭獎 2,500,000 元，貳獎 500,000 元，參獎 0 元。機率分配若是為 A: (0, 1, 0)（亦即頭獎與參獎機率為零，貳獎機率為 1）或 B: (0.10, 0.89, 0.01) 時，多數人會選擇 A。機率分配若為 C: (0, 0.11, 0.89) 或 D: (0.10, 0, 0.90) 時，多數人則會選擇後者 D。若是這些選擇是根據期望效用函數值來決定的，則我們會發現是違反了獨立公設：

$$E[u(A)] = u(500{,}000) > E[u(B)]$$
$$= (0.1) \cdot u(2{,}500{,}000) + (0.89) \cdot u(500{,}000) + (0.01) \cdot u(0)$$

兩邊加上 $(0.89) \cdot u(0) - (0.89) \cdot u(500{,}000)$，則上式成為：

$$E[u(C)] = (0.11) \cdot u(500{,}000) + (0.89) \cdot u(0) > E[u(D)]$$
$$= (0.10) \cdot u(2{,}500{,}000) + (0.90) \cdot u(0)$$

第二個有關期望效用理論的問題為偏好反轉 (preference reversal)。例如二個賭局中，A 賭局為 p 機率得 x_1，$(1-p)$ 機率得 x_2；B 賭局為 q 機率得 y_1，$(1-q)$ 機率得 y_2，其中 $x_1 > x_2$, $y_1 > y_2$, $p > q$, $y_1 > x_1$。多數人即使認為 B 賭局的價值較 A 賭局高，仍然會選擇機率 (p) 較大的 A 賭局，也就是說，人們會選擇機會較大的賭局，即使它在他們心目中的價值較低。

期望效用的第三個問題為框架效果 (framing effect)，意思是當我們用不同方法表述同一個問題時，人們會做出不同的選擇。卡尼曼及托維斯基 (Kahneman and Tversky, 1979) 的實驗假設兩種情形，第一種是先給 1,000 元，然後再在二者之間做選擇：二分之一機會得 1,000 元或 0 元，和固定得 500 元；第二種是先給 2,000 元，然後再在二者之間做選擇：二分之一機會損失 1,000 元或 0 元，和固定損失 500 元。在這兩種情況下你若參加賭局，則有二分之一機會得 2,000 元，二分之一機會得 1,000 元，若不參加則會得固定 1,500 元。因此一個人的行為若是符合一致性的話，他在第一種情況下參與賭局，則在第二種情況下也應會參與賭局。但實驗的結果卻

發現多數人在第一種情況時，願得固定的 1,500 元而不願參與賭局，在第二種情況時卻願意放棄固定的 1,500 元而參與賭局。❸

框架效果主要是因為人們瞭解不夠所致，當人們仔細瞭解狀況後（例如有經驗的投資人），將會逐漸減少這種因錯誤認知而造成行為不一致的現象。阿雷的矛盾雖然挑戰的是獨立公設的必要條件，但它與偏好反轉都涉及了機率的改變造成選擇的改變，而不符合期望效用理論預測的結果。圖 7-1 的效用函數為凹性，因此財富的邊際效用為遞減，這是符合了一般人的認知：愈有錢的人對於增加 1 萬元財富所帶來的邊際效用會認為愈低。但是若認為人們會以期望值為決策的依據則有待商榷，這是因為個人只有少數投資（參戰）機會。因此假設參戰無數次，以至於期望值為 10 萬元（$E[\tilde{w}] = 10$ 或 $u(10) = u(E[\tilde{w}])$），對於個人而言並無多大意義，重要的是一個投資人在面臨一次的投資機會時（也許一生只有這一次機會），是如何做成抉擇，在這裡決策的依據不是客觀的機率，而是主觀認知這一次投資成功的機會是否很高，而主觀的認知與個人的背景及所處的環境有關。再者，人們在確定的情況下，選擇消費組合時 (consumption bundles) 會因其包含的財貨種類太多而無從比較起（亦即有限理性的問題：bounded rationality）。在不確定情況下，則不是因為有限的計算能力（有限理性），而是因為只有少數機會可以試，而且不知道這次會有哪個狀況發生，因此無從比較起（例如一個病人只有一次開刀機會，面對兩個醫生的手術成功率分別為 20% 與 25%，而無從比較起）。當我們無法比較並排列各個機率分配（賭局）的優先次序時（亦即不符合完整性：completeness），就不會存在期望效用函數（因為若是每個賭局都有一個期望效用值與之相對應，則自然可以加以比較）。

人們以主觀認知做選擇時是否存在著個人主觀機率亦是值得懷疑的。艾爾斯柏格 (Ellsberg, 1961) 曾做過以下的實驗：二個盒子中，A 盒有紅球與黑球各 50 個，B 盒中有紅球 100 個但黑球數目為未知，被實驗者從二盒

❸ Kahneman, Daniel and Amos Tversky, 1979, "Prospect Theory: An Analysis of Decision under Risk," *Econometrica* 47, 263–291.

中擇一抽出一球。在抽出球之前，被實驗者先選擇下列四個有獎方案：(a)由 A 盒中抽出是紅球；(b)由 A 盒中抽出是黑球；(c)由 B 盒中抽出是紅球；(d)由 B 盒中抽出是黑球。實驗的結果是，多數的人喜歡 a 方案超過 c 方案，喜歡 b 方案超過 d 方案，這說明了人們在面對已知機率的賭局與未知機率的賭局時，多會選擇較有經驗（或知識）的賭局。新上市股票 (initial public offerings: IPO) 為何其承銷價常低於上市第一天的市價也可能與之有關：人們較喜歡已有過去經驗（記錄）的股票，而較不喜歡完全未知的新股票。此外，上述的實驗也說明了人們在選擇時並沒有依據所謂的個人主觀機率：選 a 超過 c 代表紅球在 A 盒中的機率 1/2 超過了 B 盒中紅球的機率（例如 1/3），而選 b 超過 d 表示黑球在 A 盒中的機率 1/2 超過了 B 盒中黑球的機率（例如 1/4），但是 1/3+1/4<1 顯然有矛盾。❹

　　學者在解釋人們何以同時購買保險與樂透彩券時，常以期望效用函數來說明。例如弗里德曼與薩維奇 (Friedman and Savage, 1948) 就曾提到人們常參與不公平的賭局 (unfair gambles)，亦即賭局的期望值是小於參加賭局所花的錢。❺ 他們認為一個人購買保險是將不確定換成確定，是避免風險，買樂透彩券則是將確定換成不確定，是承擔風險，而保險所帶來的期望值小於保險費，樂透彩券的期望值要小於買彩券的錢，因此有矛盾。弗里德曼與薩維奇提出如圖 7-1 及 7-2 的凹性與凸性效用函數來解決是項矛盾：人們的效用函數是反 s 形，在高財富時為凸形，因此願意冒險，在低財富時為凹形，因此需要避險。卡尼曼與托維斯基 (1979) 提出的展望理論 (Prospect Theory) 與期望效用理論類似，但是是以價值函數 (value function) 來代替效用函數，以決策權數 (decision weights) 代替機率，並且以參考點 (reference point) 為分界，有利得可能性時價值函數為凹形，行為較保守，有損失可能性時價值函數為凸形，行為較冒險（在第五章的案例研讀裡，

---

❹ Ellsberg, Daniel, 1961, "Risk, Ambiguity and the Savage Axioms," *Quarterly Journal of Economics* 75, 643–669.

❺ Friedman, Milton and Leonard Savage, 1948, "The Utility Analysis of Choices Involving Risk," *Journal of Political Economy* 56, 279–304.

我們已說明了所謂「人們遇到有損失時較願冒險」只是因為不瞭解，並且誤用機會成本的概念所致）。我在這裡提出，即使不存在期望效用函數（甚至不存在效用函數），或不存在價值函數，我們仍然可以用交易雙方選擇範圍的增減，來說明人們何以會同時購買保險與樂透彩券。

你買保險的理由：例如買房屋火險是你想要將向下的風險（房屋遭火災的損失）轉由保險公司承擔，而房屋未逢火災甚至增值的好處卻完全保留給自己。換言之，你的選擇範圍擴大（損失時由他人負擔，好處自己保留），保險公司的選擇範圍縮小（損失時由它負擔，但房屋未遭到火災或增值時卻沒一點好處），因此簽下保險契約時你得付給保險公司一筆保險費。

你買樂透彩券的理由：未來若出現某些數字或符號，樂透公司將付給你正值的金額，未來若未出現則付你 0 元，因此你的選擇範圍擴大（只有向上的好處：可得到從 0 元至 100 萬元），而樂透公司則是選擇範圍縮小（只有向下的壞處：若出現這些數字符號時要付錢，未出現時則未得任何好處），因此要使樂透公司願意簽下契約，你得付給樂透公司一筆錢（亦即彩券的價格）。

買有限責任的股票就如同買樂透彩券：你付一筆錢（股票價格）給公司以獲得一個權利，可以在未來得到一筆非負的財富。因此不論我們的效用函數或價值函數是否存在，只要價錢合適（合於個人的主觀認定），我們就會去購買保險或彩券。無論貧富，人們買保險是買進一個避免財富可能向下的權利，買彩券或股票是買進一個財富可能向上的機會的權利，而不是「將不確定換成確定就代表了風險趨避（行為較保守），將確定換成不確定就代表了承擔風險（行為較冒險），因此同時購買保險與彩券有矛盾」。對個人而言，只有少數機會可以嘗試，是以主觀認知為判斷；對保險、樂透彩券公司而言，它們倒是可以運用已知機率（或經驗）計算在大數法則下 (law of large number) 至少應收費若干，才能收支平衡。在後面的章節中，我們將不採用期望效用理論來分析人們在不確定之下如何做成選擇。

7.4 期望值－變異數投資組合分析

在這一節中，我們假設人們以期望值與變異數為投資決策的依據，並且是喜歡較高的期望值（期望報酬率）及較小的變異數。

假設有兩個給不確定年報酬率的資產: $\tilde{R}_1, \tilde{R}_2$, 若你有 120 元可以投資，其中 80 元投資於 $\tilde{R}_1$ 資產，40 元投資於 $\tilde{R}_2$ 資產，則投資 120 元的年報酬為: $120\tilde{R}_P \equiv 80\tilde{R}_1 + 40\tilde{R}_2$, 投資組合 $\tilde{R}_p$ 的年報酬率為 $(80/120)\tilde{R}_1 + (40/120)\tilde{R}_2$, 代表投資於 $\tilde{R}_1$ 資產的比例為 2/3，投資於 $\tilde{R}_2$ 資產的比例為 1/3。若是借入 70 元價值的第二項資產,將之賣到市場後再加上原來的 120 元一起投資於第一項資產，則投資的年報酬為 $120\tilde{R}_P \equiv 190\tilde{R}_1 + (-70)\tilde{R}_2$, 而投資組合的年報酬率為 $\tilde{R}_P \equiv (190/120)\tilde{R}_1 + (-70/120)\tilde{R}_2$, 亦即融券 (short-sell) 第二項資產的投資比例為 $-7/12$, 投資於第一項資產的比例為 $19/12$, 而且 $19/12+(-7/12) = 1$。

以 a 代表投資於第一項資產的比例，$(1-a)$ 為投資於第二項資產的比例，則 $\tilde{R}_P = a\tilde{R}_1 + (1-a)\tilde{R}_2$, 投資組合 $\tilde{R}_p$ 的報酬率期望值及變異數分別為:

$$E[\tilde{R}_P]= E[a\tilde{R}_1 + (1-a)\tilde{R}_2]$$
$$= a \cdot E[\tilde{R}_1] + (1-a) \cdot E[\tilde{R}_2] \tag{11}$$

$$Var(\tilde{R}_P) \equiv \sigma_P^2 \equiv E[[a\tilde{R}_1 + (1-a)\tilde{R}_2] - E[a\tilde{R}_1 + (1-a)\tilde{R}_2]]^2$$
$$= E[a(\tilde{R}_1 - E[\tilde{R}_1]) + (1-a) \cdot (\tilde{R}_2 - E[\tilde{R}_2])]^2$$
$$= a^2\sigma_1^2 + (1-a)^2\sigma_2^2 + 2a(1-a)\sigma_{12}$$
$$= a^2\sigma_1^2 + (1-a)^2\sigma_2^2 + 2a(1-a) \cdot \gamma_{12} \cdot \sigma_1 \cdot \sigma_2 \tag{12}$$

其中 $\sigma_{12} \equiv Cov(\tilde{R}_1, \tilde{R}_2) \equiv E[(\tilde{R}_1 - E[\tilde{R}_1])(\tilde{R}_2 - E[\tilde{R}_2])]$ 為第一項資產與第二項資產之間的共變異數，$\gamma_{12} \equiv Cov(\tilde{R}_1, \tilde{R}_2)/\sigma_1\sigma_2$ 為這兩項資產的相關係數，$-1 \leq \gamma_{12} \leq 1$。我們可以選擇 a 及 $(1-a)$ 使該投資組合的變異數為最小:

$$\underset{a}{\text{Min}}\, \sigma_P^2 = a^2 \cdot \sigma_1^2 + (1-a)^2 \cdot \sigma_2^2 + 2a(1-a) \cdot \gamma_{12} \cdot \sigma_1 \cdot \sigma_2$$

由一階條件:

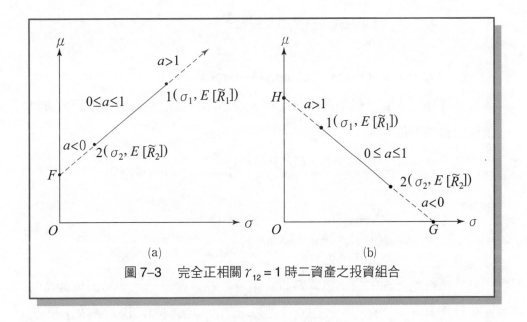

$$\frac{d\sigma_P^2}{da} = 2a\sigma_1^2 - 2(1-a)\sigma_2^2 + 2\gamma_{12}\sigma_1\sigma_2 - 4a\gamma_{12}\sigma_1\sigma_2 \equiv 0$$

因此:

$$a^* = \frac{\sigma_2^2 - \gamma_{12}\sigma_1\sigma_2}{\sigma_1^2 + \sigma_2^2 - 2\gamma_{12}\sigma_1\sigma_2} \tag{13}$$

將 a^* 代入 σ_P^2 中（亦即 $[\sigma_P^2]_{a=a^*}$），我們可以得到全面性的最小變異數投資組合 (global minimum variance portfolio)。

根據相關係數 γ_{12} 的大小及投資比例 a 的不同，我們可以繪出投資組合 $\tilde{R}_P$ 在期望值 μ 及標準差 σ 的座標圖的位置。如圖 7-3 所示，當兩資產為完全正相關 $(\gamma_{12}=1)$ 時，

$$E[\tilde{R}_P] = aE[\tilde{R}_1] + (1-a)E[\tilde{R}_2]$$

$$\sigma_P^2 = a^2\sigma_1^2 + (1-a)^2\sigma_2^2 + 2a(1-a)\sigma_1\sigma_2 = [a\sigma_1 + (1-a)\sigma_2]^2$$

因為是在第一象限中討論，因此 $E[\tilde{R}_P]$ 及 $\sigma_1, \sigma_2, \sigma_P$ 均限制為非負值。

圖 7-3　完全正相關 $\gamma_{12}=1$ 時二資產之投資組合

當無融券 $(0 \le a \le 1)$ 時，$\sigma_P = a\sigma_1 + (1-a)\sigma_2 > 0$，

$$\frac{dE[\tilde{R}_P]}{da} = E[\tilde{R}_1] - E[\tilde{R}_2]$$

$$\frac{d\sigma_P}{da} = \sigma_1 - \sigma_2$$

因此：

$$\frac{dE[\tilde{R}_P]}{d\sigma_P} = \frac{dE[\tilde{R}_P]/da}{d\sigma_P/da} = \frac{E[\tilde{R}_1] - E[\tilde{R}_2]}{\sigma_1 - \sigma_2}$$

斜率 $dE[\tilde{R}_P]/d\sigma_P$ 是與投資比例 a 無關，因此投資組合為通過第一及第二資產點的直線。在圖 7-3 的 (a) 圖中，F 點為 $\sigma_P = 0$，亦即融券第一項資產：$a = \sigma_2/(\sigma_2 - \sigma_1) < 0$ 的投資組合；(b) 圖中的 G 點為融券第一項資產使得 $E[\tilde{R}_P] = 0$（亦即 $a = E[\tilde{R}_2]/(E[\tilde{R}_2] - E[\tilde{R}_1]) < 0$）的投資組合，$H$ 點為融券第二項資產使得 $\sigma_P = 0$（亦即 $a = \sigma_2/(\sigma_2 - \sigma_1) > 1$），而且 H 點的投資組合優於所有的投資組合。

當兩項資產為完全負相關（$\gamma_{12} = -1$）時，

$$E[\tilde{R}_P] = a \cdot E[\tilde{R}_1] + (1-a) \cdot E[\tilde{R}_2]$$

$$\sigma_P^2 = a^2 \sigma_1^2 + (1-a)^2 \sigma_2^2 - 2a(1-a)\sigma_1 \sigma_2 = [a\sigma_1 - (1-a)\sigma_2]^2$$

$$\sigma_P = a\sigma_1 - (1-a)\sigma_2, \ \text{若} \ a\sigma_1 - (1-a)\sigma_2 > 0$$

或

$$\sigma_P = -[a\sigma_1 - (1-a)\sigma_2], \ \text{若} \ a\sigma_1 - (1-a)\sigma_2 < 0$$

如圖 7-4 所示，斜率仍是與投資比例 a 無關，投資組合為通過這兩項資產的兩段直線上的點：

$$\frac{dE[\tilde{R}_P]}{d\sigma_P} = \frac{dE[\tilde{R}_P]/da}{d\sigma_P/da} = \frac{E[\tilde{R}_1] - E[\tilde{R}_2]}{\sigma_1 + \sigma_2}, \ \text{若} \ a\sigma_1 - (1-a)\sigma_2 > 0$$

或

$$= \frac{E[\tilde{R}_1] - E[\tilde{R}_2]}{-(\sigma_1 + \sigma_2)}, \ \text{若} \ a\sigma_1 - (1-a)\sigma_2 < 0$$

由 (13) 式可得到全面的最小變異數投資組合，投資在第一項與第二項資產的比例分別為 $a^* = \sigma_2/(\sigma_1 + \sigma_2) > 0, \ 1-a^* = \sigma_1/(\sigma_1 + \sigma_2) > 0$，代入 $E[\tilde{R}_P]$ 及 σ_P 中，可得圖 7-4 的 F 點座標 $(0, (\sigma_2 E[\tilde{R}_1] + \sigma_1 E[\tilde{R}_2])/(\sigma_1 + \sigma_2))$。

若是兩資產間的相關係數 γ_{12} 不是完全正或負相關，並且非融券（$0 \leq a \leq 1$）時，由 (12) 式可發現在同樣的投資比例 a 與 $(1-a)$ 之下的變異數會小於

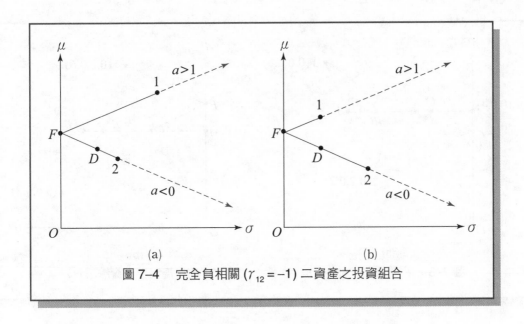

圖 7-4　完全負相關 ($\gamma_{12} = -1$) 二資產之投資組合

完全正相關時的變異數，但會大於完全負相關時的變異數：

$$[a\sigma_1-(1-a)\sigma_2]^2 < [a^2\sigma_1^2 + 2a(1-a)\gamma_{12}\sigma_1\sigma_2 + (1-a)^2\sigma_2^2] < [a\sigma_1 + (1-a)\sigma_2]^2$$

(14)

　　如圖 7-5 所示，設若投資在第一項及第二項資產比例各為 1/2，則 A 投資組合 ($\gamma_{12} = 1$) 的座標為 (0.4, 0.4)，C 投資組合 ($\gamma_{12} = -1$) 的座標為 ($\sqrt{0.04}$, 0.4)，B 投資組合 ($\gamma_{12} = 0.5$) 的座標為 ($\sqrt{0.13}$, 0.4)，$\sqrt{0.04} < \sqrt{0.13} < 0.4$，如下表所示，相關係數愈大，B 點愈趨近於 A 點；相關係數愈小，B 點愈趨近於 C 點：

相關係數	σ	μ
$\gamma_{12} = 1$（A 點）	$\sqrt{0.16}$	0.4
$\gamma_{12} = 0.9$	$\sqrt{0.154}$	0.4
$\gamma_{12} = 0.5$	$\sqrt{0.13}$	0.4
$\gamma_{12} = -0.6$	$\sqrt{0.064}$	0.4
$\gamma_{12} = -1$（C 點）	$\sqrt{0.04}$	0.4

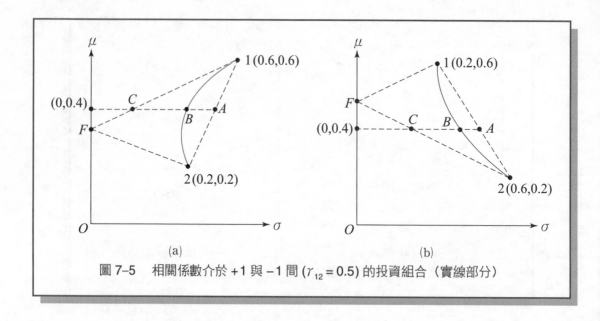

圖 7-5　相關係數介於 +1 與 -1 間 ($r_{12} = 0.5$) 的投資組合（實線部分）

　　這裡有一個問題是：B 點是否會如圖 7-6 所示，是位於凹進去曲線的部分？我們的答案是，不會。圖 7-6 中 u 及 v 的投資組合是由第一及第二項資產組成，因為 u 及 v 之間的相關係數仍然是在 +1 與 -1 之間，B 點不可能在 u 及 v 之間畫一條直線的右邊。由圖 7-6 我們可以發現，當兩資產間不為完全正或負相關時，所形成的投資組合曲線會是一條平滑曲線，曲線上的每一點只會有一條切線，曲線上不會有凸起或凹進的地方。

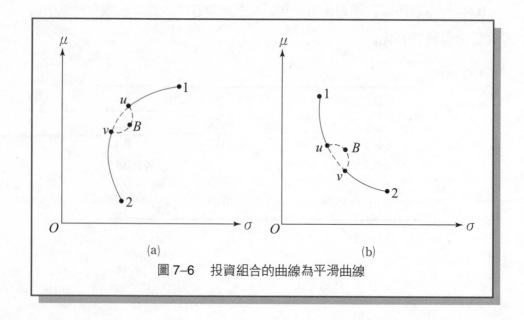

圖 7-6　投資組合的曲線為平滑曲線

資產報酬率之間相關係數多為介於 +1 與 −1 之間。當有多個給不確定報酬率的資產形成投資組合時，我們定義：在相同的標準差之下，具有最高期望報酬率者為效率投資組合 (efficient portfolio)，在相同的期望報酬率下，具有最小標準差者為最小變異數投資組合 (minimum variance portfolio)。由圖 7–4 中我們可以發現，效率投資組合一定會是一個最小變異數投資組合，但最小變異數投資組合並不一定是效率投資組合 (例如 D 點)。由多個給予不確定報酬的資產所組成的最小變異數投資組合所形成的曲線，也會是一條平滑曲線。如圖 7–7 (a)及(b)所示，共有三個給予不確定報酬的資產，它們之間的相關係數均介於 +1 與 −1 之間，而由第一個及第二個資產所組成的投資組合 u 與由第二個與第三個資產所組成的投資組合 v，它們又可以組成新的投資組合，這些投資組合的曲線會是一條平滑曲線，而且會產生較第二個資產變異數更小的投資組合 (例如 B 點)。同樣地，如果這三個資產組成的最靠近縱軸 (μ 軸) 之投資組合曲線，若中間有任何凹進或凸起，則我們仍然可以找到兩個投資組合 (如同圖 7–6 中的 u 與 v)，由它們組成投資組合，而整個最小變異數投資組合曲線會如圖 7–7(c)所示，在全面性最小變異數投資組合 b 以上的曲線 (bc 部分) 為凹性，而 b 點以下曲線 (bf 部分) 為凸性。

7.5　期望值—變異數投資組合方法的應用

馬可維茨 (Markowitz, 1952) 提出期望值—變異數投資組合方法，認為投資人的決策規則為：(1)給定標準差 (或變異數)，選擇最大的期望值，並以此找出效率投資組合的曲線 (如圖 7–7 (c)的 bc 部分的曲線)；(2)給定期望報酬率，選擇最小的變異數，因此得到最小變異數投資組合的曲線 (圖 7–7 (c)的 cbf 曲線)。❻ 馬可維茨又提出：若是定義變異數為風險值 (measure for risk)，則個別資產的風險可分為兩部分：非系統風險 (nonsystematic risk) 與系統風險 (systematic risk)，前者為個別資產特有的風險，可以藉著

---

❻ Markowitz, Harry, 1952, "Portfolio Selection," *Journal of Finance* 7, 77–91.

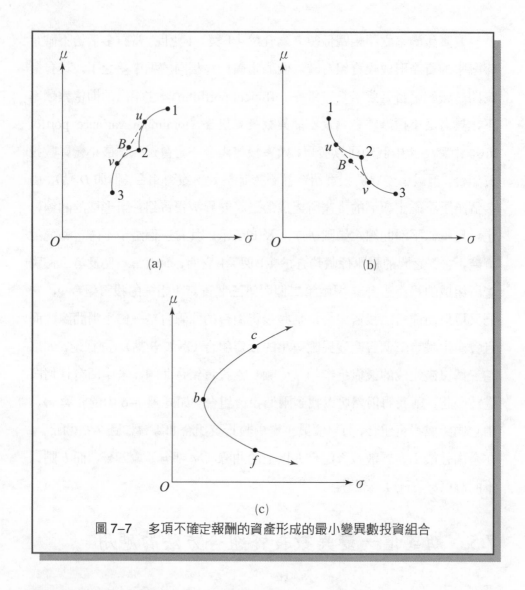

圖 7–7　多項不確定報酬的資產形成的最小變異數投資組合

與投資組合內其他資產的互有漲跌而抵銷；後者則為整個經濟體系的風險，為投資組合內各資產所共有，因此無法藉著分散投資而抵銷。

　　以相同權數的投資組合 (equally weighted portfolio) 為例，我們可以發現在一個分散良好 (well diversified) 的投資組合裡，個別資產本身的變異數對投資組合變異數的影響會隨著組合內資產數目增加而減少，最後只剩下資產間的共變異數有影響：

　　令 $\tilde{R}_P = \sum_{i=1}^{n} w_i \tilde{R}_i$ 而且 $\sum_{i=1}^{n} w_i = 1$，則：

$$Var(\tilde{R}_P) \equiv \sigma_P^2 = Var(\sum_{i=1}^{n} w_i \tilde{R}_i) = \sum_{i=1}^{n} \sum_{j=1}^{n} w_i w_j \sigma_{ij} = \sum_{i=1}^{n} w_i^2 \sigma_i^2 + \sum_{\substack{i=1 \\ j \ne i}}^{n} \sum_{j=1}^{n} w_i w_j \sigma_{ij}$$

設若此投資組合為相同權數的投資組合：$w_1 = w_2 = \cdots = w_n = \dfrac{1}{n}$，則：

$$\sigma_P^2 = \frac{1}{n^2} \sum_{i=1}^{n} \sigma_i^2 + \frac{1}{n^2} \sum_{\substack{i=1 \\ j \ne i}}^{n} \sum_{j=1}^{n} \sigma_{ij} \tag{15}$$

定義 $\sigma_{\max} = \max\{\sigma_1^2, \sigma_2^2, \cdots, \sigma_n^2\}$，則：

$$\frac{1}{n^2} \sum_{i=1}^{n} \sigma_i^2 < \frac{1}{n^2} \sum_{i=1}^{n} \sigma_{\max} = \frac{\sigma_{\max}}{n}$$

當 n 很大時，$\dfrac{1}{n^2} \sum_{i=1}^{n} \sigma_i^2$ 趨近於零，亦即個別資產自身的變異數對投資組合的變異數幾無影響，而定義 $\overline{\sigma}_{ij} = \dfrac{1}{n^2 - n} \sum_{i=1}^{n} \sum_{\substack{j=1 \\ j \ne i}}^{n} \sigma_{ij}$，其中 $\sum_{i=1}^{n} \sum_{\substack{j=1 \\ j \ne i}}^{n} \sigma_{ij}$ 共有 $2 \times \dfrac{n!}{(n-2)!2!} = n(n-1)$ 項，則：

當 n 很大時，$\dfrac{1}{n^2} \sum_{i=1}^{n} \sum_{\substack{j=1 \\ j \ne i}}^{n} \sigma_{ij} = \dfrac{1}{n^2} (n^2 - n) \overline{\sigma}_{ij}$ 會趨近於 $\overline{\sigma}_{ij}$

因此當投資組合內資產數目很大時，σ_P^2 趨近於 $\overline{\sigma}_{ij}$，亦即投資組合的變異數（風險）只與資產間的共變異數有關，而與個別的變異數無關。

由以上的分析，我們可以瞭解個別資產的風險是與其他資產的共變異數。資產自身的變異數因為可藉著分散投資而消減，因此不是風險，交易的對方也不會對之給予任何補償。圖 7-8 顯示了當資產數目增加時，投資組合的標率差下降，但至某程度時即停止下降，此時的標準差即為系統風險。

一般以為當投資組合內的股票數目增加至 20 以上時，投資組合的標準差就下降的十分有限。學者曾以紐約股票交易所的股票為例，發現當股票數目增至 20 以上時，投資組合的變異數主要是受到資產間共變異數的影響，而與各資產自身的變異數關係不大。

馬可維茨的期望值—變異數投資組合分析，假設了人們只以兩個統計量（期望值與變異數）為投資選擇的依據。這裡的第一個問題是：是否有兩個投資組合人們對之的偏好會相同？如圖 7-9 所示，在期望值—標準差

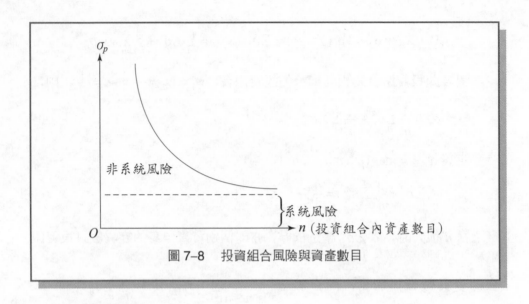

圖 7–8　投資組合風險與資產數目

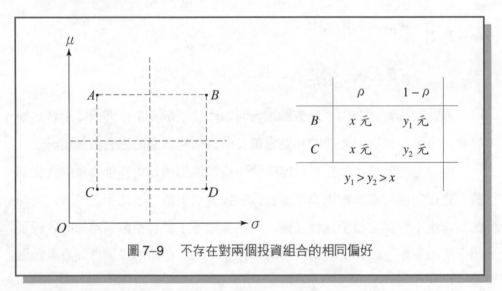

圖 7–9　不存在對兩個投資組合的相同偏好

的圖形上，因為變異數較小，因此 A 優於 B，C 優於 D；因為期望值較大，
A 優於 C，B 優於 D，A 因期望值較大，變異數較小，而優於 D。我們若認
為對 B 與 C 的偏好相同，則很容易可以找到一個反例來證明不可能是對 B
與 C 的偏好會相同。例如 B 與 C 為兩個賭局，各有 ρ 機率得 x 元，但 B 有
$(1-\rho)$ 機率得 y_1 元，C 有 $(1-\rho)$ 機率得 y_2 元，而 $y_1 > y_2 > x$（所以 B 的期
望值與變異數均大於 C 的期望值與變異數），但是賭局 B 絕對優於賭局 C，

每個人都會偏好 *B* 超過 *C*。這個例子說明了，不會有兩個投資組合具有相同的偏好，因此效率組合（圖 7-7 (c)的 *bc* 部分的曲線）為彼此互相不優於對方的說法將不成立。為了解決是項問題，我們可以：(1)假設存在一個二次的凹性效用函數，而且期望效用函數存在，則此期望效用函數只會為期望值與變異數的函數：例如令 *w* 為財富，設 $u(w) = a + bw + cw^2$，及 $u'(w) = b + 2cw > 0$, $u''(w) = 2c < 0$
則：

$$E[u(w)] = a + b \cdot E[w] + c \cdot E[w^2] = a + b \cdot E[w] + c(\sigma_w^2 + E[w]^2)$$

或(2)假設各資產報酬率的聯合機率分配為常態分配 (normal distribution)，因此期望值與變異數為充份統計量，人們只以此二者為決策的根據。

期望值一變異數分析的另一個問題是：期望值與變異數都是統計量，是在有無數次機會重複賭局下才有意義，但是人們通常只有少數投資機會可以嘗試。在期望值一變異數分析裡，從期初至期末中間無需出售投資組合以供急用，因此只有期望值才重要，中間過程的變異程度並不影響決策。例如假設有二位「神」：甲與乙可以活無限久，以至於可以進行無數次賭局，甲神有塊地上面有兩棵果樹 A 與 B，A 樹每年產生的果子不定，變化很大，B 樹果子產量較穩定，但這兩棵樹果子年產量的期望值均相同，果子能儲存不壞，甲神與乙神從期初至期末中間均不需使用果子。則我們可以斷言乙神對 A 樹與 B 樹願出的價錢應是一樣的。換言之，兩個賭局若是在期初至期末中間可以進行無數多次（以至於統計量有意義），期間無需從中取出金錢使用，則這兩個賭局的變異數與決策無關，而僅是期望值才是決策的依據。

學者常以美國資本市場過去 70 年來的表現，來證明高變異數(高風險)常伴隨著高平均報酬，因此期望值一變異數分析方法是言之成理的。例如若在 1926 年投資 1 美元於美國 3 個月國庫券 (treasury bills)，在 2002 年可得 17.48 美元，於美國 20 年政府公債可得 59.70 美元，於標準普爾 (stand-ard-poor)500 大公司股票指數可得 1,775.34 美元，於紐約股票交易所的市

價最低的 20% 的小公司股票指數則可得 6,816.41 美元。若比較它們的平均
報酬率與標準差，則可發現高平均報酬率常是伴隨著高標準差：

表 7-1　美國各項資產的表現 (1926～2002)

	年平均報酬率	標準差
500 大公司股票指數	12.2%	20.5%
小公司股票指數	16.9	33.2
20 年期公司債	6.2	8.7
20 年期政府公債	5.8	9.4
3 個月期國庫券	3.8	3.2
通貨膨脹率	3.1	4.4

資料來源：Ross et al ., 2005, *Corporate Finance*, New York：McGraw-Hill, p. 247.

　　我們可以舉出幾個理由來說明表 7-1 的結果值得進一步商榷：

⑴投資持有期間的不同：3 個月國庫券與 20 年期債券持有期間不同，
　選擇範圍不同，而報酬亦不相同。

⑵投資於投資組合與投資於個別資產的不同：股票投資組合是以保本
　為主 (以犧牲向上的機會來交換減少向下損失的風險)，個別股票則
　是以進取獲利為主 (以承受可能的向下風險來換取向上的機會)。個
　別的債券 (特別是政府公債) 並沒有保本的問題 (無信用風險 no
　credit risk)，但個別的股票卻有。美國直至 1976 年始出現第一個接
　受大眾投資的指數型基金 (亦即 Vanguard Index Trust 是為 S&P 500
　的投資組合)，在這之前的投資人只能購買個別股票。購買股票不像
　購買債券，會面臨較大的信用風險。因此比較 1926 至 2002 年間，
　大或小公司股票指數、公司債、政府公債的期望值及標準差並無多
　大意義。

⑶稅法與法規的不同：政府債券的利息為免稅，但股票之股利需納稅。
　公司債利息與股利在稅法上處理亦不相同。此外，政府債券被視同
　貨幣，安全性高，而被法規 (regulation) 允許可作為抵押保證 (或存

款準備），但股票則否。

(4)70 年的資料只是短期現象。若是每個人都相信表 7-1 結果，而認為
10 年或 20 年的投資小公司會得到較高的平均報酬（雖有較高標準
差），則眾人買進小公司股票的結果會抬高其股票價格，不願買或拋
售公司債則會降低公司債價格，因而過了這 20 年之後，投資人可能
會發現小公司股票的平均報酬是更低，而非更高。這裡所強調的是，
人們看到過去的結果做出反應，集體行動產生的結果會與過去的經
驗截然不同。

我們一般所稱的「高風險帶來高報酬」的風險，指的是向下可能損失
的部分，例如房屋遭火災的可能性愈大，則火災的保險費愈高。凱恩斯在
談到三種投資的風險時，所指的也是向下的部分：「第一類風險是出資者是
否可以收到他所希望的預期收益，以及得到的可能性有多大；第二類風險
是債務人不願履行債務，第三類風險是收到收益時的幣值變動可能對出資
者不利」《一般理論》第十二章）。較高的變異數是有較大的向下損失的可
能，但同時也有向上獲取較大財富的可能，這中間有利弊互抵，因此若兩
個資產的報酬率的期望值相同，我們也不一定會較喜歡報酬率變異數較小
的那一個。

案例研讀

零與非零之間

人們對於機率的看法是一個值得探究的問題。彩券贏得大獎的機率極小，
但是人們卻樂此不疲，有研究顯示，無論是合法或是非法的樂透彩券，參加
者都是以低收入者占多數，這也符合了法國人對彩券的描述：「政府發行彩券
是向公眾推銷機會和希望，公眾認購彩券是微笑納稅」。

彩券的起源在西方要追溯到古羅馬帝國、古希臘時期。在古羅馬帝國時
期，帝王利用節日及舉行大型活動期間，開展博彩活動，既增加了節日氣氛，
又為國庫籌措了資金，同時還利用這種富有懸疑性的活動，來轉移公民的某

些不滿情緒。佛羅倫斯在 1530 年創建了第一個發行彩券的機構,英國在 1694 年至 1826 年間也發行彩券。美國在獨立之前雖然也發行了不少彩券,但在 1894 年至 1964 年之間,卻認為彩券是「多餘的邪惡」而禁止發行,一直到今天,許多州開放彩券經營後,夏威夷與猶他兩州仍未開禁。

中國彩券的歷史也是相當久遠,唐代詩人李白就有「大博爭雄好彩來,金盤一擲萬人開」的敘述。清末民初時,政府機關也以慈善等名目發行各種彩券。到了中共建立政權後,由於將彩券視為賭博,禁止發行,直到 1987 年才解禁,解禁的理由是:可以將彩券的營收用在社會福利上面。但我們可以提出另一個假說來說明彩券出現的時機:「只要貧富的差距擴大,政府就會同意並且合法化彩券的經營」。以中國大陸為例,在改革開放之前,每人的財富不多,所得分配十分平均,但在 1980 年代初期開放之後,所得的差距逐漸擴大,貧富不均的現象日益明顯,可以想像一定引起了不少人心中的不滿。一個低收入的中老年工人認為餘生已不可能藉著工作來發大財,成為富豪的機會是零,而彩券獲獎的機會雖然很小,但是總是有希望能博得大彩,機率是大於零。原來是零機會擠入富豪階層的低收入者,如今有了大於零的機會翻身,再加上每週、每月都有開獎機會,自然可以減少他對有錢階級的敵視,對於促進社會和諧有幫助(即使沒中獎,也只會怪自己的運氣不佳,而忘了政府對自己的窮困也負有責任)。也許我們可以這樣說,一個政府愈是無能促進經濟發展、減少貧富差距,則愈會鼓勵彩券的活動,以轉移人民心中對它的不滿。

彩券或賭博的機率分配是在事前已知,並且無法經由人的努力來改善。但在一般投資時,機率是無法事前確定的,即使是有過去的歷史的記錄(例如股價的記錄),也不能保證未來會重複過去發生的事。人們只要認為機會是大於零,並且相信可以藉著自己的努力來增加成功的機率,就會進行投資冒險,這時所謂的統計量(期望值、變異數或共變異數)並不會成為決策的依據。

7.6 總 結

本章的主要論點為:

- 期望效用函數可以用來分析投資人在不確定之下如何做成選擇。凹性、凸性及直線式的效用函數分別代表風險趨避、風險愛好與風險中立的偏好。期望效用函數在實務上卻常違反了獨立公設的必要條件,並且在以不同角度設定問題時,人們常會做出相反的選擇(框架效果)。

- 期望值一變異數分析假設了人們厭惡高變異數,喜歡高期望值。效率組合是在給定的標準差之下的最大期望報酬的投資組合,最小變異數投資組合是在給定的期望報酬下的最小變異數的投資組合。

- 在期望值一變異數分析下,個別資產自身的報酬變異數會因投資組合內資產的數目上升而消失,因此不是風險,只有資產間的報酬共變異數才是風險。

- 一般人投資只有少數的投資機會,並不是參加無數次重複的賭局,因此期望值、變異數等統計量可否用來作為決策依據(或唯一的依據)值得懷疑。變異較大者代表較大的向下可能損失,但也代表了較大的財富向上機會,這之間有利弊互補,在相同的期望值之下,人們不見得一定會喜歡有較小變異數者。

- 不論貧富,人們都會同時購買保險與樂透彩票(或股票)。購買保險是買進一個避免可能向下損失的權利,購買彩券或股票是買進一個財富可能向上的權利,而不是「將不確定換成確定就代表了風險趨避(行為較保守),將確定換成不確定就代表了承擔風險(行為較冒險),因此同時購買保險與彩券有矛盾」。

本章習題

1. 期望效用函數理論有哪些問題?

2. 以期望值—變異數分析投資人的投資決策時需要有哪些假設?

3. 以期望值—變異數分析時是否需要假設存在著期望效用函數?

4. 請以選擇範圍的增減來說明為什麼人們同時購買股票又參加保險。這種分析方法與以期望效用函數分析方法有什麼不同?

5. 請說明為什麼在期望值—變異數分析的架構下，資產本身的報酬變異數不是風險，而共變異數才是風險?

6. 兩個給予不確定報酬的資產的期望值與變異數為：$A(0.8, 0.2)$, $B(0.2, 0.8)$，假設投資在 A 上的比例為 1/3，在 B 上的比例為 2/3，兩資產間的相關係數為 $r_{AB} = 0.2$，請計算此投資組合報酬的期望值與標準差。

7. 請評述「高風險帶來高報酬」這句話的真偽。

第八章

資本資產定價模型與套利定價模型

Financial Management

Financial Management

Financial

Management

本章首先延續第七章的期望值—變異數分析架構，以推導資本資產定價模型（8.1 節）及二因子模型（8.2 節）。8.3 節為分析套利定價模型及該模型的限制。這些資產定價模型定義了風險，並且得到期望報酬率與風險的函數關係。有了資產定價模型，我們就可以以之計算資金的機會成本，進行成本與效益的分析。

8.1　資本資產定價模型

夏普 (Sharpe, 1964)❶及林特勒 (Lintner, 1965)❷假設存在一個給予確定報酬率 R_f 的資產，將它和其他給予不確定報酬的資產一同放在期望值—變異數投資組合分析架構之下時，可以得到資本資產定價模型 (capital asset pricing model: CAPM)。

假設存在一個給予確定報酬率 R_f 的資產，及一個給予不確定報酬資產所組成的投資組合 N，兩者組成另一個新的投資組合 P'：

$$\tilde{R}_{P'} = a'\tilde{R}_N + (1-a')R_f$$

投資組合報酬率 P' 的期望值與變異數分別為：

$$E[\tilde{R}_{P'}] = a'\cdot E[\tilde{R}_N] + (1-a')\cdot R_f$$

$$\sigma_{P'}^2 = (a')^2 \cdot \sigma_N^2$$

則如圖 8–1 所示，投資組合 P' 隨著投資比例 a' 的改變而在期望值—變異數的座標圖上為一直線：

$$\frac{\partial E[\tilde{R}_{P'}]/\partial a'}{\partial \sigma_{P'}/\partial a'} = \frac{E[\tilde{R}_N] - R_f}{\sigma_N} \tag{1}$$

❶ Sharpe, William, 1964, "Capital Asset Prices: A Theory of Market Equilibrium under Conditions of Risk," *Journal of Finance* 19, 425–442.

❷ Lintner, John, 1965, "The Valuation of Risky Assets and the Selection of Risky Investments in Stock Portfolios and Capital Budgets," *Review of Economics and Statistics* 47, 13–37.

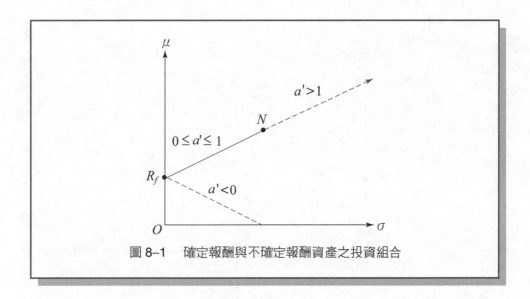

圖 8-1　確定報酬與不確定報酬資產之投資組合

其中 R_fN 為一條直線，它的斜率 $\dfrac{\partial E[\tilde{R}_{P'}]/\partial a'}{\partial \sigma_{P'}/\partial a'}$ 與投資比例 (a') 無關，N 點右方的直線代表 $a' > 1$，為借入 R_f（亦即融券確定報酬的資產）再加上原有的資金全數投資於投資組合 N。在這裡我們可以發現，無論如何分配資金於 R_f 與 N（亦即決定 a' 與 $1-a'$），投資組合 N 內資產的組成不會改變。例如 N 若由兩項資產組合而成：$\tilde{R}_N = a\tilde{R}_1 + (1-a)\tilde{R}_2$，則 $a' = 0.2$ 時，$\tilde{R}_{P'} = 0.2[a\tilde{R}_1 + (1-a)\tilde{R}_2] + 0.8R_f$；$a' = 1.6$ 時，$\tilde{R}_{P'} = 1.6[a\tilde{R}_1 + (1-a)\tilde{R}_2] + (-0.6)R_f$。換言之，我們是將資金先分配於兩項資產項目中：$R_f$ 及 N，然後再將分配於投資組合 N 的資金分配給投資組合內的資產，而分配於 R_f 的比例並不會影響投資組合 N 裡的組成，這就是所謂「二基金可分性定理」（Separation of Two Funds Theorem，見托賓 Tobin, 1958）。❸

　　夏普及林特勒發現在期望值－變異數的架構下，每一個投資人會選擇同一個由不確定報酬資產所組成的投資組合 M，再加上確定報酬資產 R_f，以組成新的投資組合。如圖 8-2 所示，由 R_f 與 N 組合而成的投資組合

❸ Tobin, James, 1958, "Liquidity Preference as Behavior Toward Risk," *Review of Economic Studies* 25, 65–86.

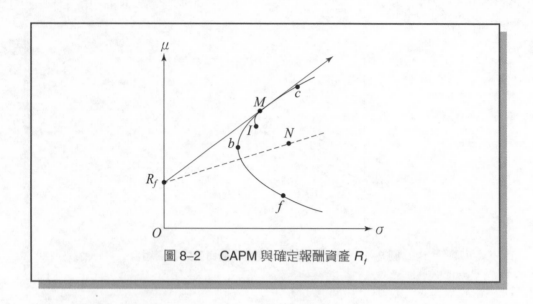

圖 8-2　CAPM 與確定報酬資產 R_f

（$R_f N$ 直線）要比由 R_f 與 M 組合而成的投資組合（$R_f M$ 直線）來的差（在同樣的標準差之下，$R_f N$ 得到較低的期望報酬率），因此 M 必定是個效率投資組合，且在 bc 曲線上。又因為所有的投資人對此圖的看法都相同，亦即對所有不確定資產報酬率的聯合機率分配的看法相同，每個人都會選擇用 R_f 與 M 來組成他的投資組合，因此投資組合 M 勢必包含所有給予不確定報酬的資產，我們稱之為市場投資組合 (market portfolio)。若是某支股票不在市場投資組合 M 之中，則將不會有人購買，它也不會存在於市場之中，這是市場均衡 (market equilibrium) 的必要條件之一。市場投資組合 M 也必定是一個以市場價值加權的投資組合 (value-weighted portfolio)，而且投資於每個資產的權數必定為正數（亦即在市場投資組合 M 中沒有融券）。例如假設投資人 i 投資於市場投資組合 M 的金額為 I_i，因為每個人的投資組合都是由 R_f 和 M 組成，而投資於 M 中的 IBM 股票的比例都是相同的 w_{IBM}，則投資人 i 投資於 IBM 股票的金額為 $(w_{IBM} \cdot I_i)$。w_{IBM} 絕對是大於零的正數，否則代表所有的人都在融券 IBM 股票而沒有人購買它。將所有的投資人（m 個人）投資於 IBM 股票的金額加總，可以得到 IBM 股票的市

場總價值 $(w_{\text{IBM}} \cdot (I_1 + I_2 + \cdots + I_m) = V_{\text{IBM}})$，但 $\sum_{i=1}^{m} I_i$ 又等於所有給予不確定報酬資產的總市值 (V)，因此 $w_{\text{IBM}} = V_{\text{IBM}}/V > 0$，市場投資組合內的 IBM 股票所占的比例（權數），就是 IBM 股票總市值占所有不確定報酬資產總市值的比例。以數學式子表示，市場投資組合的報酬率 $\tilde{R}_M$ 為所有不確定報酬資產所產生的資金流量：$\sum_{i=1}^{n} \tilde{X}_i$（其中 $\tilde{X}_i$ 為第 i 種資產給予的資金流量），將之除以這些資產的總市值 $\sum_{i=1}^{n} V_i = V$：

$$\tilde{R}_M = \frac{\sum_{i=1}^{n} \tilde{X}_i}{\sum_{i=1}^{n} V_i} = \sum_{i=1}^{n} \left[\frac{V_i}{\sum_{i=1}^{n} V_i} \cdot \frac{\tilde{X}_i}{V_i} \right]$$

$$= \sum_{i=1}^{n} w_i \cdot \tilde{R}_i \tag{2}$$

其中 $w_i = V_i / \sum_{i=1}^{n} V_i = V_i / V$。

由以上的分析，我們可以發現資本資產定價模型 (CAPM) 需要以下的假設：(1)投資人以期望值與變異數為決策的根據，並且喜歡高的期望報酬及較低的變異數；(2)所有的投資人對於所有給予不確定報酬資產的報酬率的聯合機率分配看法一致（稱為完全同意：complete agreement，或同質預期：homogeneous expectation）；(3)存在一個給予確定報酬的資產；(4)不存在交易成本，因此沒有資訊不對稱及稅等因素。值得注意的是，在這裡我們並不需要假設存在著期望效用函數。

資本資產定價模型可由下列的方式推導而得：首先定義一個投資組合（或一個資產）I，如圖 8–2 中所示，由 I 及市場投資組合 M 所組成的新投資組合為 $\tilde{R}_P = a \cdot \tilde{R}_I + (1-a) \cdot \tilde{R}_M$，因此：

$$E[\tilde{R}_P] = a \cdot E[\tilde{R}_I] + (1-a) \cdot E[\tilde{R}_M]$$

$$\sigma_P^2 = a^2 \sigma_I^2 + (1-a)^2 \sigma_M^2 + 2a(1-a)\sigma_{IM}$$

$$\frac{\partial E[\tilde{R}_P]}{\partial a} = E[\tilde{R}_I] - E[\tilde{R}_M]$$

$$\frac{\partial \sigma_P}{\partial a} = \frac{1}{2}\left[a^2\sigma_I^2 + (1-a)^2\sigma_M^2 + 2a(1-a)\sigma_{IM}\right]^{\frac{-1}{2}} \cdot \left[2a\sigma_I^2 - 2(1-a)\sigma_M^2 + 2\sigma_{IM}\right.$$
$$\left. - 4a\sigma_{IM}\right]$$

當 $a < 0$ 時 (I 被融券時)，IM 曲線會往右方延伸，但不會穿過 bMc 曲線，否則 bMc 曲線就不是效率投資組合的曲線。bMc 曲線在 M 點的切線斜率可以表示為：$\dfrac{\partial E[\tilde{R}_P]/\partial a}{\partial \sigma_P/\partial a}$ 在 $a = 0$ 時衡量的結果，亦即：

$$[\frac{\partial E[\tilde{R}_P]/\partial a}{\partial \sigma_P/\partial a}]_{a=0} = \frac{E[\tilde{R}_I] - E[\tilde{R}_M]}{(\sigma_{IM} - \sigma_M^2)/\sigma_M} \tag{3}$$

由於由任何不確定報酬資產與確定報酬資產所組成的投資組合會滿足(1)式，因此由(1)與(3)式可得到：

$$\frac{E[\tilde{R}_M] - R_f}{\sigma_M} = \frac{E[\tilde{R}_I] - E[\tilde{R}_M]}{(\sigma_{IM} - \sigma_M^2)/\sigma_M} \tag{4}$$

或

$$E[\tilde{R}_I] = R_f + (E[\tilde{R}_M] - R_f) \cdot \beta_I, \quad 其中 \; \beta_I = Cov(\tilde{R}_I, \tilde{R}_M)/\sigma_M^2 = \frac{\sigma_{IM}}{\sigma_M^2} \tag{5}$$

(5)式為資本資產定價模型，每一項資產或投資組合的期望報酬率都受到同樣的 R_f 及市場風險貼水 $(E[\tilde{R}_M] - R_f)$ 的影響，而唯一的差別就是貝它 (β)。貝它值愈大，則期望報酬率愈高，貝它與期望報酬率之間為一對一的線性關係，如圖 8-3 所示，每一個期望報酬率都有一個貝它與之相對應，我們稱之為證券市場線 (security market line: SML)。

我們可以將貝它的幾個性質分述如下：

(1)某項資產的貝它為該資產報酬率與市場投資組合 M 報酬率的共變異數除以市場投資組合報酬率變異數的比值，而市場投資組合報酬率的變異數又為所有資產與市場投資組合的共變異數之加權平均的結果（其中權數為各資產的市場價值占總市場價值之比）：

$$\beta_i = \frac{Cov(\tilde{R}_i, \tilde{R}_M)}{\sigma_M^2} = \frac{Cov(\tilde{R}_i, \tilde{R}_M)}{\sum_{i=1}^{n} w_i \cdot Cov(\tilde{R}_i, \tilde{R}_M)}, \; w_i = V_i / \sum_{i=1}^{n} V_i \tag{6}$$

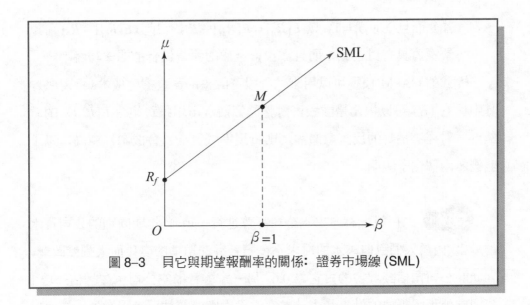

圖 8–3　貝它與期望報酬率的關係：證券市場線 (SML)

(2)個別資產報酬率的變異數對該資產的貝它幾乎沒有影響：

$$\beta_i = \frac{Cov(\tilde{R}_i, \tilde{R}_M)}{\sigma_M^2} = \frac{\sum_{j=1}^{n} w_j \cdot Cov(\tilde{R}_i, \tilde{R}_j)}{\sigma_M^2}$$

$$= w_i \cdot \frac{\sigma_i^2}{\sigma_M^2} + \sum_{\substack{j=1 \\ j \neq i}}^{n} w_j \frac{Cov(\tilde{R}_i, \tilde{R}_j)}{\sigma_M^2} \tag{7}$$

若是資產的數目很多，該資產的權數 w_i 變成很低，則 $(w_i \cdot \sigma_i^2/\sigma_M^2)$ 會趨近於零。

(3)投資組合的貝它為組合內各資產的貝它的線性組合：例如若投資於第一項資產的比例為 a，投資於第二項資產的比例為 $1-a$，則投資組合的期望報酬率為：

$$E[\tilde{R}_P] = a \cdot E[\tilde{R}_1] + (1-a) \cdot E[\tilde{R}_2]$$

$$= R_f + (E[\tilde{R}_M] - R_f) \cdot (a\beta_1 + (1-a)\beta_2) \tag{8}$$

因此 $\beta_P = a\beta_1 + (1-a)\beta_2$。若由 n' 個資產組合而成的投資組合：

$$E[\tilde{R}_P] = \sum_{i=1}^{n'} w_i \cdot R_f + (E[\tilde{R}_M] - R_f) \cdot \sum_{i=1}^{n'} w_i \beta_i \tag{9}$$

則當 $\sum_{i=1}^{n'} w_i = 1$ 而且 $\sum_{i=1}^{n'} w_i \beta_i = 0 = \beta_P$，則 $E[\tilde{R}_P] = R_f$，因此 R_f 可以解釋為具有貝它為零的投資組合的期望報酬率。當 $\sum_{i=1}^{n'} w_i = 0$（零投資金

額）而且 $\sum_{i=1}^{n'} w_i\beta_i = 1$，則 $E[\tilde{R}_P] = E[\tilde{R}_M] - R_f$，因此 $(E[\tilde{R}_M] - R_f)$ 可以解釋為具有貝它為 1 而且零投資金額的投資組合的期望報酬率。

(5)式的 CAPM 模型可以用來估計投資計畫的資金機會成本（折現率），其中貝它 (β) 可以視為是該投資對整體經濟（市場投資組合 $E[\tilde{R}_M]$）的敏感度，對經濟情勢的反應愈激烈，則折現率（資金機會成本）愈高，以下我們舉兩個例子說明。

釋例 1　假設上林自來水公司打算進行一項 1 年期向別的公司買水的計畫，由於人們對自來水的需求不會隨著經濟環境的變化而大幅度改變，因此該公司預估該計畫的貝它為 0.6。另一家聯合航空公司也在評估一項 1 年期向外租用飛機的計畫，由於航空需求對經濟榮枯反應很激烈，該租借計畫預估的貝它為 1.8。未來 1 年的確定利率為 5%，市場風險貼水 $(E[\tilde{R}_M] - R_f)$ 預估為 8%。兩個投資計畫的期初成本分別為 500 萬元及 2,000 萬元，1 年後的資金流量為：

上林自來水公司		聯合航空公司	
機率	資金流量	機率	資金流量
0.5	600 萬元	0.5	1,800 萬元
0.3	720 萬元	0.3	2,400 萬元
0.2	800 萬元	0.2	3,000 萬元

上林公司的資金的機會成本（折現率）：

$$E[\tilde{R}_i] = R_f + (E[\tilde{R}_M] - R_f) \cdot \beta_i = 0.05 + (0.08)(0.6) = 9.8\%$$

購水計畫的淨現值：

$$NPV = -500 + \frac{600(0.5) + 720(0.3) + 800(0.2)}{(1 + 9.8\%)} = 115.66 \text{ 萬元}$$

購水計畫的內部報酬率：

$$0 = -500 + \frac{600(0.5) + 720(0.3) + 800(0.2)}{(1 + IRR)}$$

$$IRR = 35.20\%$$

淨現值為正(有超額利潤)，內部報酬率 35.20% 大於資金的機會成本 9.8%，因此購水計畫應進行。

聯合航空公司的資金的機會成本（折現率）：

$$E[\tilde{R}_j] = R_f + (E[\tilde{R}_M] - R_f) \cdot \beta_j = 0.05 + (0.08)(1.8) = 19.40\%$$

租機計畫的淨現值：

$$NPV = -2,000 + \frac{1,800(0.5) + 2,400(0.3) + 3,000(0.2)}{(1 + 19.40\%)} = -140.70 \text{ 萬元}$$

租機計畫的內部報酬率：

$$0 = -2,000 + \frac{1,800(0.5) + 2,400(0.3) + 3,000(0.2)}{(1 + IRR)}$$

$$IRR = 11\%$$

淨現值為負，內部報酬率 11% 小於資金的機會成本 19.4%，因此租用飛機的計畫不可行。

釋例 2　假設成化石化集團打算多角化經營，考慮以 8,000 萬元買進一家賭場公司。成化集團的貝它為 1.22，賭場公司的貝它為 1.66，每年的確定利率為 5%，市場風險貼水 $(E[\tilde{R}_M] - R_f)$ 為 8%，預估賭場未來 10 年壽命期間的資金流量為：

第 1 年底	第 2 年底	⋯⋯	第 9 年底	第 10 年底
2,000 萬元	2,000 萬元	⋯⋯	2,000 萬元	−500 萬元

由於購併的賭場公司不是同一產業的擴增 (scale expanding)，因此購買賭場公司的資金的機會成本以 CAPM 計算時，是以賭場公司的貝它 1.66 而非該石化集團的貝它 1.22 計算：

$$E[\tilde{R}_i] = R_f + (E[\tilde{R}_M] - R_f) \cdot \beta_i = 0.05 + (0.08)(1.66) = 18.28\%$$

購買賭場公司的淨現值：

$$NPV = -8,000 + \frac{2,000}{(1+0.1828)} + \frac{2,000}{(1+0.1828)^2} + \cdots + \frac{2,000}{(1+0.1828)^9} +$$

$$\frac{-500}{(1+0.1828)^{10}} = 432.99 \text{ 萬元}$$

購買賭場公司的修正內部報酬率：

$$0 = -8,000 + \frac{2,000(1+0.1828)^9}{(1+MIRR)^{10}} + \frac{2,000(1+0.1828)^8}{(1+MIRR)^{10}} + \cdots +$$

$$\frac{2,000(1+0.1828)}{(1+MIRR)^{10}} + \frac{-500}{(1+MIRR)^{10}}$$

$$MIRR = 18.91\%$$

淨現值為正，修正內部報酬率 18.91% 大於資金的機會成本 18.28%，因此購併計畫可以進行。

8.2　零貝它與二因子模型

在期望值－變異數分析的架構下，若是不存在一個給予確定報酬率的資產，但是可以對給予不確定報酬的資產進行融券 (short-sell)，則我們可以得到類似(5)式的布萊克 (Black, 1972) 的二因子模型 (two-factor model)。❹如圖 8–4 所示，由不確定報酬資產所形成的最小變異數投資組合曲線為 cbf，每個投資人將會在效率投資組合曲線 bGHc 上選擇一點來投資。若是選擇效率投資組合 G 投資，則我們可由資產（或投資組合）g 與 G 來組成新的投資組合：

$$\tilde{R}_P = a\tilde{R}_g + (1-a)\tilde{R}_G$$

則：

$$E[\tilde{R}_P] = a \cdot E[\tilde{R}_g] + (1-a) \cdot E[\tilde{R}_G]$$

$$\sigma_P^2 = a^2\sigma_g^2 + (1-a)^2\sigma_G^2 + 2a(1-a)\sigma_{gG}$$

而在 bGHc 曲線上的 G 點的切線斜率可以表示為：

---

❹ Black, Fischer, 1972, "Capital Market Equilibrium with Restricted Borrowing," *Journal of Business* 45, 444–454.

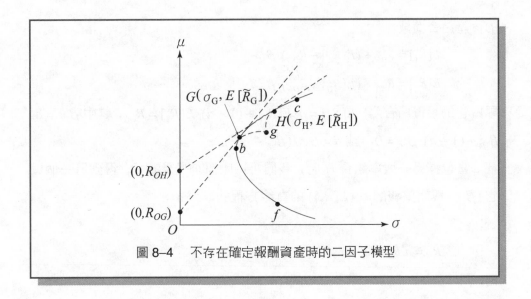

圖 8-4　不存在確定報酬資產時的二因子模型

$$\Big[\frac{\partial E[\tilde{R}_P]/\partial a}{\partial \sigma_P/\partial a}\Big]_{a=0} = \frac{E[\tilde{R}_g]-E[\tilde{R}_G]}{(\sigma_{gG}-\sigma_G^2)/\sigma_G} \tag{10}$$

延長通過 G 點的切線至縱軸，定義此座標點為 $(0,\ R_{OG})$，G 點之座標為 $(\sigma_G, E[\tilde{R}_G])$，則通過這兩個座標點的直線的斜率為：

$$\frac{R_{OG}-E[\tilde{R}_G]}{0-\sigma_G} = \frac{E[\tilde{R}_G]-R_{OG}}{\sigma_G} \tag{11}$$

因此由(10)式的切線斜率等於(11)式的直線斜率：

$$\frac{E[\tilde{R}_G]-R_{OG}}{\sigma_G} = \frac{E[\tilde{R}_g]-E[\tilde{R}_G]}{(\sigma_{gG}-\sigma_G^2)/\sigma_G}$$

或

$$E[\tilde{R}_g] = R_{OG} + (E[\tilde{R}_G]-R_{OG})\cdot\beta_{gG}, \quad \text{其中 } \beta_{gG} = \frac{Cov(\tilde{R}_g,\tilde{R}_G)}{\sigma_G^2} = \frac{\sigma_{gG}}{\sigma_G^2} \tag{12}$$

由於 g 可以是任何資產或投資組合，我們發現(12)式與(5)式相似，同為直線方程式：任何資產的期望報酬率與該資產的貝它為線性關係，只是(12)式的貝它為該資產與效率投資組合 G 的共變異數除以 G 的變異數的比值。R_{OG} 為貝它為零的資產（或投資組合）的期望報酬率，(12)式稱為二因子模型。

當資產可以被融券時，零貝它的投資組合可由任意兩個具有不同貝它

的資產組合而成：

$$E[\tilde{R}_1] = R_{OG} + (E[\tilde{R}_G] - R_{OG}) \cdot \beta_{1G}$$

$$E[\tilde{R}_2] = R_{OG} + (E[\tilde{R}_G] - R_{OG}) \cdot \beta_{2G}$$

零貝它的投資組合為： $E[\tilde{R}_P] = a \cdot E[\tilde{R}_1] + (1 - a) \cdot E[\tilde{R}_2] = R_{OG}$，其中 $\beta_{PG} = a \cdot \beta_{1G} + (1 - a) \cdot \beta_{2G} = 0$，或 $a = \beta_{2G}/(\beta_{2G} - \beta_{1G})$。

當選擇另一效率組合 H 時，我們可以比照(10)式及(11)式，得到另一個貝它 (β_{gH}) 與期望報酬率 $(E[\tilde{R}_g])$ 的直線方程式：

若：

$$\tilde{R}_{P'} = a'\tilde{R}_g + (1 - a')\tilde{R}_H$$

則：

$$[\frac{\partial E[\tilde{R}_{P'}]/\partial a'}{\partial \sigma_{P'}/\partial a'}]_{a'=0} = \frac{E[\tilde{R}_g] - E[\tilde{R}_H]}{(\sigma_{gH} - \sigma_H^2)/\sigma_H} = \frac{E[\tilde{R}_H] - R_{OH}}{\sigma_H}$$

或

$$E[\tilde{R}_g] = R_{OH} + (E[\tilde{R}_H] - R_{OH}) \cdot \beta_{gH}, \quad 其中 \ \beta_{gH} = \frac{Cov(\tilde{R}_g, \tilde{R}_H)}{\sigma_H^2} = \frac{\sigma_{gH}}{\sigma_H^2} \qquad (13)$$

因此資產 g 的期望報酬率 $E[\tilde{R}_g]$ 可以由(12)式或者(13)式表示，依照所根據的效率投資組合的不同（G 或 H）而有不同的截距項 $(R_{OG} < R_{OH})$ 與不同的貝它 $(\beta_{gG}$ 與 $\beta_{gH})$，但它仍然是貝它的線性增函數 $(E[\tilde{R}_G] - R_{OG} > 0$，$E[\tilde{R}_H] - R_{OH} > 0)$，而且（與 CAPM 的(5)式相同）是只受到貝它一個變數的影響。

在期望值一變異數分析的架構下，不存在著給予確定報酬的資產時，所有的投資人都只會投資於效率投資組合（bc 曲線），而且所投資的金額為非負。將所有投資人的投資在效率投資組合的金額加總，是為所有資產的總市值。將所有投資的效率組合加總是為市場投資組合 M，如(2)式所示，它是市場價值加權的投資組合。現在有一個問題：當不存在著給予確定報酬的資產時，仍然有市場投資組合，但是此市場投資組合是否仍為效率投資組合？我們的答案是，市場效率投資組合必定是個效率投資組合。若不然，如圖 8-5 所示，市場投資組合 M 位於 bc 曲線的右方，則我們可以在 bc 曲線上找到一個優於 M 的效率投資組合 P（P 的標準差與 M 相同，但期

望值較大），因為 P 只包含市場投資組合中部分的資產（甚至有些資產還會被融券），並且每個人都會想要組成投資組合 P 並且將 M 融券以進行套利（亦即零投資金額：例如借入 100 萬之市值的 M 賣到市場中，再買進 100 萬之市值的 P），因此 M 不可能是市場均衡條件下的市場投資組合，換言之，在市場均衡下，市場投資組合 M 必定為效率投資組合，是位於 bc 曲線上。如同前一節的 CAPM 模型，這裡亦假設所有的投資人具有同質的預期或對資產報酬率的聯合機率分配的看法一致，將(12)式（或(13)式）所依據的效率投資組合改為市場投資組合 M，則其貝它也將與 CAPM 的(5)式的貝它一樣，具有(6)～(9)式的性質。

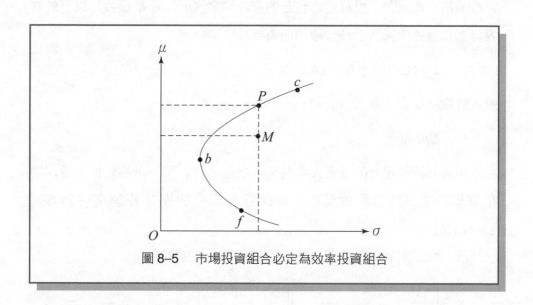

圖 8-5　市場投資組合必定為效率投資組合

市場投資組合 M 必定為效率投資組合，是位於 bc 曲線上，則由(12)式或(13)式，我們可以得到由市場投資組合形成的線性方程式：

$$E[\tilde{R}_i] = R_{ZM} + (E[\tilde{R}_M] - R_{ZM}) \cdot \frac{Cov(\tilde{R}_i, \tilde{R}_M)}{\sigma_M^2} \tag{14}$$

其中 $E[\tilde{R}_M] - R_{ZM} > 0$，$E[\tilde{R}_i]$ 為 i 資產（或投資組合）的期望報酬率，R_{ZM} 是與市場投資組合共變異數為零（$\beta_{ZM} = 0$）的投資組合的報酬率。比較(14)式與 CAPM 的(5)式，我們可以發現兩者均是貝它的線性增函數，只是在 CAPM

中的常數項為確定報酬率 R_f，在(14)式中為 R_{ZM}。

8.3 套利定價模型

羅斯 (Ross, 1976) 提出的**套利定價模型** (arbitrage pricing theory: APT) 是利用線性代數 (Linear Algebra) 的一個定理而得。❺

〈定理〉設 A 為 m 乘 n 矩陣，b 為 m 乘 1 的向量，則存在一個 $X \in \mathbb{R}^n$ 使得 $AX = b$ 若且唯若對任意 $y \in \mathbb{R}^m$ 而 $A^T y = 0$，則 $b^T y = 0$。

我們若假設有 n 個資產，每個資產有 $k = 1, \cdots, K$ 項風險，b_{ik} 為第 i 個資產的第 k 項風險，投資組合包含的資產夠多（n 大於 K 很多）以至於該投資組合的各項風險全被分散掉而為零：

$$\sum_{i=1}^{n} w_i b_{ik} = 0, k = 1, \cdots, K$$

設若該投資組合為零投資金額 (zero investment)：

$$\sum_{i=1}^{n} w_i = 0$$

亦即投資該投資組合的投資人不花任何自己的錢，又不承擔任何風險，則在市場均衡、無套利的情形下，該投資組合的期望報酬率應為零：

$$\sum_{i=1}^{n} w_i \cdot E[\tilde{R}_i] = 0。$$

將上面的說法以數學式表示：若對任意 $y \in \mathbb{R}^n$，

$$\underbrace{\begin{bmatrix} 1 & 1 & \cdot & \cdot & 1 \\ b_{11} & b_{21} & \cdot & \cdot & b_{n1} \\ b_{12} & b_{22} & \cdot & \cdot & b_{n2} \\ \cdot & & & & \cdot \\ \cdot & & & & \cdot \\ b_{1K} & b_{2K} & \cdot & \cdot & b_{nK} \end{bmatrix}}_{A^T} \underbrace{\begin{bmatrix} w_1 \\ w_2 \\ \cdot \\ \cdot \\ w_n \end{bmatrix}}_{y} = \underbrace{\begin{bmatrix} 0 \\ 0 \\ \cdot \\ \cdot \\ 0 \end{bmatrix}}_{0}$$

則：

---

❺ Ross, Stephen, 1976, "The Arbitrage Theory of Capital Asset Pricing," *Journal of Economic Theory* 13, 341–360.

$$\underbrace{\underbrace{[E[\tilde{R}_1]E[\tilde{R}_2]\cdots E[\tilde{R}_n]]}_{b^T}}_{}\underbrace{\begin{bmatrix} w_1 \\ w_2 \\ \cdot \\ \cdot \\ w_n \end{bmatrix}}_{y} = 0$$

因此由前面的定理可得到：

若且唯若存在一個 $X \in \mathbb{R}^{K+1}$ 使得：

$$\underbrace{\begin{bmatrix} 1 & b_{11} & b_{12} & \cdot & b_{1K} \\ 1 & b_{21} & b_{22} & \cdot & b_{2K} \\ \cdot & \cdot & \cdot & \cdot & \cdot \\ \cdot & \cdot & \cdot & \cdot & \cdot \\ 1 & b_{n1} & b_{n2} & \cdot & b_{nK} \end{bmatrix}}_{A} \underbrace{\begin{bmatrix} X_0 \\ X_1 \\ X_2 \\ \cdot \\ X_K \end{bmatrix}}_{X} = \underbrace{\begin{bmatrix} E[\tilde{R}_1] \\ E[\tilde{R}_2] \\ \cdot \\ \cdot \\ E[\tilde{R}_n] \end{bmatrix}}_{b} \tag{15}$$

或

$$E[\tilde{R}_i] = X_0 + X_1 b_{i1} + X_2 b_{i2} + \cdots + X_K b_{iK}, \ i = 1, 2, \cdots, n \tag{16}$$

套利定價模型(16)式的多因子模型並未假設期望值一變異數的分析架構，也沒有假設投資人喜歡較高的期望報酬率及較低的變異數，而是假設厭惡某些風險，並且可藉由投資組合內含有許多的資產來分散、減少這些風險。表面上觀之，套利定價模型似乎是一個使風險最小化的行為模型 (behavioral model)，但其實不然，這是因為風險因子 (risk factor) b_{ik} 到底指的是什麼，該模型並未交代，因此所謂使風險 (b_{ik}) 最小化的行為並沒有任何意義（妳如何使妳不知道的東西最小化?）。套利定價模型的第二個問題是(15)式及(16)式的係數：$X_0, X_1, \cdots, X_K$ 也許不是唯一。除非(15)式的 A 矩陣的秩次 (rank) 為 $K+1$，或者 A 矩陣的 $K+1$ 行向量為獨立向量，否則 $AX = b$ 的 X 向量不是唯一。

羅斯 (1976) 是假設資產報酬率為期望報酬率、系統風險 (b_{ik}) 及一個干擾項的線性函數：

$$\tilde{R}_i = E[\tilde{R}_i] + b_{i1}\tilde{\delta}_1 + b_{i2}\tilde{\delta}_2 + \cdots + b_{iK}\tilde{\delta}_K + \tilde{\varepsilon}_i \qquad (16)'$$

其中干擾項 $\tilde{\varepsilon}_i$ 會隨著投資組合內的資產數目的增加而消失，而當零投資金額的投資組合可以消除所有系統風險，因此無套利機會時，引用上述的定理可得到(15)式。但是我們要注意，CAPM 或二因子模型之所以為線性方程式的原因是假設了期望值—變異數的分析架構，並且投資人的行為是喜歡高期望報酬及低變異數，因此期望報酬率與貝它經推導出為線性關係，而羅斯則一開始就假設了(16)′ 式的期望報酬率（或報酬率）與 b_{ik} 之間為線性關係。事實上，我們由前面的分析就可以發現，即使(16)′ 式不成立，(16)式仍然是可以成立的。

案例研讀

高風險帶來高報酬？

　　經濟學家很早就發現人們集體行動的結果會與過去的經驗截然不同。亞當‧斯密的《國富論》就曾提到人們常過於高估自己的運氣，低估失敗的機率：「不管是哪個季節甚至戰爭期間，還是有許多沒有保險的船隻出航，有些公司可能因為同時有 20 至 30 艘船在海上，因此是相互保險，但大多數船隻之所以沒有保險，不是因為它們的主人做了細膩的評估，而是因為它們的主人魯莽輕率，大膽忽視危險的結果」。亞當‧斯密在這裡強調的是，人們不是進行長期、無數次重複的賭局，而只是寄望於短期間內運氣好，沒遭受大損失而得到較多好處，而「奢望成功的心理誘使太多人冒險投入高風險的行業，以致他們的競爭把利潤壓低到充份補償投資風險所需的水準以下，……，各行各業的平常利潤，雖然因獲利風險的大小而有所不同，但似乎沒有隨著風險的提高而成比例的上升」（第一卷第十章）。凱恩斯認為人們在沒有新的資訊之前，短期內會遵循成規辦事，因此「現有市場估價不管是怎樣形成的，就我們現有的知識（關於影響投資收益的事實）而論，是唯一正確的市場估價，……，唯一的風險是不遠的未來的形勢與資訊確有真正的變化，……，

因此關心的是 3 個月後或 1 年後，在群眾心理下，市場對此投資的估價為多少」，他認為投資買股票有如選美，若是希望自己所挑選的也是多數人的選擇，這時就需要選一般人可能會選的而不是依據自己的偏好來選擇，但「我們的行動與其說是取決於冷靜的計算，不如說是一時衝動的樂觀情緒，人們的絕大多數行動決策只能看作是動物的情緒 (animal spirits) 的產物，而不是根據預期收益乘以可以得到的機率的加權平均的結果」（《一般理論》第十二章）。

法瑪及麥克貝斯 (Fama and MacBeth, 1973) 曾驗證美國 1960 年代的股價資料，結果發現所得到的直線要比圖 8–3 中理論上的證券市場線 (SML) 來的平緩：在實務上，低貝它資產的平均報酬率要比模型所預測的高，高貝它資產的平均報酬率要比模型所預測的低。❻法瑪及法蘭奇 1992 年的研究 (Fama and French, 1992)，除了貝它外，另外還加上了投資組合的市值 (market value) 及帳面市值比 (book to market value) 兩個自變數，來分析這些變數對平均報酬率的影響，結果發現貝它對報酬率無解釋能力（亦即貝它變大，報酬率並不改變），規模變數（市值）對報酬率有顯著負的影響，帳面市值比變數對報酬率有正的顯著影響。❼這些結果顯示除了貝它以外，還有其他變數可以解釋平均報酬率，因此市場投資組合不是一個效率投資組合，CAPM 及二因子模型都不成立。

法瑪與法蘭奇的研究結果是否正確會受到下列因素的影響：(1)代替市場投資組合的變數是否為效率投資組合；(2)所得的結果可能只是一個短期資料的現象，但這個問題可以用不同時間與不同地區的資料克服；(3)行為財務學 (behavioral finance) 的看法：投資人在市場繁榮與蕭條時常會反應過度，對成長型公司股價估計過高，對價值型（盈餘未大量成長）公司的股價評量太低，因此當市場修正其看法時，高帳面市值比（亦即價值型）的股票會有較高的報酬。換言之，行為財務學認為 CAPM 或二因子模型並非不成立，而只是人們的不理性使得資產在定價時發生了錯誤（見拉可尼夏可，許萊弗及維希尼

❻ Fama, Eugene and James MacBeth, 1973, "Risk, Return, and Equilibrium: Empirical Tests," *Journal of Political Economy* 71, 607–636.

❼ Fama, Eugene and Kenneth French, 1992, "The Cross-Section of Expected Stock Returns," *Journal of Finance* 47, 427–465.

Lakonishok, Shleifer and Vishny, 1994, 豪根 Haugen, 1995)。❽

　　行為財務學的說法當然是值得懷疑的：因為如果人們一直都在做過度反應的事，這中間就會有套利的機會。另一方面，若大家都相信高貝它將帶來(10 年或 20 年期間)較高的平均報酬，則眾人爭購高貝它股票的結果，會使得高貝它的股價被抬高，而低貝它股票的價格下降，在股利維持不變的情形下，高貝它股票未來的平均報酬率會比低貝它股票來的低。這樣來回幾次之後，我們可能會發現沒有一個變數 (包括貝它) 可以用來持續地預測平均報酬率：若是人群的行為有一定的模式可循，則我們就可以先一步反向操作以獲利。CAPM 與二因子模型的另一個問題是：如同第七章第五節所述，假設了期初至期末之間的期間夠長，可進行無數多次賭局以至於期望值、變異數等有意義，以及期間不需使用所賺的報酬，但如此一來僅有期望值才是決策的依據，貝它或變異數的高低與之無關。就市場投資組合而言，包含最多資產的市場投資組合的代替物 (proxy) 會是一國的貨幣，貨幣可視為一國所有資產 (包括人力資產) 的總代表：有如集團公司的股票，若是貨幣供給量沒有大變動 (貨幣供給太多就如同股票被稀釋)，貨幣就是市場投資組合，則(5)式或(14)式的 $E[\tilde{R}_M] = R_f = E[\tilde{R}_i]$，決策的依據是確定的報酬率 R_f，而與貝它無關。

8.4 總　結

　　本章的主要論點為：

- 資本資產定價模型 (CAPM) 假設在期望值—變異數分析架構下，存在一個給予確定報酬的資產，因此各資產的期望報酬率為貝它 (該資產報酬率與市場投資組合報酬率的共變異數除以市場投資組合報酬率的變異數) 的線性增函數。

---

❽ Lakonishok, Josef, Andrei Shleifer and Robert Vishny, 1994, "Contrarian Investment, Extrapolation, and Risk," *Journal of Finance* 49, 1541–1578.

Haugen, Robert, 1995, *The New Finance: The Case against Efficient Markets*, Englewood Cliffs: Prentice Hall.

- 當計算投資的資金的機會成本時，是以計畫本身的貝它為依據。

- 布萊克的二因子模型假設不存在著給予確定報酬的資產，但各資產可以被融券，此時各資產的期望報酬率仍是貝它的線性增函數，只是常數項為與市場投資組合共變異數為零（零貝它）的投資組合的期望報酬率。

- 不論是 CAPM 或是二因子模型均隱含了市場投資組合是效率投資組合的必要條件。

- 在實證上，估計所得到的證券市場線 (SML) 要較理論上的 SML 來的平緩，而且除了貝它以外，有些變數（例如規模與帳面市值比變數）可以用來解釋平均報酬率，這些結果代表下列幾種可能：(1)所選定的市場投資組合變數不是一個效率投資組合；(2)模型根本就不成立；(3)模型正確但人們在短期內常反應過度，而使得資產定價發生錯誤。另外一個可能則是，投資人並未以統計量為決策根據，而且會隨著新出現的資訊做調整，而集體行動會產生與過去經驗截然不同的結果。

- 套利定價模型 (APT) 並未假設期望值—變異數的分析架構。在假設存在一個零投資金額並且無任何風險的投資組合之下，市場均衡而無套利時，資產的期望報酬率會是各風險因子的線性函數。APT 的問題是：(1)不知道風險因子究竟指的是什麼，因此所謂使風險最小化無甚意義；(2) APT 模型的係數可能不是唯一。

 本章習題

1. 資本資產定價模型與套利定價模型在對投資人行為的假設上有什麼不同？

2. 當一個電腦公司打算購併一家零售業以擴大行銷通路時，請問其資金的機會成本應如何衡量？

3. 請說明為什麼資本資產定價模型與零貝它二因子模型的市場投資組合都是效率投資組合？

4. 套利定價模型是否為一個行為模型？它有哪些限制條件？

5. 「高風險帶來高報酬」為什麼常是不成立的？財務金融學裡的高風險指的是什麼？妳（你）認為風險的定義又應該是什麼？

6.凱恩斯認為人們做的是短線，並沒有長期投資的概念，妳（你）認為他的著眼點是什麼？

7.如果有一個資產定價模型能夠正確的預測證券價格的變動，妳（你）認為市場均衡將會是如何？

第九章

遠期契約與期貨契約

Financial Management

Financial Management

Financial

Management

　　遠期契約與期貨契約都是衍生性金融商品，是根據標的物（或根本資產）而衍生出來的交易契約。由於是在未來發生的交易，有較高的不確定性，也因此產生了許多為減少不確定性的制度設計。9.1 節將介紹遠期契約，9.2 節說明了期貨契約的內容，9.3 節分析期貨價格與現貨價格之間的關係，9.4 節說明了許多財貨（例如樂透彩券、債券、股票）其本身就是一種期貨。

9.1　遠期契約

　　遠期契約 (forward contract) 是買賣雙方約定，在未來一個特定時間，以某個約定的價格購買一定數量的貨物。遠期契約或期貨契約 (futures contract) 要求買賣雙方屆時有義務按契約的內容去執行買或者賣，因此它不是一個權利 (right)。遠期契約的買方因為可以用某一個特定價格購買，使得他的選擇範圍擴大，但也因為必須要購買使得他的選擇範圍又縮小（受到限制）。遠期契約的賣方也因為可以賣出而使得他的選擇範圍擴大，但因為必須賣出又使得選擇範圍縮小。換言之，買賣雙方的選擇範圍都有同樣的增減，而沒有只有一方的選擇範圍擴大，而另一方的選擇範圍縮小的情形，因此在簽下遠期契約時，一方不需要付給另一方任何錢。買進的一方我們稱之為持有多頭部位 (long position)，賣出的一方稱之為持有空頭部位 (short position)。遠期契約通常是在銀行之間或公司與銀行之間簽訂，由於它不是透過交易所 (exchange) 交易，因此不是個標準化契約而可以量身訂做。以下我們舉一例說明。

　　假如美國的微軟公司在 3 個月後需要將一筆收到的銷售款項 500 萬英鎊轉換成美元，但該公司擔心屆時美元對英鎊可能會升值而有損失，因此與銀行簽訂一個 3 個月到期的遠期契約：3 個月後銀行以每英鎊兌換 1.5 美元的價格購買該公司的 500 萬英鎊。圖 9–1 為到期日時的英鎊兌換美元的現貨價格 (spot price at maturity, S_T) 與買賣雙方報酬的關係。若是到期日時市場上的匯率為 1.7 美元兌 1 英鎊，則微軟公司少得到 100 萬美元 (= 0.2 ×500)，這 100 萬元是由對手銀行獲得；到期日的匯率若為 1.4 美元兌 1 英

鎊，則銀行要較現貨價格多付出 50 萬美元 ($= 0.1 \times 500$)，而由微軟公司獲得。因此遠期契約為一個零和的賭局 (zero-sum game)，一方的利得是為另一方的損失。微軟公司是以犧牲向上獲利的機會（美元兌換英鎊匯率下跌）來交換以避免向下損失的風險（美元兌換英鎊匯率上升）；銀行同樣也是以犧牲向上獲利的機會（美元兌換英鎊匯率上升）來交換以避免向下損失的風險（美元兌換英鎊匯率下跌），雙方在簽下契約時，一方是不需要付給另一方任何錢。

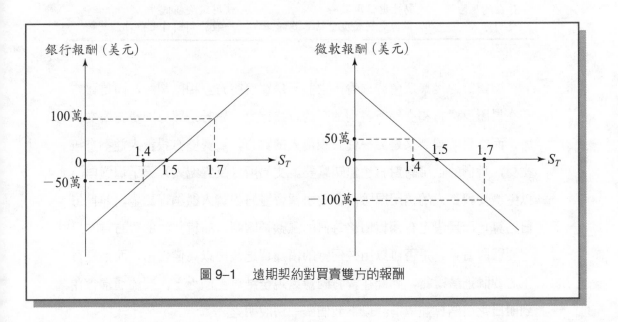

圖 9-1　遠期契約對買賣雙方的報酬

9.2　期貨契約

遠期契約的好處是可以量身訂做，彈性較大，但它的代價是契約的流動性低。由於是私人之間而非公開性的契約，因此不容易轉讓他人承接。此外，遠期契約由於金額較大，不是一般人所能承接，並且也有屆時不按約執行的信用風險。為了克服上述的缺點，期貨契約乃應運而生。期貨契約為金額小的標準化契約，是透過交易所公開交易，因此流動性較高，

而買賣雙方都需付出保證金以減少信用風險。表 9–1 為遠期契約與期貨契約兩者之間的差異：

表 9–1　遠期契約與期貨契約的特性

	遠期契約	期貨契約
交易地點	為私人契約，因此無固定地點	交易所內
契約標準化	非標準化契約，可量身訂做	標準化契約
交割時間	特定到期日交割	一個大致期間可交割
結算時間	到期日時始結算	每日結算
存在的風險	流動性與信用風險	信用風險極低
交割方式	以實物交割或現金結算差額	一般於到期日之前沖銷契約

期貨契約從某個角度來看，它並不是買賣雙方互相的契約，而是買方和交易所及賣方和交易所各別的契約。換言之，妳若是買方則賣方為交易所，而交易所同時又是另一賣方投資人的買方，買賣雙方投資人並不直接交易，他們的信用對對方也無關緊要。交易所（及經紀人）為了保護自己以免遭受投資人的信用風險，會要求買賣雙方投資人繳納保證金，並且每日結算，而且設定有期貨價格每日的漲跌幅限制。期貨契約的買方有時只想要冒險看看，是否可以用較便宜的價錢買進後再以高價賣出，而不是真正需要購進該財貨，因此在賣方同意以現金結算差額之下，契約通常會在到期日之前結算並取消。以下我們舉一例說明之。

假設投資人張三於 2004 年 3 月 1 日早上打算買進當年 12 月 200 盎斯 (ounce) 黃金的期貨。假設每口契約為 100 盎斯，則張三需要買進兩口契約。若是買進的當時，每盎斯為 400 美元，則張三需要在他的經紀人 (broker) 處開設一個保證金帳戶 (margin account)，並且存入保證金 4,000 美元（= 400 ×100 盎斯 × 2 口契約 × 5%），4,000 美元又稱為起始保證金 (initial margin)，此外還訂定有一個維持保證金 (maintenance margin)，額度為 3,000 美元 (= 4,000×75%)。李四若為期貨契約的賣方，則他也需要在他的經紀人處存入 4,000 美元保證金，維持保證金額度亦為 3,000 美元。設若 3 月 1 日

下午交易所停止交易時，最後一口 12 月份黃金期貨契約的價格是每盎斯 398 美元，則代表張三在每盎斯黃金上損失 2 美元，買 200 盎斯總共損失 400 美元，此時張三的經紀人會從張三的保證金帳戶扣除 400 美元，並將之交付予交易所，交易所再將此 400 美元付給李四的經紀人，存入李四的保證金的帳戶中。因此在 3 月 1 日晚上，張三的保證金帳戶只剩下 3,600 美元，而李四的保證金帳戶則增為 4,400 美元。3 月 2 日早上開始交易時，每盎斯黃金是以 398 美元計算的，若是下午交易結束時的價格為 394 美元，則張三的帳戶又會被扣除 800 美元 (= 4 × 200)，而移至李四的帳戶中，此時張三的帳戶僅餘 2,800 美元，低於維持保證金額度 3,000 美元，因此當晚張三會收到要求補繳變動保證金 (variation margin) 1,200 美元 (= 4,000−2,800) 的通知。若是張三到了 3 月 3 日仍無法補繳變動保證金，他的經紀人會承受張三的部位 (position)，然後結束張三的帳戶並且退還他 2,800 美元的餘額。由上面的例子，我們可以瞭解到：(1)期貨契約不像遠期契約是在到期日才結算，而是每日都在結算，因此到了第二天時相當於重新訂定一個新的期貨契約（例如在 3 月 2 日早上時，成為每盎斯 398 美元的兩口 12 月份黃金期貨契約）；(2)經紀人的佣金包含除了服務投資人收取的服務費外，還需承擔萬一投資人不補繳變動保證金而需承接他的部位的風險。為了減少該項風險，交易所除了規定投資人的保證金額度外，還訂定有期貨價格每日漲跌幅的限制。交易所為了保障自己，也會要求經紀人在交易所附設的清算所 (clearing house) 裡設立清算帳戶並存入保證金。這裡代表的是，當張三不補繳變動保證金時，張三的經紀人需負責承接張三的部位，而若是張三的經紀人也無法承接時（例如經濟突然大變動，經紀人承接了太多的契約而破產時），交易所就須承接張三的部位，成為與李四的最後買方。張三及經紀人是個人，交易所是公司，李四是願意面對一個負無限責任的個人，還是願意面對一個負有限責任的公司，將會是個有趣的問題。

　　假設這兩位投資人維持他們的帳戶，並且於 12 月 31 日交割 (delivery)，張三的帳戶在 3 月 1 日至 12 月 31 日之間可能如表 9–2 所示，於 3 月 2 日補入變動保證金 1,200 美元，到了 12 月 31 日時，期貨價格為每盎斯

380 美元，因此張三累計的損失為 4,000 美元 (= (400–380) × 200)。當期貨價格一直在下降時，買方會一直支出給賣方，由於利率為正數，因此相較於遠期契約，期貨契約對買方較不利，對賣方較有利。換言之，在這段期間內，利率與期貨價格若是呈現利率漲而期貨跌，對買方而言，期貨契約的價值要低於遠期契約的價值，這是因為期貨契約的買方希望當期貨價格下跌而一直在支出時，利率是很低的（此時早支付或晚支付的差別不大），而當期貨價格上漲而不斷有收入時，利率是較高的（此時早點收到的錢的價值較高）。所以期貨的買方是希望利率與期貨價格是同方向的變動，而期貨的賣方是希望利率與期貨價格是反方向的變動。若是利率極低，接近於零，則期貨契約的價值與遠期契約的價值會相同。以表 9-2 為例，若是利率為零，則對買方而言，無論是期貨或是遠期契約，他的損失的現值都是 4,000 美元。

表 9-2　　期貨契約持有至到期日買方的利得

日期	期貨價格	當天利得（損失）	累計利得（損失）	保證金帳戶餘額	應繳之變動保證金
3/1	400				
3/1	398	(400)	(400)	3,600	
3/2	394	(800)	(1,200)	2,800	1,200
3/3	395	200	(1,000)	4,200	
3/4	393	(400)	(1,400)	3,800	
⋮	⋮	⋮	⋮	⋮	⋮
12/31	380	(120)	(4,000)	3,200	

期貨契約的買賣雙方也可以再賣出或買進期貨契約來結束部位，這稱之為沖銷 (offset)。例如在表 9-2 中，買方打算在 3 月 4 日早上結束部位，則他可以在當天賣出兩口 12 月份的黃金期貨契約以與 3 月 1 日買進的兩口契約互相沖銷。若是買方未在 3 月 3 日補繳變動保證金，而由經紀人承接買方的部位時，經紀人也可以賣出兩口 12 月份的契約來沖銷。在實務上，買賣雙方也可以在雙方的同意之下，在到期日之前的某一天，以某一價格一手交錢一手交貨，然後再通知交易所表示沖銷期貨契約的意願。交易所核對

他們的部位相互吻合之後，就會取消他們的期貨契約義務。這種方式的沖銷，稱之為期貨轉現貨 (exchange-for-physicals：EFP)。隨著時間演進，到期日時的期貨價格會等於現貨價格，否則會有套利的現象。例如在 12 月 31 日時，若是黃金現貨價格為每盎斯 381 美元，則我們可以訂下買進契約，以一盎斯 380 美元買進黃金，然後立刻在市場上以 381 美元一盎斯出售獲利。

9.3　期貨與現貨價格

前一節已說明了當利率為正數時，期貨契約的價值會因為每日結算的關係可能不等於遠期契約的價值。在以下的分析裡，我們將不分期貨與遠期契約，而視期貨契約為遠期契約來分析期貨價格與現貨價格之間的關係。

根據凱恩斯在《貨幣論》(*A Treatise on Money*) 的說法，存貨 (inventory) 的有無會影響現貨與期貨的價格。假若生產期為 6 個月，而現在沒有多餘存貨的話，則現貨價格可能會超過期貨價格。這裡隱含的意義是，未來的供應可能會增加，因此現貨的價格將高於期貨的價格。當有存貨時，現貨價格一定會低於期貨價格，否則我們可以買進期貨再賣出現貨來套利，這時甚至不用負擔這批貨物的倉儲保險及利息費用。舉一例說明：假設市場上的 6 個月後買進一張 IBM 股票的價格為 105 美元，6 個月期的確定利率為 5%，則在倉儲與保險費假設為零之下，一張 IBM 股票的現貨價格必定為 100 美元 (= 105/1.05)。若是現貨價格為 101 美元，擁有一張 IBM 股票的人可以買進一口期貨契約、賣出該股票、將 101 美元存入銀行 6 個月，6 個月後該投資人可得到 1.05 美元 (= $101 \times 1.05 - 105$) 及一張 IBM 股票。若是現貨價格為 99 美元，則我們可以向銀行借入 99 美元、買進一張股票、再賣出一口期貨契約，6 個月後可得到 1.05 美元 (= $105 - 99 \times 1.05$)。由於可以得到確定的報酬 (1.05 美元)，每人都會進行套利，在市場均衡時，期貨價格 (F) 將等於現貨價格 (S_0) 乘以 1 再加上確定利率 r：

$$F = (1+r)S_0 \tag{1}$$

以上的式子也可以從兩種角度來考慮：

(1)賣方在當下可以有兩種選擇：現在以現貨價格 S_0 賣出或 6 個月後以確定的期貨價格 F 賣出，若想要在 6 個月後以確定的價格賣出以獲得確定的報酬，則賣方持有該財貨 6 個月的機會成本為：$S_0(1+r)$，亦即賣方至少要求 $S_0(1+r)$ 的報償。期貨契約的買方則因為市場競爭的關係（存在著其他的賣主），也不會出比 $S_0(1+r)$ 更高的價格，因此，$F=(1+r)S_0$。

(2)在沒有信用風險之下，買現貨或是買期貨對買方的約束或限制是相同的（現貨交易等於期貨交易）。現在若是買現貨，就得支出 S_0 的金額，現在若買 6 個月的期貨，則在 6 個月後就一定得支付 F 的確定金額。6 個月後一定得支付 F 金額相當於現在就得準備 $F/(1+r)$ 的金額，換言之，6 個月後的付款 F 是會影響現在的消費與儲蓄——買方現在就得預備 $F/(1+r)$ 的確定金額以備 6 個月後之用，而在沒有倉儲、保險費用之下，現在鎖住 $F/(1+r)$ 的預算來買 6 個月後的期貨就和現在以 S_0 買進現貨再存放 6 個月是相同的，因此，$F=S_0(1+r)$。

　　若是有倉儲、保險費用時，例如每單位現貨價格的倉儲、保險費為 c 時，則(1)式可以改寫為 $F=(1+r+c)S_0$，而此式或(1)式稱之為持有成本模式 (cost-of-carry model)。

　　在有存貨時，現貨價格與利率一旦被決定，期貨價格就會跟著被決定。但是若對未來該財貨的供給與需求的預期改變時，現貨的價格亦會隨之改變。例如若預期 6 個月後，IBM 股票價格會下跌，則現在的 IBM 股票價格就會下降，但是市場上出現的 6 個月 IBM 股票期貨價格仍然會符合(1)式的結果。若是對許多財貨的預期也變動的話，則現貨價格及利率均會改變，但在市場均衡時，(1)式仍然是期貨與現貨價格的關係式。凱恩斯在《貨幣論》中曾提出：在有存貨時，期貨價格大於現貨價格，而期貨價格會小於未來的預期現貨價格 (expected future spot price)。這裡隱含的意義是：若現貨價格為 100 元，6 個月期貨價格為 105 元，則對 6 個月後預期的現貨價

格應大於 105 元（例如 106 元），這是因為若市場裡的投資人預期 6 個月後的現貨價格小於 105 元，則不會進場購買期貨契約。這種期貨價格小於預期的未來現貨價格 $F < E[S_T]$，稱之為正常逆向型態 (normal backwardation)，若是期貨價格大於預期的未來現貨價格 $F > E[S_T]$，則稱之為順向型態 (contango)。凱恩斯在這裡是假設了人們是以預期的現貨價格為投資的標準，但是如前面幾章所述，個人並沒有那麼多的投資機會，因此所謂以未來現貨價格的期望值 $(E[S_T])$ 來考慮是否投資，值得商榷。期貨契約的買方是以承受向下損失的風險（未來現貨價格小於期貨價格），來換取向上獲利的可能（未來現貨價格大於期貨價格），只要個人主觀上認為這種交換值得就會進行，這裡並不需要牽涉到未來現貨價格的「期望值」。期貨契約的賣方則是以放棄向上獲利的可能，來避免向下損失的風險。所以買賣雙方的風險與利益各有交換，在簽訂期貨契約時，一方不需要給另一方任何錢。

9.4　期貨與衍生性金融商品

　　一般都以為財貨是根本資產或標的物 (underlying asset)，而期貨是衍生性金融商品 (derivative)，是藉著標的物（或根本資產）例如黃金或股票而產生的。但事實上，當我們以前一節對(1)式的第二種解釋來看財貨時，就會發現，在沒有信用風險下，許多財貨本身就是一種期貨，購買現貨就相當於購買期貨。以下以三個例子說明。

　⑴樂透彩券：現在購買一張彩券花費 100 元，就相當於在 1 個月後開獎的前一刻購進彩券的價格：$100 \times (1 + 0.01) = 101$ 元，其中 1 個月的確定利率為 1%。因此，以現貨價格 100 元購進彩券就相當於買進「1 個月的彩券期貨」101 元。換言之，在現在買進 1 個月的彩券期貨 101 元是承諾 1 個月後一定以 101 元買進一張彩券，這就等於在現在當下就得準備 100 元 (= 101/1.01)，或在當下的預算中有 100 元的現值被鎖住要消費在彩券上。

　⑵債券：假設為 1 年期的零息債券(zero-coupon bond，中間不付利息)，

則現在到市場上以現貨價格買入債券或買入 1 年期的債券期貨，結果會相同。若是 1 年後需以確定的 110 元買進某個零息公司債，則現在就得預備 100 元 (＝110/1.1)，其中 1 年期的確定利率為 10%。買現貨或買期貨的機會成本相同（都是花現值 100 元），結果亦相同（都是得到債券承諾給付的價格），因此買現貨或買期貨是等價的，債券本身也是一種期貨。

(3)股票：假設股票持有期間為固定的 6 個月，中間無發放股利，則現在以現貨價格購進與以 6 個月期貨價格購進是等價的，因此股票本身亦是一種期貨。

案例研讀

七肥牛與七瘦牛

《舊約聖經》中創世紀第四十一章的故事可能是最早有關期貨契約的記載：埃及法老王夢見七隻肥母牛從河中出來在河邊吃草，接著河中又出現另外七隻瘦母牛，上來將七隻肥母牛吃掉。法老王的第二個夢是一棵麥子首先長出七個肥大的穗子，接著又長出七個瘦小的穗子，後者也是將前者吞食掉。約瑟為法老解夢，解釋這是將有七個連續的豐年，接下來會有七個連續荒年，七個荒年將把前面七個豐年所積存的糧食消耗掉，因此約瑟在接下來的七個豐年裡為法老王大量購入穀物，以備未來之需。約瑟是在當下以現貨的價格購入糧食並儲存，到了第 7 年時再拿出來使用，所花費的機會成本是購買現貨的金額再加上確定的利息與倉儲、保險支出。若是約瑟向他人（國）買進 7 年的期貨契約，則在沒有信用風險之下，期貨的價格將等於購買現貨並儲存 7 年的機會成本，因此現在購買現貨再儲存 7 年是等於現在購買 7 年的期貨；購買 7 年的期貨就等於在現在當下的預算中，鎖住一筆相當於購進現貨的款項，再加上未來 7 年倉儲與保險支出的現值。

9.5 總 結

本章的主要論點為：

- 在沒有存貨的情形下（例如易腐敗、無法儲存的貨品），期貨價格可能高於或低於現貨價格，是依該財貨未來的供給與需求的狀況而定。此時期貨價格代表了市場內投資人對未來價格的預期，這是期貨市場的價格發現或預期發現的功能 (price discovery or expectation discovery)。由期貨價格探求人們的預期要比由市場調查問卷更為可靠，這是因為行為 (behavior，所做的) 要比態度 (attitude，所說的) 更為可信。

- 當市場有存貨時，對未來的預期會同時影響期貨與現貨的價格，期貨價格與現貨價格呈現一個固定的關係，期貨價格是現貨價格加上（確定的）利息及倉儲與保險費用，因此現貨與期貨價格同為代表對未來的預期。

- 期貨市場也提供了一個避險管道，使得有些生產單位可以用犧牲向上獲利的機會來交換避免向下損失的可能，也使得願意承擔向下損失風險以得到向上獲利可能的投資人有交易的機會，交易市場擴大，對促進經濟發展有幫助。

- 遠期契約是買賣雙方量身訂做的私人契約，因此流動性較差，信用風險高。期貨契約是透過交易所買賣的標準化契約，較具流動性，而為了降低信用風險，買賣雙方需繳納保證金，並且是每日結算盈虧，此外還訂定有每日期貨價格漲跌幅的限制。

- 訂定遠期或期貨契約時，由於買賣雙方的選擇範圍有同樣的增減，風險與利益各有交換，因此一方不需要給另一方任何錢。

本章建議閱讀著作

Keynes, John Maynard, 1933, *A Treatise on Money*, Chapter 29, London: Macmillan Co.

本章習題

1. 請說明為什麼訂定期貨或遠期契約時，買方不需要給賣方任何錢？

2. 請問期貨契約訂定時，買賣雙方都得繳納保證金的用途為何？

3. 如果我說期貨交易所只是合法的做莊抽頭，與賭場莊家沒有兩樣，妳（你）會同意嗎？

4. 請舉一例說明如何利用同時在現貨市場與期貨市場買賣以獲得更多的利潤？

5. 期貨與遠期契約的交易成本有哪些？妳（你）認為如何做才能降低這些契約的交易成本？

6. 為什麼證券或財貨本身就是一種期貨？

7. 當有存貨時，若是人們對未來的供給與需求的預期改變，請問這將只影響期貨價格，還是會同時影響現貨價格？此時期貨與現貨價格的公式（(1)式）是否會改變？

第十章

選擇權

Financial Management

Financial Management

Financial
Management

選擇權是一種權利，與期貨的買方不同，選擇權的買方可以對賣出選擇權者有權利去做或不做某事，因此選擇權是有價格的，而訂定期貨契約時買方是不需要付給賣方任何錢。本章 10.1 節介紹選擇權的定義及選擇權市場的一些制度性的安排。10.2 節說明買權與賣權間的關係及選擇權價格的性質。10.3 節討論二項式選擇權定價模型及風險中立評價法則。10.4 節介紹布萊克—舒爾斯選擇權定價模型。10.5 節說明樂透彩券、保險、股票、債券，甚至原料投入、勞工投入等，這些根本資產（標的物）本身就是一種選擇權。

10.1　選擇權市場

選擇權 (option) 是一種契約，選擇權的擁有者 (或買方) 有權利 (right)，可以在未來以某個價錢向賣出選擇權者買進或賣出一定數量的財貨。選擇權可分為買權 (call option) 與賣權 (put option)，擁有買權者在未來有權但沒有義務，向賣出買權者以事前約定的價格（執行價 strike price or exercise price）買進財貨；擁有賣權者在未來有權但沒有義務，向賣出賣權者以事前約定的執行價賣出財貨。由於在訂定選擇權契約後，選擇權的買方未來有權去執行或不執行買進或賣出，而選擇權的賣方在買方一旦要執行時就沒有選擇地必須配合執行，亦即買方的選擇範圍擴大（多了一項選擇），而賣方的選擇範圍縮小（受到約束），因此買方為了誘使賣方簽訂契約就需付代價，這個代價就是選擇權的價格。若是從風險轉移的角度來看，選擇權的買方是移轉風險給賣方承擔。例如你若買進一張買權使得你能在 3 個月後有權以 100 元買進一張 IBM 的股票，則 3 個月後，若這張 IBM 股票價格為 110 元時，你會執行買進——以 100 元加上該買權契約向賣方換得一張市價為 110 元的 IBM 股票；若是市價為每張 90 元，你會放棄該買權不去執行。換言之，擁有一張買權就相當於能獲得一張 IBM 股票向上獲利的好處（股價大於執行價格 100 元的部分），但卻不需承擔該股票價格向下的風險（股價少於 100 元的部分）。若是你擁有一張 IBM 股票，並且買進一

張賣權,則是相當於避免該資產價格向下的風險(價格小於執行價的部分),但卻能保留資產價格向上的好處（價格大於執行價的部分）。所以買權是具有向上獲利的權利（類似購買樂透彩券），賣權是具有避免向下損失的權利（類似購買保險），它們與期貨不同之處在於: 期貨的買方是以承擔向下損失的風險來交換得到向上獲利的機會，期貨的賣方是以犧牲向上獲利的機會來交換避免向下損失的風險。因此訂定期貨契約時，買賣雙方不需要付給對方任何金錢，但選擇權的買方是要付給賣方一筆錢以獲得權利。

期權有美式選擇權（American options）與歐式選擇權（European options）之分，若只能在到期日時才能執行者是為歐式選擇權，若是在到期日之前（包括當天）都可以執行者是為美式選擇權。因為美式選擇權的選擇範圍較大，它的價值（在其他條件如執行價等相同之下）自然是大於或等於歐式選擇權。與期貨相同，選擇權通常是於集中市場（例如交易所）交易，因此選擇權契約亦為標準化契約，具流動性，也同樣有信用風險，不過因為選擇權的買方已付完選擇權的買價，因此信用風險全在於選擇權的賣方，而賣方需要在他的經紀人處存入一筆起始保證金作為保證。隨著每日標的物或根本資產 (underlying asset) 價格的變動，保證金帳戶的餘額可能會被扣減（例如賣出買權者，當根本資產的價格上升時，一旦帳戶餘額小於維持保證金時，就需補繳變動保證金）。起始保證金與補繳制度可以保障經紀人及交易所，以防範選擇權的賣方不履行契約的義務。

10.2　選擇權價格的性質

我們首先定義下列五個影響選擇權價格的因素:

S_0: 根本資產（標的物）在現在 $(t = 0)$ 的現貨價格

K: 選擇權的執行價格

T: 到期日時間 $(t = T)$

σ: 根本資產價格在期間 $(t = 0$ 至 $t = T)$ 的標準差（或波動性）

e^r: r 為期間 $(t = 0$ 至 $t = T)$ 的確定之單利率，而若以連續複利計算，

則期間的確定的複利率為 $\lim\limits_{n\to\infty}(1+\dfrac{r}{n})^n=e^r$

當只變動其中一項因素，而其他因素不變時，對美式及歐式選擇權價格的影響如表 10–1 所示：

表 10–1　其他因素不變只變動一項因素對選擇權價格的影響

因素	歐式買權	歐式賣權	美式買權	美式賣權
S_0	+	−	+	−
K	−	+	−	+
T	?	?	+	+
σ	+	+	+	+
e^r	+	−	+	−

(1)當 S_0 上升時，代表未來愈容易超過執行價，因此對買權有利，對賣權較不利。

(2)當 K 上升時，根本資產價格超過執行價的可能性降低，因此對賣權有利而對買權不利。

(3)期間 T 愈長，美式買權或賣權就愈容易碰上執行契約的合適機會，因此它們的價值會上升。歐式選擇權則因為是在到期日時才能執行，若在當天根本資產的現貨價格不理想，就不會去執行，因此期間的長短對之影響不大。

(4)當 σ 上升時，根本資產的價格愈有可能高於執行價（買權時），及低於執行價（賣權時），因此選擇權的價值上升。

(5)由於選擇權執行時是在未來，因此確定的利率 e^r 愈高，未來執行時的收入的現值 (present value) 就愈低，若是 e^r 上升使得根本資產的現貨價值 S_0 亦上升，則對賣權不利。若是 e^r 上升使得 S_0 上升的效果大於未來收入現值下降的效果，買權的現值會上升。我們在後面可以用二項式選擇權定價的例子來說明。

若是根本資產為股票並且在期間有發放股利，則發放股利將會降低股價，因此對買權不利，對賣權有利。值得注意的是，以上的假設：當一個

因素變動時其他因素不變的情況可能不成立，例如當期間變長，利率會隨之改變，利率改變也會影響現貨價格及執行價。

美式選擇權由於是在到期日 (T) 以前任何時間都可以執行，因此其價值不會小於歐式選擇權。但在某些情況下，美式的買權是不會在到期日之前提早執行的，因此其價值還是等同於歐式買權，期間不發放股利的股票的選擇權買權即是一例。假設 IBM 股票現在的現貨價格為每張 100 元，在未來 3 個月內不發放股利，3 個月到期的美式選擇權買權的執行價格為 102 元（亦即 3 個月之內有權用 102 元買進一張 IBM 股票）。假設過了 1 個月後，一張 IBM 股票價格漲至 105 元，則此時考慮是否提早執行買權以獲得 3 元的利益 (= 105 − 102)? 我們的答案是，不會。這是因為買權的擁有者可以將買權轉賣給其他的投資人，此時轉賣買權的價格一定會大於去執行買權所得到的 3 元的利益。假若沒有人願意出 3 元以上的價格來購買該買權，則代表了在市場上沒有一個投資人認為 IBM 的股價會在接下來的 2 個月內高於 105 元，若如此，則我們的假設：IBM 股票 1 個月後漲為 105 元，就不成立（股價應少於 105 元）。因此我們的結論為：在期間不發放股利時，美式股票買權與歐式股票買權完全相同，二者的現在現貨價格也是相等。

在沒有發放股利時，美式的股票賣權是有可能提早執行的。例如當公司接近破產邊緣時，股價跌成只剩幾分錢，因為股價不可能為負值，轉賣賣權的所得比立刻執行賣權所得的差不了多少，但股價後來倒是有可能反彈上升（例如公司重整成功），因此美式賣權有可能在到期日之前提早執行。美式賣權的現在的現貨價格也會高於歐式賣權的現在的現貨價格。

歐式買權與賣權之間有個稱為「歐式買權與賣權平價關係」(put-call parity)。假設現在有兩個投資組合，甲投資組合包含一張歐式股票買權及存入銀行現金 Ke^{-r}，乙投資組合包含一張歐式股票賣權及一張股票，該股票為歐式買權與賣權的根本資產，買權與賣權的期間與執行價完全相同。則到了到期日時，甲與乙投資組合均會給予相同的報酬：

$$\text{Max}[S_T, K] \tag{1}$$

若是到期日時股價 S_T 大於 K，甲投資組合可以用 K 現金 $(= Ke^{-r} \times e^r)$ 執行買權，乙投資組合則不會執行賣權，二者皆得 S_T。若是到期日時 S_T 小於 K，甲投資組合不會執行買權，乙投資組合則會執行賣權，二者皆得到 K。由於這兩個投資組合在期末時給予相同的結果，因此在期初時的現值就應該相等，甲投資組合的期初組成成本：一張歐式買權的現在現貨價格 c 加上現金 Ke^{-r}，要等於乙投資組合的期初組成成本：一張歐式賣權的現在現貨價格 p 加上一張股票現在的現貨價格 S_0，

$$c + Ke^{-r} = p + S_0 \tag{2}$$

由(2)式的歐式買權與賣權平價關係，我們也可以推演出：若期間無發放股利，則美式買權不會在到期日之前提早執行。假設美式買權的執行價為 K，到期日為 $t = T$，現在 $(t = 0)$ 之股價為 S_0，期間複利為 e^r，若在期間一半 $(t = \tau = T/2)$ 時，$S_\tau > K$，亦即該買權可以執行得到 $(S_\tau - K)$ 的利益。假設在 $t = T/2$ 時，另發行到期日為 T（亦即期間由 $t = T/2$ 至 $t = T$），執行價為 K 的歐式買權及賣權，則(2)式可以寫為：

$$c_\tau + Ke^{-r/2} = p_\tau + S_\tau \tag{2'}$$

其中 c_τ 與 p_τ 為 $t = \tau = T/2$ 時歐式買權與賣權的價格。由於 p_τ 為非負，因此：

$$c_\tau = p_\tau + S_\tau - Ke^{-r/2} > S_\tau - K$$

因為美式買權價格是不會低於歐式買權價格，因此美式買權在 $t = \tau = T/2$ 之價值要大於立刻執行買權的價值 $(S_\tau - K)$。由此可知，即使 $S_\tau > K$，美式買權也不會在到期日之前執行。

若是為美式賣權，在 $t = \tau = T/2$ 而 $K > S_\tau$ 時，則由(2)′ 式：

$$p_\tau = c_\tau + Ke^{-r/2} - S_\tau$$

而立刻執行美式賣權可得 $K - S_\tau$，此時美式賣權的價值在 K 與 $(K - S_\tau)$ 之間，並且不低於歐式賣權價值 p_τ。若是 $(K - S_\tau)$ 大於 $p_\tau = c_\tau + Ke^{-r/2} - S_\tau$，並且 S_τ 接近於零時，美式賣權是有可能提早執行的。

10.3　二項式選擇權定價模型

二項式選擇權定價模型 (binomial option pricing model) 假設根本資產的價格在未來只有二個可能：向上或向下。例如設一張 IBM 股票目前價格為 100 元，3 個月後的股價可能為 120 元或 80 元，針對此股票的 3 個月到期的歐式買權執行價為 110 元，3 個月期間的複利率為 $e^{0.03}$，而在到期日時，股價與買權價值如下圖所示：

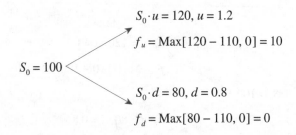

$S_0 \cdot u = 120, u = 1.2$

$f_u = \text{Max}[120 - 110, 0] = 10$

$S_0 = 100$

$S_0 \cdot d = 80, d = 0.8$

$f_d = \text{Max}[80 - 110, 0] = 0$

其中 u 與 d 代表股價上漲與下跌的比例，$f_u = 10$ 為股價若上漲為 120 元時買權的價值，$f_d = 0$ 為股價若下跌為 80 元時買權的價值。我們可以組成一個投資組合：買進 n 張 IBM 股票及賣出一張買權，以使得該投資組合在 3 個月後不論股價上漲或下跌，它的報酬相同：

$$120n - (120 - 110) = 80n, \quad 或 \quad n = 0.25 \tag{3}$$

亦即我們在股價為 120 元時，0.25 張股票會帶來 30 元價值，但因為賣掉的那張買權會被執行因此需付出 10 元 (= 120 − 110)，投資組合的報酬是為 20 元 (= 120(0.25) − 10)。當 3 個月後股價為 80 元時，買權不會被執行，因此投資組合的報酬亦是 20 元 (= 80(0.25) − 0)。由於該投資組合在 3 個月後得到的是確定的報酬 20 元，現在的現值應等於 $20 \cdot e^{-0.03}$，在沒有套利的情況下，該現值會等於組成投資組合的期初成本：

$$80(0.25) \cdot e^{-0.03} = 100(0.25) - c \tag{4}$$

歐式買權的現價為 $c = 5.5911$ 元。若是買權價格大於 5.5911 元，例如 $c = 6$

元,則我們可以在期初以 100 元買進 0.25 張股票,並以 6 元賣出一張買權,此投資組合的期初成本為 19 元 ($= 100 \times 0.25 - 6$),3 個月後的確定報酬為 20 元 ($= 80 \times 0.25 = 120 \times 0.25 - 10$) 要高於投資於該投資組合的機會成本 19.5786 元 ($= 19 \times e^{0.03}$)。若是 $c = 5$ 元,則擁有 IBM 股票者可以賣出 0.25 張股票,再買進一張買權,可得到 20 元 ($= 100 \times 0.25 - 5$) 存入銀行,3 個月後得到的確定報酬 20.6091 ($= 20 \times e^{0.03}$) 要高於再買回 0.25 張股票的確定成本 20 元 ($= 80 \times 0.25 = 120 \times 0.25 - 10$)。

在上例中,若有一個 3 個月到期的歐式賣權,執行價亦為 110 元,到期日時股價與賣權價值如下圖所示:

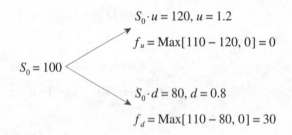

$$S_0 \cdot u = 120,\ u = 1.2$$
$$f_u = \mathrm{Max}[\,110 - 120,\ 0\,] = 0$$
$$S_0 = 100$$
$$S_0 \cdot d = 80,\ d = 0.8$$
$$f_d = \mathrm{Max}[\,110 - 80,\ 0\,] = 30$$

我們可以買進 n 張股票及買進一個賣權,以組成一個在到期日時給予確定報酬的投資組合:

$$120n = 80n + (110 - 80),\quad \text{或 } n = 0.75 \tag{5}$$

該投資組合在 3 個月後給予確定的 90 元報酬,其在期初的現值為 $90 \cdot e^{-0.03}$,在無套利的機會下應等於組成投資組合的期初成本:

$$120(0.75) \cdot e^{-0.03} = 100(0.75) + p \tag{6}$$

歐式賣權的現價為 $p = 12.34$ 元。將(4)式與(6)式加總,可得到(2)式的歐式買權與賣權平價關係:

$$c + 110 \cdot e^{-0.03} = p + 100 \tag{2''}$$

假設對股價的預期不變,股票現值與執行價亦未變,而利率上升,例如 3 個月期的複利由 $e^{0.03}$ 上升為 $e^{0.031}$,則由(4)式: $80(0.25) \cdot e^{-0.031} = 100(0.25) - c$,買權現價為 $c = 5.6105$ 元,較之前的 $c = 5.5911$ 元增加;而

賣權的現價由(6)式：$120(0.75)\cdot e^{-0.031}=100(0.75)+p$ 可得 $p=12.2528$ 元，低於之前的 $p=12.34$ 元。因此，在其他條件不變的情形之下，利率上升對買權有利，對賣權不利。

假設股票現值，執行價與利率不變，而 3 個月後的股價之變異數變大（例如買權與賣權成交後，股價的波動突然變大），選擇權的價格如下所示（其中 $K=110$，複利率為 $e^{0.03}$）：

$$100 \begin{array}{c} \nearrow 130 \\ \searrow 70 \end{array}$$

$$130n-(130-110)=70n \qquad 130n=70n+(110-70)$$

$$70ne^{-0.03}=100n-c \qquad 130ne^{-0.03}=100n+p$$

$$n=\frac{20}{60}=0.3333 \qquad n=\frac{40}{60}=0.6667$$

$$c=10.6896 \qquad p=17.4386$$

當股價變動變大，上限由 120 元成為 130 元，下限由 80 元成為 70 元，買權現值由 5.5911 元上升為 10.6896 元，賣權現值由 12.34 元上升為 17.4386 元。

一般認為買權的現值之所以上升是因為上限增加所致（由 120 元上升為 130 元），而賣權的現值之所以上升則是因為下限下降所致（由 80 元下降為 70 元），但其實並不是如此。以下兩個釋例說明了在其他條件不變的情形下，只要根本資產價格的變異數變大，買權與賣權的現值就會上升。

釋例 1　設若上述的 IBM 股票的現值、利率及買權與賣權執行價不變，3 個月後股價的上限仍為 120 元，但下限為 70 元，則選擇權之現值如下所示：

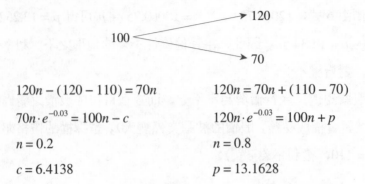

$$120n - (120 - 110) = 70n \qquad 120n = 70n + (110 - 70)$$

$$70n \cdot e^{-0.03} = 100n - c \qquad 120n \cdot e^{-0.03} = 100n + p$$

$$n = 0.2 \qquad\qquad n = 0.8$$

$$c = 6.4138 \qquad\qquad p = 13.1628$$

　　表面上看起來下限由 80 元減少至 70 元，而上限未變，似乎不影響買權的現值（70 元與 80 元都是小於執行價 110 元），但是買權的現值卻是由 5.5911 元上升至 6.4138 元。因此買權現值的上升並不只是因為上限上升（或上限與執行價的差距變大）所致。在這裡我們假設了當下限變成 70 元時，市場上認知的股票現值仍是 100 元，執行價仍是 110 元。而只要股票的現值不低於 95.89 元（95.89 元是由 $70 \cdot (0.2) \cdot e^{-0.03} = S_0 \cdot (0.2) - 5.5911$ 計算而得），買權的現值都會大於 5.5911 元。

釋例2　　在上面的例子中，若是改為下限仍是 80 元，但上限由 120 元增為 130 元，則選擇權的現值如下所示：

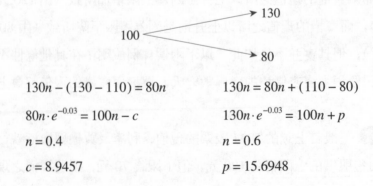

$$130n - (130 - 110) = 80n \qquad 130n = 80n + (110 - 80)$$

$$80n \cdot e^{-0.03} = 100n - c \qquad 130n \cdot e^{-0.03} = 100n + p$$

$$n = 0.4 \qquad\qquad n = 0.6$$

$$c = 8.9457 \qquad\qquad p = 15.6948$$

　　同樣地表面上看起來，下限未變而上限上升似乎對賣權的現值沒有影響（120 元與 130 元都是大於執行價 100 元），但其實不然，賣權的現值是

由 12.34 元增加至 15.6948 元。而只要市場上的股票現值不大於 105.59 元（105.59 元是由 $130 \cdot (0.6) \cdot e^{-0.03} = S_0 \cdot (0.6) + 12.34$ 計算而得），賣權的現值就會大於 12.34 元。

我們也可以利用二項式選擇權定價方法來說明，當公司進行較不確定的投資計畫時會造成股東與債主之間的財富重分配。

釋例 3 假設天盛電子公司目前的公司總市值（股東與債主的份額）為 500 萬元，正準備進行一項 1 年期的計畫，如果計畫很成功則 1 年後公司的總市值為 750 萬元，否則公司市值屆時只有 250 萬元，1 年後公司將要給付債主的本利和是 300 萬元，1 年期的確定利率為 5%。

我們可以設想一個 1 年期的歐式買權，執行價為 300 萬元，該買權 1 年後的價值可能為 450 萬元 ($= \text{Max}[750 - 300, 0]$) 或 0 元 ($= \text{Max}[250 - 300, 0]$)，則這個歐式買權 1 年後所得到的報酬就相當於該公司的股權在 1 年後所得到的報酬，在沒有套利、而市場均衡的情形之下，此一歐式買權的現值應等於公司股權的現值。我們可以再設想另一個投資組合：在期初買進 x 比例的公司總市值 ($= 500x$)，並以確定的利率借入某一金額，使得該投資組合 1 年後的報酬與歐式買權相同，則：

買權的現值與 1 年後的價值為

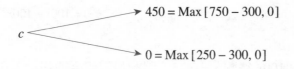

$$c \quad \begin{array}{l} \longrightarrow 450 = \text{Max}[750 - 300, 0] \\ \longrightarrow 0 = \text{Max}[250 - 300, 0] \end{array}$$

投資組合的現值與 1 年後的價值為

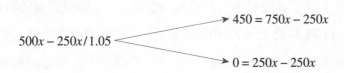

$$500x - 250x/1.05 \quad \begin{array}{l} \longrightarrow 450 = 750x - 250x \\ \longrightarrow 0 = 250x - 250x \end{array}$$

若是在期初以 5% 的利率借入 $(250x/1.05)$ 萬元的金額，並同時以 $500x$ 萬元金額購入該公司 x 比例的總市值，則在 1 年後該投資組合會產生 450 萬元或 0 元的報酬，是等同於買權 1 年後的報酬，由於二者期末的報酬相同，買權與投資組合在期初時的成本就應該相同。由 $450 = 750x - 250x$ 可以得到 $x = 0.9$，因此投資組合的期初借款金額為 $250(0.9)/1.05 = 214.29$ 萬元，股權（或買權）的現值為 $500(0.9) - 250(0.9)/1.05 = 235.71$ 萬元，債權的現值為 $500 - 235.71 = 264.29$ 萬元。

假設天盛公司改進行另一項更不確定的計畫，1 年後公司的總市值為 900 萬元（計畫成功）或 100 萬元（計畫失敗），而公司的現在市值仍是 500 萬元，則買權與投資組合的現值及 1 年後的價值如下：

買權的現值與 1 年後的價值為

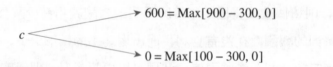

投資組合的現值與 1 年後的價值為

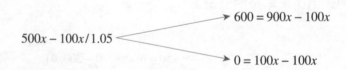

由 $600 = 900x - 100x$ 得到 $x = 0.75$，因此投資組合期初借入 $100(0.75)/1.05 = 71.43$ 萬元，股權的現值為 $500(0.75) - 100(0.75)/1.05 = 303.57$ 萬元，債權的現值為 $500 - 303.57 = 196.43$ 萬元。由以上的分析我們可以瞭解到，當公司進行更不確定或變異更大的投資計畫時，⑴會造成股東的財富上升（股權現值由 235.71 萬元上升為 303.57 萬元），債主的財富下降（債權現值由 264.29 萬元下降為 196.43 萬元），形成股東與債主之間的財富重分配；⑵

股權的現值會因為未來報酬的變異上升而增加，因此我們可以說，當股票未來價格的變異數變大時，股票的現值會上升而不是下降。

　　上面的分析並沒有用到任何有關上限與下限發生機率的資訊，但我們要注意，並不是上限與下限發生的機率是不影響選擇權的現值的。當這些機率改變時，代表人們的預期會改變，股票的現值價格 S_0 亦隨之改變，例如當釋例 1 中的上限 120 發生的機率很高而下限 70 發生的機率很低時，S_0 會由 100 上升，執行價 K 也可能隨之上升。

　　(3)至(6)式也可以表示為下列的聯立方程式：

$$\begin{cases} 120\cdot\pi + 80\cdot(1-\pi) = 100\cdot e^{0.03} \\ 10\cdot\pi + 0\cdot(1-\pi) = c\cdot e^{0.03} \\ 0\cdot\pi + 30\cdot(1-\pi) = p\cdot e^{0.03} \end{cases} \tag{7}$$

在這裡 $c = 5.5911$ 元，$p = 12.34$ 元，$\pi = 0.5761$。π 是在 0 與 1 之間，因此 (7) 式很像是計算股價、買權與賣權在期末時的期望值，但要注意 π 並不是上限 120 元真正發生的機率。用 (7) 式計算選擇權價格的方法稱之為風險中立評價法則 (risk-neutral valuation principle)。

◉ 風險中立評價法則

　　假設一個風險中立的世界,每個投資人都認為期望值等同於確定的值。例如若 IBM 股票期望報酬率為 6% 而微軟股票期望報酬率為 8%，則所有的人都會買進微軟股票而拋售 IBM 股票。如此一來，微軟股價將會上升，由於期望的資金流量（股利）不變，因此它的期望報酬率（等於股利除以股價）會由 8% 下降。IBM 股價則會下降，因此它的期望報酬率會由 6% 上升。因此當市場均衡時，所有給予不確定報酬的資產均會有相同的期望報酬率，而此報酬率會等於銀行的確定利率。若不然，例如若銀行給予 5% 的利率而 IBM 給予 7% 的期望報酬率，則所有的人都會將存在銀行的錢提出，投入 IBM 股票中，因此市場均衡時，IBM 股票的期望報酬率會等於銀

行的確定利率。由以上的分析，我們可以瞭解到(7)式是用來計算某個風險中立世界裡買權與賣權的價格的，其中的 $\pi = 0.5761$ 是這個世界裡發生上限 120 元的機率，而在這個世界裡所計算得到的選擇權價格，可以用在其他的非風險中立的世界中，這就是風險中立評價法則。

我們可以用上述的一期的二項式買權定價模型來說明何以(3)～(6)式的結果與(7)式所得到的結果會相同。設 S_0 為根本資產在 $t = 0$ 時的價格，經過 T 時間 ($t = 0$ 至 T)，根本資產價格可能為 $S_0 \cdot u$ 或 $S_0 \cdot d$，其中 $u > 1, 0 < d < 1$。針對此根本資產之歐式買權的執行價為 K，則當 $t = T$，S_0 若成為 $S_0 \cdot u$ 時，買權的報酬為 $f_u = \text{Max}[S_0 \cdot u - K, 0]$，$S_0$ 若成為 $S_0 \cdot d$ 時，買權的報酬為 $f_d = \text{Max}[S_0 \cdot d - K, 0]$，$t = 0$ 至 $t = T$ 期間之利率為 e^r，

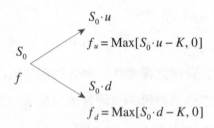

歐式買權在 $t = 0$ 時之現貨價格 f 計算如下。在 $t = 0$ 時，組成一個買進 n 張股票及賣出一個買權的投資組合，使之在 $t = T$ 時給予確定的報酬：

$$n \cdot S_0 \cdot u - f_u = n \cdot S_0 \cdot d - f_d \tag{3$'$}$$

因此：

$$n = \frac{f_u - f_d}{S_0(u - d)}$$

在市場均衡、無套利的情形下，投資組合在 $t = T$ 時的報酬 $(n \cdot S_0 \cdot u - f_u)$ 折現後應等於在 $t = 0$ 時組成該投資組合的成本：

$$[\frac{f_u - f_d}{S_0(u - d)} \cdot S_0 \cdot u - f_u] \cdot e^{-r} = S_0 \cdot \frac{f_u - f_d}{S_0(u - d)} - f \tag{4$'$}$$

由(4)$'$ 式整理可得：

$$f = e^{-r} \cdot [\pi \cdot f_u + (1 - \pi) \cdot f_d] \tag{8}$$

其中 $\pi = \dfrac{e^r - d}{u - d}$, $1 - \pi = \dfrac{u - e^r}{u - d}$。

e^r 大於 1 因此也大於 d，e^r 也需要小於 u，否則 $(S_0 \cdot u)$ 會小於 $(S_0 \cdot e^r)$（亦即存入銀行的確定報酬要高於投資於股票在任何情況下的報酬），因此 $0 < \pi < 1$。要注意(3)′，(4)′ 及(8)式並未假設是否為風險中立的世界。但我們若假設投資人是生活在一個風險中立的世界，而發生 $S_0 \cdot u$ 與 f_u 的機率為 π'，發生 $S_0 \cdot d$ 與 f_d 的機率為 $(1 - \pi')$，則下式成立：

$$\begin{cases} [S_0 \cdot u \cdot \pi' + S_0 \cdot d \cdot (1 - \pi')]/S_0 = e^r \\ [f_u \cdot \pi' + f_d \cdot (1 - \pi')]/f' = e^r \end{cases} \tag{7'}$$

由於由(7)′ 式中的第一式所得到的 $\pi' = (e^r - d)/(u - d)$ 與(8)式中的 π 相等，因此(7)′ 式的 f' 與(8)式的 f 是完全相同。以上的說明顯示了我們可以假設一個風險中立的世界（(7′) 式），而由該世界計算所得到的選擇權現值即為我們現在所在世界的選擇權現值。

假設一個二期（$t = 0$ 至 $t = 2T$）的二項式買權模型，則買權的現值可由後向前的方式推導而得：

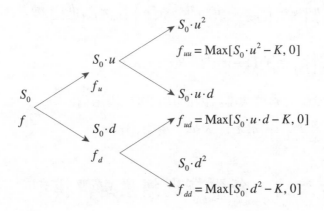

由(8)式已知在一期時，$\pi = (e^r - d)/(u - d)$，因此得 $f_u = [\pi \cdot f_{uu} + (1 - \pi) \cdot f_{ud}] \cdot e^{-r}$, $f_d = [\pi \cdot f_{ud} + (1 - \pi) \cdot f_{dd}] \cdot e^{-r}$，買權的現值為：

$$\begin{aligned} f &= [\pi \cdot f_u + (1 - \pi) \cdot f_d] \cdot e^{-r} \\ &= [\pi^2 \cdot f_{uu} + 2\pi(1 - \pi) \cdot f_{ud} + (1 - \pi)^2 \cdot f_{dd}] \cdot e^{-2r} \end{aligned} \tag{9}$$

以此類推，三期模型之買權現值是為：

$$f = [\pi^3 \cdot f_{uuu} + 3\pi^2(1-\pi) \cdot f_{uud} + 3\pi(1-\pi)^2 \cdot f_{udd} + (1-\pi)^3 \cdot f_{ddd}] \cdot e^{-3r}$$

$$= \{ \sum_{i=0}^{3} \binom{3}{i} \cdot \pi^i \cdot (1-\pi)^{3-i} \cdot \text{Max}[S_0 \cdot u^i \cdot d^{3-i} - K, 0] \} > \cdot e^{-3r} \tag{10}$$

因此 n 期的二項式買權的現值為:

$$f = \{ \sum_{i=0}^{n} \binom{n}{i} \cdot \pi^i \cdot (1-\pi)^{n-i} \cdot \text{Max}[S_0 \cdot u^i \cdot d^{n-i} - K, 0] \} \cdot e^{-nr} \tag{11}$$

當 $(n-i)$ 夠大時,$\text{Max}[S_0 \cdot u^i \cdot d^{n-i} - K, 0]$ 有可能為零。令 $i = a$ 為使得 $\text{Max}[S_0 \cdot u^i \cdot d^{n-i} - K, 0]$ 大於零的最小整數,則 $S_0 \cdot u^a \cdot d^{n-a} - K > 0$ 或 $a >$ $\dfrac{\ln(K/(S_0 d^n))}{\ln(u/d)}$,(11)式可以改寫為:

$$f = \{ \sum_{i=a}^{n} \binom{n}{i} \cdot \pi^i \cdot (1-\pi)^{n-i} \cdot [S_0 \cdot u^i \cdot d^{n-i} - K] \} \cdot e^{-nr}$$

$$= S_0 \cdot [\sum_{i=a}^{n} \binom{n}{i} \cdot \pi^i \cdot (1-\pi)^{n-i} \cdot \frac{u^i \cdot d^{n-i}}{e^{nr}}] - K \cdot e^{-nr} \cdot [\sum_{i=a}^{n} \binom{n}{i} \cdot \pi^i \cdot (1-\pi)^{n-i}] \tag{12}$$

定義 $\pi' = \dfrac{u}{e^r} \cdot \pi$,則 $0 < \pi'$,$1 - \pi' = 1 - \dfrac{u}{e^r} \cdot \dfrac{e^r - d}{u - d} = \dfrac{d}{e^r} \cdot \dfrac{u - e^r}{u - d} = \dfrac{d}{e^r} \cdot (1 - \pi) > 0$,因此 π' 是介於 1 與 0 之間,而:

$$\sum_{i=a}^{n} \binom{n}{i} \cdot \pi^i \cdot (1-\pi)^{n-i} \cdot \frac{u^i \cdot d^{n-i}}{e^{nr}} = \sum_{i=a}^{n} \binom{n}{i} \cdot [\frac{u \cdot \pi}{e^r}]^i \cdot [\frac{d(1-\pi)}{e^r}]^{n-i}$$

$$= \sum_{i=a}^{n} \binom{n}{i} \cdot (\pi')^i \cdot (1-\pi')^{n-i} \equiv B(i \geq a \mid n, \pi')$$

是為二項式分配之累積機率。因此(12)式可以表示為:

$$f = S_0 \cdot B(i \geq a \mid n, \pi') - K \cdot e^{-nr} \cdot B(i \geq a \mid n, \pi) \tag{13}$$

10.4　布萊克—舒爾斯選擇權定價模型

　　在前一節中,我們假設了根本資產(股票)的價格變動只有向上升 u 或向下降 d 二種。假設在期間發生價格變動的次數有無數多次,則所得到的選擇權定價模型,是為布萊克—舒爾斯選擇權定價模型 (Black-Scholes Option Pricing Model),以下稱之為 BS 模型。

　　BS 歐式買權模型如下:

$$c = S_0 \cdot \phi(d_1) - K \cdot e^{-r_f T} \cdot \phi(d_2) \tag{14}$$

其中 $d_1 = \dfrac{\ln\left(\dfrac{S_0}{K}\right) + \left(r_f + \dfrac{\sigma^2}{2}\right) \cdot T}{\sigma\sqrt{T}}$, $d_2 = d_1 - \sigma\sqrt{T}$

BS 歐式賣權模型可由(2)式的買權與賣權平價等式得到：

$$[S_0 \cdot \phi(d_1) - K \cdot e^{-r_f T} \cdot \phi(d_2)] + K e^{-r_f T} = p + S_0$$

或

$$p = K e^{-r_f T} \cdot [1 - \phi(d_2)] - S_0 [1 - \phi(d_1)] \tag{15}$$

其中 S_0：根本資產（股票）的現值

r_f：1 年期確定的單利率，1 年期確定的連續複利率為 e^{r_f}

K：選擇權的執行價

T：選擇權存續期間占 1 年的比例

$\phi(d)$：標準常態分配下，小於 d 的累積機率

σ：根本資產（股票）報酬率的瞬間標準差 (instantaneous standard deviation)

瞬間標準差 σ（或瞬間變異數 σ^2）的解釋如下。假設期間為由 $t = 0$, $t = t_1$, $t = t_2$, $\cdots$, $t = t_{n-1}$ 至 $t = T$，股價在 $t = 0$ 至 $t = T$ 之間可以表示為 $X(0)$, $X(t_1), \cdots, X(t_{n-1}), X(T)$。在沒有發放股利之下，股票的報酬率（或股價變動）可以表示為 $X(T) / X(t_{n-1})$, $X(t_{n-1}) / X(t_{n-2})$, $\cdots$, $X(t_1) / X(0)$，定義 $Y(t_n) = X(T) / X(t_{n-1})$, $Y(t_{n-1}) = X(t_{n-1}) / X(t_{n-2})$, $\cdots$, $Y(t_1) = X(t_1) / X(0)$，則：

$$X(T) = \frac{X(T)}{X(t_{n-1})} \cdot \frac{X(t_{n-1})}{X(t_{n-2})} \cdot \cdots \cdot \frac{X(t_1)}{X(0)} \cdot X(0) = X(0) \cdot Y(t_1) \cdot Y(t_2) \cdot \cdots \cdot Y(t_n)$$

或

$$\ln X(T) = \ln X(0) + \sum_{i=1}^{n} \ln Y(t_i)$$

定義 $Y(T) = \sum_{i=1}^{n} \ln Y(t_i)$。當 n 趨近於無限大，取對數後的股票報酬率 $\ln Y(t_1)$, $\cdots$, $\ln Y(t_n)$ 為互相獨立並且來自同一分配時，則根據中央極限定理，$Y(T)$ 會符合常態分配，亦即 $Y(T) \sim N(\mu T, \sigma^2 T)$。$Y(T) = \ln\left[\dfrac{X(T)}{X(0)}\right]$ 是股票在 $t = 0$ 至 $t = T$ 期間取對數之後的報酬率，它是隨著期間 (T) 的變長而期望值 μT 與

變異數 $\sigma^2 T$ 也隨之增長，其中 σ 就是瞬間標準差，σ^2 是瞬間變異數。

　　在 BS 選擇權定價模型中（(14)式與(15)式）並沒有 μ 這個參數，但是這並不代表選擇權的現值不受到 μ 的影響，這是因為在推導 BS 模型時，必須有 $\mu + \dfrac{1}{2}\sigma^2 = r_f$ 的必要條件（這是與風險中立評價法則有關），因此由 r_f 及 σ 的大小就可以決定 μ 值的大小。

　　下面我們以兩個例子來說明如何計算 BS 模型的買權與賣權的現值。

釋例 4　　假設一張 IBM 股票的現價為 $S_0 = 100$ 元，一張 3 個月到期針對 IBM 股票的歐式買權與賣權執行價為 $K = 95$ 元，1 年期的確定單利率為 $r_f = 8\%$，股價變動（股票報酬率）的瞬間變異數 $\sigma^2 = 0.36$，在未來的 3 個月期間沒有發放股利，因此

買權現值：
$$c = 100 \cdot \phi(d_1) - 95 \cdot e^{-0.08(3/12)} \cdot \phi(d_2)$$
$$= 15.2608 \text{ 元}$$

其中
$$d_1 = \frac{\ln(\frac{100}{95}) + (0.08 + \frac{0.36}{2})(\frac{3}{12})}{(0.6)\sqrt{3/12}} = 0.3876$$

$$d_2 = 0.3876 - (0.6)\sqrt{3/12} = 0.0876$$

$$\phi(d_1) = \phi(0.3876) = 0.648$$

$$\phi(d_2) = \phi(0.0876) = 0.532$$

賣權現值：
$$p = c + K \cdot e^{-r_f T} - S_0$$
$$= 15.2608 + 95 \cdot e^{-0.08(3/12)} - 100$$
$$= 8.3797 \text{ 元}$$

　　在以 BS 模型計算選擇權現值時，根本資產的現值 (S_0)、1 年期確定單利率 (r_f)、執行價 (K)、選擇權存續期間 (T)，四個數值都很容易獲得，唯獨股票報酬的瞬間變異數 (σ^2) 不容易估得。我們可以使用市場上某一個選擇權來估計在 BS 模型成立下所隱含的瞬間變異數，此稱之為隱含的變異數 (implicit variance)。

假設市場上三個針對天盛公司股票的歐式買權的資料如

下：

2004 年 10 月 4 日天盛公司買權價格與股票收盤價

執行價	10 月到期	1 月到期	4 月到期	股票收盤價
$45	$2\frac{15}{16}$	$3\frac{7}{8}$	$5\frac{11}{16}$	$46\frac{3}{4}$
到期日期	2004 年 10 月 25 日	2005 年 1 月 20 日	2005 年 4 月 25 日	
距到期日天數	21	108	203	

2004 年與 2005 年的 1 年期確定單利率為 2%。我們可由 2005 年 1 月
20 日到期的買權價格來推導出在 BS 模型成立下，隱含的瞬間變異數：

$$3.875 = (46.75) \cdot \phi(d_1) - 45 \cdot e^{-0.02(108/365)} \cdot \phi(d_2)$$

其中 $d_1 = \dfrac{\ln(\frac{46.75}{45}) + (0.02 + \frac{\sigma^2}{2})(\frac{108}{365})}{\sigma\sqrt{108/365}}, d_2 = d_1 - \sigma\sqrt{108/365}$

以試誤的方式我們可以計算出 σ^2 約為 0.0784。以之再來計算另外二個買權
的現值，

2004 年 10 月 25 日到期：

$$c = (46.75) \cdot \phi(d_1) - 45 \cdot e^{-0.02(21/365)} \cdot \phi(d_2)$$

$$= 2.38$$

其中 $d_1 = \dfrac{\ln(\frac{46.75}{45}) + (0.02 + \frac{0.0784}{2})(\frac{21}{365})}{0.28\sqrt{21/365}} = 0.6188$

$$d_2 = d_1 - 0.28\sqrt{21/365} = 0.5516$$

2005 年 4 月 25 日到期：

$$c = (46.75) \cdot \phi(d_1) - 45 \cdot e^{-0.02(203/365)} \cdot \phi(d_2)$$

$$= 5.05$$

其中 $d_1 = \dfrac{\ln(\frac{46.75}{45}) + (0.02 + \frac{0.0784}{2})(\frac{203}{365})}{0.28\sqrt{203/365}} = 0.3404$

$$d_2 = d_1 - 0.28 \sqrt{203/365} = 0.1316$$

由 BS 模型所得到的買權現值 c 都小於實際市場上的買權價格，這也顯示了所估計的瞬間變異數 ($\sigma^2 = 0.0784$) 有低估的可能。

10.5　選擇權與衍生性金融商品

在前一章的 9.4 節裡我已證明了樂透彩券、股票、債券不只是一個根本資產，而其本身就是一種期貨，在沒有信用風險之下，購買現貨或是購買期貨對當下預算的限制是完全一樣的。在這一節裡，我還要證明：所有用錢（或勞力、原料等等）來交換以獲得某種權利的契約都是一種選擇權。如果是選擇權，則從前面兩節的分析中可以瞭解到：(1)根本資產價值與執行價的差距的變異增大，則選擇權的現值可能提高；(2)選擇權現值的計算與選擇權投資人對風險的態度（例如是否為風險中立）完全無關，這也是風險中立評價法則。以下就樂透彩券、保險、股票、債券等例子來說明它們何以本身就是一種選擇權。

1. 樂透彩券

現在以 10 元購進一張 1 個月後開獎的彩券，就相當於買進一張歐式買權或賣權：

	歐式買權	歐式賣權
到期日	1 個月後	1 個月後
到期日根本資產價值	對中號碼之獎金，若未中則得 0 元	0 元
選擇權現值	10 元	10 元
執行價格	0 元	對中號碼之獎金，若未中則得 0 元
選擇權到期時報酬	對中號碼之獎金，若未中則得 0 元	對中號碼之獎金，若未中則得 0 元

期初時以 10 元買進買權或賣權。到期日開獎時，擁有買權者可以用 0 元的執行價再加上該買權契約向彩券公司「買到」大於或等於零的獎金，擁有賣權者可以將 0 元根本資產及賣權契約「賣給」彩券公司以獲得大於或等於零的獎金。

假設二張彩券的機率分佈如下：

獎金（元）	甲彩券			乙彩券			
獎金（元）	0	500	100,000	0	500	100,000	10,000,000
機率	19,799/20,000	200/20,000	1/20,000	4,969,749/5,000,000	30,000/5,000,000	250/5,000,000	1/5,000,000
期望值	10 元			10 元			

很顯然地，多數人會選擇變異數較大的乙彩券，乙彩券的市場價值也較高。購買彩券是購買一個選擇權，也是購買一個使個人財富可能向上提升的權利，彩券公司則因出售是項權利而收取購票金額。獎金金額的變異愈大，其價值也愈高，而這與購買者的風險偏好沒有關係。

2. 保 險

以 2,000 元購買 1 年的房屋火災保險，則代表以 2,000 元購買一張美式買權或賣權：

	美式買權	美式賣權
到期日	1 年之內	1 年之內
1 年之內根本資產價值	房屋遭火災損失之金額	0 元
選擇權現值	2,000 元	2,000 元
執行價格	0 元	房屋遭火災損失之金額
選擇權到期時報酬	房屋遭火災損失之金額	房屋遭火災損失之金額

在這 1 年內，若遭火災有損失，則有買權者可以用 0 元的執行價再加上買權契約，依約中的條件向保險公司「買到」賠償金額；有賣權者可以將 0 元的根本資產再加上賣權契約，依約「賣給」保險公司以取得賠償金額。

當房屋的現值愈高,可能賠償的金額的變異愈大時,保險費(或選擇權現值)也就愈大,而這與購買人或保險公司的風險偏好無關。購買保險就相當於購買一個避免財富可能損失的權利,保險公司則因為承擔這個可能的損失而收取保險費。

3. 股　票

我們可以以本章第三節的二項式選擇權定價的例子來說明股票本身就是一個歐式買權或賣權:

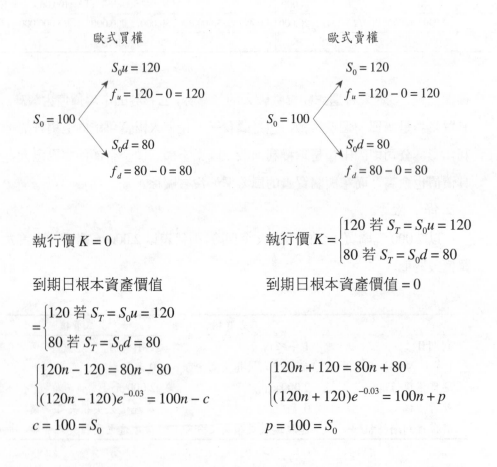

歐式買權

$S_0 u = 120$
$f_u = 120 - 0 = 120$
$S_0 = 100$
$S_0 d = 80$
$f_d = 80 - 0 = 80$

執行價 $K = 0$

到期日根本資產價值
$= \begin{cases} 120 \ 若 \ S_T = S_0 u = 120 \\ 80 \ 若 \ S_T = S_0 d = 80 \end{cases}$

$\begin{cases} 120n - 120 = 80n - 80 \\ (120n - 120)e^{-0.03} = 100n - c \end{cases}$

$c = 100 = S_0$

歐式賣權

$S_0 = 120$
$f_u = 120 - 0 = 120$
$S_0 = 100$
$S_0 d = 80$
$f_d = 80 - 0 = 80$

執行價 $K = \begin{cases} 120 \ 若 \ S_T = S_0 u = 120 \\ 80 \ 若 \ S_T = S_0 d = 80 \end{cases}$

到期日根本資產價值 $= 0$

$\begin{cases} 120n + 120 = 80n + 80 \\ (120n + 120)e^{-0.03} = 100n + p \end{cases}$

$p = 100 = S_0$

選擇權的現值即為股票的現值,選擇權在期末的報酬等於股票在期末的價值。我們由⑷式的 BS 歐式買權模型也可以發現:當 $K = 0$ 時,$c = S_0$,股票本身就是選擇權。根本資產(或標的物)本身就是選擇權,則推翻了下述文獻中有關根本資產與選擇權有根本不同的說法:

「持有選擇權與持有選擇權所依據的根本資產有一個根本上的不同。如果市場上的投資人為風險趨避者，股價變異的上升會降低股票的市場價值，但持有買權者則會因為機率分配右尾變大而得到好處，因此股價變動變大，使得針對該股票的買權的價值上升。」("There is a fundamental distinction between holding an option on an underlying asset and holding the underlying asset. If investors in the marketplace are risk-averse, a rise in the variability of the stock will decrease its market value. However, the holder of a call receives payoffs from the positive tail of the probability distribution. As a consequence, a rise in the variability in the underlying stock increases the market value of the call." Ross, Westerfield and Jaffe, 2005, p. 629.) ❶

「在大部分的財務工具裡，風險是不好的，投資人會因為承擔風險而要求更高的報酬。當投資較高風險（高貝它）股票時，投資人會要求更高的期望報酬率。高風險的投資項目因此以較高的資金成本（折現率）來計算其淨現值。選擇權的話則是相反，就如我們前面所看到的：根本資產價格的變動愈大，則其選擇權的價值愈高。」("In most financial settings, risk is a bad thing; you have to be paid to bear it. Investor in risky (high-beta) stocks demand higher expected rates of return. High-risk capital investment projects have correspondingly high costs of capital and have to beat higher hurdle rates to achieve positive NPV. For options it's the other way around. As we have just seen, options written on volatile assets are worth more than options written on safe assets." Brealey and Myers, 2003, p. 581.) ❷

以上兩本教科書的說法當然是錯誤的：根本資產（股票）本身就是選擇權，兩者之間並沒有任何差別。我們可以再以類似第二章羅賓漢強盜集團的例子來說明。假設一個公司由勞工、原料提供者、債主及股東各出生

❶ Ross, Stephen, Randolph Westerfield and Jeffrey Jaffe, 2005, *Corporate Finance*, New York: McGraw-Hill.

❷ Brealey, Richard and Stewart Myers, 2003, *Principles of Corporate Finance*, New York: McGraw-Hill.

產資源來組成，生產銷售 1 年後解散，出售產品所得再加上殘值為 $\widetilde{TR}$（總收益 total revenue）。1 年後 $\widetilde{TR}$ 這個大餅將分配給勞工（90 元）、原料提供者（170 元）、債主（240 元）及股東 (Max[0, $\widetilde{TR}$ – 500])，$\widetilde{TR}$ 為不確定的並且其範圍在 600 元至 1,000 元之間，股票的期初價值為 140 元。該股票是為一個歐式買權或賣權：

	歐式買權		歐式賣權	
	(1)	(2)	(1)	(2)
到期日	1 年後	1 年後	1 年後	1 年後
到期日根本資產價值	Max[0, $\widetilde{TR}$ – 500]	$\widetilde{TR}$	0 元	500 元
選擇權現值	140 元	140 元	140 元	140 元
執行價格	0 元	500 元	Max[0, $\widetilde{TR}$ – 500]	$\widetilde{TR}$
選擇權到期時報酬	Max[0, $\widetilde{TR}$ – 500]	Max[0, $\widetilde{TR}$ – 500]	Max[0, $\widetilde{TR}$ – 500]	Max[0, $\widetilde{TR}$ – 500]

　　買權與賣權的現值是等於股票的現值 140 元，買權與賣權的期末報酬與股票的期末報酬相同，都是 Max[0, $\widetilde{TR}$ – 500]。1 年後，擁有買權(1)者可以用 0 元再加上買權契約交換得到 Max[0, $\widetilde{TR}$ – 500] 的報酬，擁有買權(2)者可以決定是否用 500 元再加上買權契約來交換得到 $\widetilde{TR}$，擁有賣權(1)者可以用 0 元的根本資產及賣權契約來交換得到 Max[0, $\widetilde{TR}$ – 500]，擁有賣權(2)者可以決定是否用 500 元的根本資產及賣權契約來交換得到 $\widetilde{TR}$。若是公司改投資於更不確定的項目而使得 $\widetilde{TR}$ 的範圍增大至 10 元至 1,600 元之間（就如同前面甲、乙彩券的例子），則因為股票本身是選擇權，並且執行價與根本資產之差的變異變大（由 100 至 500 之間變成 0 至 1,100 之間），因此股票的現值應會上升而非如文獻中所說的會下降。本章第三節釋例 3 的二項式選擇權定價的例子，也說明了當股票未來價格的變異數變大時，股票的現值會上升而不是下降。以上的分析也顯示，股票（它也是選擇權）的現值會因股票未來價值的變異變大而增加的現象，是與投資人的風險偏好毫無關係。

　　上面的例子中，所有的資源提供者（包含股東）都是僅負擔有限責任

（他們最多是損失所投資的金錢或財貨或勞力）。股票是選擇權，擁有股票者自然希望公司進行更高變異（更不確定）的投資項目，如此一來可能可以獲得更多的報酬。股票的現值會隨著股價的變異增加而變大，設若股票的期望報酬 ($E[d_i]$) 不變時，該股票的資金機會成本（折現率）不但不上升反而會下降：

$$股票現值 = \frac{E[d_1]}{1+r} + \frac{E[d_2]}{(1+r)^2} + \cdots + \frac{E[d_n]}{(1+r)^n} \qquad (16)$$

如上式所示，當股票現值隨著股價的變動增加而上升，$E[d_i]$ 固定不變時，折現率 r 會下降。

　　值得注意的是，當組成公司時，小股東也許願意冒險，希望公司投資於更不確定的項目，但是大股東（尤其是大部分身家都投資在公司者）可能不願意。公司債券擁有者、勞工與原料提供者，也因為所獲得的有固定的上限，因此不願公司進行更加不確定的投資。債主可能會在事前的契約上加上某些限制投資的條款，或是變更投資時需經債主同意的條款，以避免遭受損失。

4.債券、原料投入與勞力投入

　　我們可以用前面組成公司的例子來說明債券、勞力與原料投入的本身也是一種選擇權。債券的現值設為 200 元。當總收益 ($\widetilde{TR}$) 的範圍為 600 至 1,000 元之間時，債券在 1 年後可以得到確定的 240 元報酬。假設勞工與原料提供者較債主有優先權，當 $\widetilde{TR}$ 的範圍變成 10 至 1,600 元之間時，該債券以歐式買權或賣權表現的形式為：

	歐式買權		歐式賣權	
	(1)	(2)	(1)	(2)
到期日	1年後	1年後	1年後	1年後
根本資產價值	240 元若 $TR \geq 500$ $TR-260$ 元若 $260<TR<500$ 0 元若 $TR \leq 260$	$\widetilde{TR}$	0 元	$TR-240$ 元若 $TR \geq 500$ 260 元若 $260<TR<500$ TR 若 $TR \leq 260$
選擇權現值	200 元	200 元	200 元	200 元
執行價格	0 元	$TR-240$ 元若 $TR \geq 500$ 260 元若 $260<TR<500$ TR 若 $TR \leq 260$	240 元若 $TR \geq 500$ $TR-260$ 元若 $260<TR<500$ 0 元 $TR \leq 260$	$\widetilde{TR}$
選擇權到期日報酬	240 元若 $TR \geq 500$ $TR-260$ 元若 $260<TR<500$ 0 元若 $TR \leq 260$	240 元若 $TR \geq 500$ $TR-260$ 元若 $260<TR<500$ 0 元若 $TR \leq 260$	240 元若 $TR \geq 500$ $TR-260$ 元若 $260<TR<500$ 0 元若 $TR \leq 260$	240 元若 $TR \geq 500$ $TR-260$ 元若 $260<TR<500$ 0 元若 $TR \leq 260$

雖然債券未來報酬的變異數變大（由固定的 240 元變成 0 至 240 元之間），但由於上限是固定為 240 元，沒有上升的好處，卻多了向下的可能損失，因此債券的現值會因為未來報酬率的變異數變大而下降，而這與債券投資人的風險偏好毫無關係。當債券的現值隨著債券未來價值的變異增加而下降，而期望報酬 ($E[b_i]$) 仍不變時，債券的資金機會成本（折現率）會隨之上升：

$$債券現值 = \frac{E[b_1]}{1+r} + \frac{E[b_2]}{(1+r)^2} + \cdots + \frac{E[b_n]}{(1+r)^n} \tag{17}$$

設若對 $\widetilde{TR}$ 的分配時，勞工比原料提供者有優先權。當 $\widetilde{TR}$ 的範圍由 600 至 1,000 元增大至 10 至 1,600 元時，原料投入用歐式買權與賣權的方式表示為：

	歐式買權		歐式賣權	
	(1)	(2)	(1)	(2)
到期日	1 年後	1 年後	1 年後	1 年後
到期日根本資產價值	170 元若 $TR \geq 260$ $TR - 90$ 元若 $90 < TR < 260$ 0 元若 $TR \leq 90$	$\widetilde{TR}$	0 元	$TR - 170$ 元若 $TR \geq 260$ 90 元若 $90 < TR < 260$ TR 若 $TR \leq 90$
選擇權現值	原料投入	原料投入	原料投入	原料投入
執行價格	0 元	$TR - 170$ 元若 $TR \geq 260$ 90 元若 $90 < TR < 260$ TR 若 $TR \leq 90$	170 元若 $TR \geq 260$ $TR - 90$ 元若 $90 < TR < 260$ 0 元若 $TR \leq 90$	$\widetilde{TR}$
選擇權到期日報酬	170 元若 $TR \geq 260$ $TR - 90$ 元若 $90 < TR < 260$ 0 元若 $TR \leq 90$	170 元若 $TR \geq 260$ $TR - 90$ 元若 $90 < TR < 260$ 0 元若 $TR \leq 90$	170 元若 $TR \geq 260$ $TR - 90$ 元若 $90 < TR < 260$ 0 元若 $TR \leq 90$	170 元若 $TR \geq 260$ $TR - 90$ 元若 $90 < TR < 260$ 0 元若 $TR \leq 90$

假設勞工只有期初投入，則勞力投入以歐式買權與賣權的方式表示為：

	歐式買權		歐式賣權	
	(1)	(2)	(1)	(2)
到期日	1年後	1年後	1年後	1年後
到期日根本資產價值	90元若$TR>90$ TR若$TR\leq90$	$\widetilde{TR}$	0元	$TR-90$元若$TR>90$ 0元若$TR\leq90$
選擇權現值	勞力投入	勞力投入	勞力投入	勞力投入
執行價格	0元	$TR-90$元若$TR>90$ 0元若$TR\leq90$	90元若$TR>90$ TR若$TR\leq90$	$\widetilde{TR}$
選擇權到期日報酬	90元若$TR>90$ TR若$TR\leq90$	90元若$TR>90$ TR若$TR\leq90$	90元若$TR>90$ TR若$TR\leq90$	90元若$TR>90$ TR若$TR\leq90$

　　由以上的分析我們可以瞭解到債券、勞力以及原料投入都是一種選擇權，當它們的報酬有固定的上限時，公司投資於更不確定的投資項目會使得它們的現值下降，股票的現值上升，而這些都是與投資人的風險偏好無關。公司若改變事前約定的投資項目，是會造成資源提供者之間的財富重分配，債主等人有鑑於此，在所得的報酬有固定上限時，會在事前合約中加上限制條款，並在公司經營時加以監督，以為防範。

馮諼買義

　　《戰國策‧市義營窟》裡有一段孟嘗君門下食客馮諼市（買）義的故事：孟嘗君出記，問門下諸客：「誰能為文收責於薛者乎？」馮諼署曰：「能。」……於是約車治裝，載券契而行，辭曰：「責畢收，以何市而反？」孟嘗君曰：「視吾家所寡有者。」驅而之薛，使吏召諸民當償者，悉來合券。券徧合，起，矯命，以責賜諸民，因燒其券，民稱萬歲。長驅到齊，晨而求見，孟嘗君怪其疾也，衣冠而見之，曰：「責畢收乎？來何疾也！」曰：「收畢矣。」「以何市而反？」馮諼曰：「君云『視吾家所寡有者』，臣竊計，君宮中積珍寶，狗馬實外

廄，美人充下陳，君家所寡者以義爾。竊以為君市義。」孟嘗君曰：「市義奈何？」曰：「今君有區區之薛，不拊愛子其民，因而賈利之。臣竊矯君命，以責賜諸民，因燒其券，民稱萬歲。乃臣所以為君市義也。」孟嘗君不說，曰：「諾，先生休矣！」後期年，齊王謂孟嘗君曰：「寡人不敢以先王之臣為臣！」孟嘗君就國於薛。未至百里，民扶老攜幼，迎君道中正日。孟嘗君顧謂馮諼：「先生所為文市義者，乃今日見之！」

馮諼為孟嘗君到他的封地薛去收債（賣），故意問孟嘗君收完債後要買什麼回來。孟嘗君要他看家中缺什麼就買什麼，結果馮諼就在欠債人面前，燒掉所有的借據，買了個「義」回來。馮諼是以所有的債款購買了一個美式賣權，執行價是零，買權的期限是孟嘗君的有生之年，根本資產的價值是人民的擁戴及保護，結果不到 1 年，孟嘗君被罷官回到薛地時，這個買權就被執行。由馮諼買義的例子來看，贈送禮物（送禮）也是相當於購買一個美式買權：執行價是零元，買權的期限是雙方壽命年限的較小值者，根本資產的價值是急難時的某一程度的幫助。因此「禮尚往來」一方面能培養、聯絡彼此的感情，另一方面也是奉還對方購買買權的金額，以免「欠太多的人情」。我們也可以想像，為什麼有些民族會不願收到來自非熟識對象的禮物，並且回禮的價值若是與所收到的禮物的價值不對稱，是會引起對方的不滿的。

10.6 總 結

本章的主要論點為：

- 購買選擇權就是購買一項權利，使得選擇權的購買者能在未來某一個期限內有權（但沒有義務），以某個價錢向賣出選擇權者買進或賣出一定數量的財貨。由於是權利，因此獲得權利的選擇權買方的選擇範圍擴大，賣出選擇權者的選擇範圍縮小，買方需向賣方付錢。若由風險角度觀之，買入選擇權可以將財富可能向下損失的風險轉移給賣出選擇權者，而將財富可能向上的好處留給自己。

- 一般認為選擇權是衍生性金融商品，是與它所根源的根本資產不同。本

章說明了根本資產（例如股票、債券、原料投入、勞工投入等）本身就是一種選擇權，因此選擇權有的性質，根本資產也同樣有。選擇權的價值與投資人的風險偏好無關，這就是風險中立評價法則。當公司採用更不確定的投資項目時，股票未來報酬的變異會變大，股票的現值會上升而非下降，而且若是股票未來報酬的期望值仍維持不變，則股票的資金的機會成本（折現率）會下降而非上升。由於債券報酬有固定的上限，因此當公司進行更不確定的投資項目時，債券未來報酬的變異變大會使得債券的現值下降，而若是債券未來報酬的期望值不變，則債券報酬的折現率會上升。

- 當公司由較小變異的投資項目改為較大變異的投資項目時，會造成資源提供者之間的財富重分配：債主、勞工、原料提供者等因為所得到的報酬有固定的上限而受損，而股東可以獲利。債主等人有鑑於此，會在事前合約中加上限制條款，並在公司經營時加以監督，以為防範。

 本章建議閱讀著作

關於選擇權模型早期的研究，請參閱：Black, Fischer and Myron Scholes, 1973, "The Pricing of Options and Corporate Liabilities,"*Journal of Political Economy* 81, 637–659.

本章習題

1. 請由選擇範圍及風險轉移的角度說明，為什麼訂定選擇權契約時，買方需要付給賣方一筆錢？
2. 請說明為什麼證券或生產資源本身就是一種選擇權？
3. 當選擇權的根本資產（標的物）未來的價格波動愈大，則選擇權的價格愈高。請說明是真還是偽。
4. 請說明為什麼股票未來的價格波動愈大，股的現值愈高，而債券未來的價格波動愈大，債券的現值愈低？這裡面含有哪些假設？這種說法與傳統文獻中的「風險趨

避的投資人認為股價變異愈大則股票現值愈低」說法有什麼差異？（提示：個別資產報酬的變異數是否為風險指標？）

5. 請以二項式選擇權定價模型及 BS 選擇權定價模型說明表 10–1。

6. 當沒有發放股利時，為什麼美式買權不會在到期日之前執行？

7. 若是一張宏碁股票的現值為 90 元，3 個月後可能為 120 元或 60 元，在未來的 3 個月期間沒有發放股利，一張 3 個月到期針對這支股票的歐式賣權的執行價為 110 元，3 個月期間的確定連續複利率為 $e^{0.03}$，請計算歐式賣權的現值。

8. 假設一張宏碁股票的現值為 90 元，一張 3 個月到期針對這支股票的歐式買權的執行價為 92 元，1 年期的確定單利率為 12%，股價變動（股票報酬率）的瞬間變異數為 0.36，在未來的 3 個月期間沒有發放股利，請以 BS 模型計算該歐式買權的現值。

第十一章

零交易成本之下的
資本結構

Financial Management

Financial Management

Financial

Management

當交易成本為零時，無論是由市場或是由任何組織來協調生產，其效率（亦即所賺到的大餅）都會是相同的，著名的**摩迪格蘭尼—米勒定理** (Modigliani-Miller propositions) 也是如此。在 11.1 節裡，我以一個原始社會中兩隻母牛的故事來證明摩迪格蘭尼—米勒第一定理：在沒有交易成本之下，公司的負債比例（或資本結構）的改變不會影響公司的市場價值。11.2 節為由摩迪格蘭尼—米勒第一定理推導第二定理，並且說明了財務金融文獻對第二定理的錯誤闡釋。

11.1 雙牛記與摩迪格蘭尼—米勒第一定理

以下我先以一個原始社會的兩隻母牛的故事來證明摩迪格蘭尼與米勒的第一定理 (Modigliani-Miller first proposition)。假設一個以物易物 (barter economy) 的原始社會，原始人以日中為市，並且沒有交易成本。這裡的零交易成本指的是沒有第二章所講的科斯 (Ronald Coase) 的五種交易成本：尋找並瞭解交易對象的成本、接觸交易對象的成本、談判的成本、訂定合約的成本、及事後檢查監督對方遵守合約的成本。假設有兩隻母牛：甲母牛與乙母牛，每天早晨兩隻母牛自動上山吃草，下午回到牛棚中，生產不確定但品質與數量完全相同的牛奶。甲母牛為張三一個人所擁有，生產的牛奶全歸張三。乙母牛為李四與王五所有，李四每日從乙母牛所生產的牛奶中拿走一定的數量，剩下的則歸王五。若是某日乙母牛所生產的數量不足以付給李四，則李四可在次日多拿以補足差額。在零交易成本之下，我們會發現這兩隻母牛在市場上的交換價值應該是相同的。例如若是張三與另一個原始人趙六認為乙母牛的價值較高，值六隻羊，而甲母牛只能換五隻羊，則李四與王五可以將他們的牛牽到市場向趙六換六隻羊，再以其中五隻羊交換張三手中的牛。如此一來，李四與王五得到一隻生產同樣數量與品質的牛奶的牛，仍是和從前一樣地分配牛奶，但卻多了一隻羊。張三知道這個情形，當然會不斷地提高他的牛的交換價值，因此在市場均衡、沒有套利的情形下，這兩隻牛的價錢（可以交換到的羊的數目）應會相等。

在上述的故事中,甲母牛就相當於一個未負債的公司 (unlevered firm),只有一個股東張三,而乙母牛相當於一個有負債的公司 (levered firm),李四為債主,王五為股東。由於這兩隻母牛所生產的牛奶(資金流量)完全相同,因此它們的市場價值應會完全相同。公司的資金流量是屬於資金提供者的份額,將每期的資金流量折現為現值 (present value) 即為公司的市場價值 (market value of the firm)。我們若設兩個公司中屬於資金提供者的資金流量相同,一個公司有負債其市場價值為 V_L,另一個公司沒有負債其市場價值為 V_U,若是 $V_L > V_U$,則在交易成本為零的情形下,有負債公司的股東與債主可以聯合起來,將他們的公司以 V_L 賣掉,再以 V_U 的價格買進另一家公司,而獲利 $\Delta V = V_L - V_U > 0$;若是 $V_U > V_L$,擁有 V_U 的人也可以以 V_U 賣出,再以 V_L 買進來套利。因此在市場均衡、無套利時,二家公司的市場價值應會完全相同,$V_L = V_U$,亦即公司的市場價值與公司的負債比例無關,這就是摩迪格蘭尼一米勒第一定理。值得注意的是,在以上的雙牛記或兩個有負債與未負債公司例子裡,根本不需要考慮人們的風險偏好,或者是否存在一個可以借貸的資本市場。

摩迪格蘭尼與米勒在他們的 1958 年及 1963 年的論文裡則是加上了「個人與公司的借款利率相同」(individual and corporation can borrow at the same rate, 1963, p. 437) 的假設。❶他們證明第一定理的方法如下:假設兩個公司每年的資金流量相同,都是 $\tilde{X}$,沒有負債公司的市場價值為 V_U,有負債公司的市場價值為 $V_L \equiv S_L + B$,其中 S_L 為負債公司股票的市場價值,B 為債權的市場價值,利息為確定而且沒有風險: $(\tilde{X} - 利息) \geq 0$。投資人的第一種策略是購買有負債公司 15% 的股份,則他在年初時花費 $0.15S_L$ 的成本,年底時可以得到報酬 $0.15(\tilde{X} - 利息)$。投資人的第二種策略是購買未負債公司 15% 的股份,並且同時以與公司相同的借款利率向銀行借入 $0.15B$,

❶ Modigliani, Franco and Merton Miller, 1958, "The Cost of Capital, Corporation Finance, and the Theory of Investment," *American Economic Review* 48, 261–297.

Modigliani, Franco and Merton Miller, 1963, "Corporate Income Taxes and the Cost of Capital: A Correction," *American Economic Review* 53, 433–443.

則他在年初時要花費 $0.15(V_U - B)$ 的成本，年底時得到報酬 $0.15\tilde{X} - 0.15($利息$) = 0.15(\tilde{X} -$ 利息$)$。由於這兩種策略都得到同樣的報酬：$0.15(\tilde{X} -$ 利息$)$，因此它們的期初成本應該相同：$0.15S_L = 0.15(V_U - B)$ 或 $S_L + B = V_L = V_U$。財務金融的文獻（例如 Brealey and Myers, 2003, p. 468; Ross, Westerfield and Jaffe, 2005, p. 409）都認為需要加上「個人與公司借款利率相同」的假設，才能證明第一定理：公司的市場價值與公司的負債比例無關（$V_L = V_U$）。❷但是我們從前面的雙牛記故事中已經瞭解到：借貸市場存在與否根本無關緊要（原始人的社會沒有銀行借貸系統），摩迪格蘭尼與米勒的第一定理既不需要「個人與公司借款利率相同」的假設，也不需要「利息為確定、沒有風險：$(\tilde{X} -$ 利息$) \geq 0$」的假設。

從雙牛記的故事裡，我們還可以得到以下兩個結論：

(1)乙母牛為有負債的公司，每天所生產的牛奶（資金流量）是屬於李四與王五所共同擁有。至於如何分配牛奶則是他們兩人在購買該牛之前協商決定，也許是李四每天拿固定的數量，若有一天不足時，則乙母牛全歸李四所有，或者是第二天李四再被補償得到加倍的數量。但不管李四與王五之間如何分配，乙母牛在市場上的交換價值是不會改變的。假若該原始社會只有一隻乙母牛而沒有甲母牛，並且有呆子認為乙母牛若是只有股東而沒有債主則牠的價值較高，李四與王五可以在出售乙母牛時都假扮成股東而得到更高的價值，這也代表了公司在不改變投資生產的情形之下，做些不花成本的偽裝，就能增加公司的市場價值。

(2)一般認為股東才是公司的所有者，債主不是。由第二章羅賓漢強盜集團的例子裡，我們已經瞭解到每個生產資源提供者是他自己所提供資源的所有者，所謂「公司的所有者」是個令人混淆、誤解的說

---

❷ Brealey, Richard and Stewart Myers, 2003, *Principles of Corporate Finance*, New York: McGraw-Hill.

Ross, Stephen, Randolph Westerfield and Jeffrey Jaffe, 2005, *Corporate Finance*, New York: McGraw-Hill.

法。同樣的，在這裡，乙母牛由李四與王五所共有，每人對事前約定的牛奶分配份額有所有權，若是賣掉母牛，所得到的也是按事前的約定來分配，不能說拿固定份額的李四就不是乙母牛的所有者。

11.2 摩迪格蘭尼—米勒第二定理的謬誤

由前一節的第一定理我們可以推導出摩迪格蘭尼—米勒第二定理。假設有負債公司的資金流量為 $\tilde{X}$，$\tilde{X}$ 將分配給股東 ($\tilde{X}_S$) 與債主 ($\tilde{X}_B$)：

$$\tilde{X} \equiv \tilde{X}_B + \tilde{X}_S$$

或

$$E[\tilde{X}] \equiv E[\tilde{X}_B] + E[\tilde{X}_S] \tag{1}$$

債主與股東總共要出資 V_L 的價值才能得到 $\tilde{X}$ 的資金流量。他們協商後各出 B 及 S_L 使得 $V_L \equiv B + S_L$，因此股東的期望報酬率為 $E[\tilde{r}_S] \equiv E[\tilde{X}_S]/S_L$，債主的期望報酬率為 $E[\tilde{r}_B] \equiv E[\tilde{X}_B]/B$，$E[\tilde{r}_S]$ 與 $E[\tilde{r}_B]$ 分別為股東與債主投資資金的機會成本，換言之，若是在其他的公司裡可以拿到更多的報酬，他們就會離開並且投資於其他公司。

由第一定理得知 $S_L + B = V_L = V_U$，S_L 與 B 互相增減但其總和仍是等於一個常數 V_U，因此加權平均資金成本 (weighted average cost of capital: WACC) $E[\tilde{r}_{WACC}] \equiv E[\tilde{X}]/(S_L + B)$ 也會是一個常數：只要投資生產計畫不改變 (仍然是 $\tilde{X}$ 及 $E[\tilde{X}]$)，則公司負債比例的改變 (亦即 S_L 與 B 的互相增減) 不會影響 $E[\tilde{r}_{WACC}]$。因此(1)式可以改寫為：

$$E[\tilde{r}_{WACC}] \cdot (S_L + B) \equiv E[\tilde{r}_B] \cdot B + E[\tilde{r}_S] \cdot S_L \tag{2}$$

或

$$E[\tilde{r}_S] = E[\tilde{r}_{WACC}] + (\frac{B}{S_L})(E[\tilde{r}_{WACC}] - E[\tilde{r}_B]) \tag{3}$$

我們可以假設當負債 (B) 上升至某個數值之前為確定、沒有風險，因此 $E[\tilde{r}_B] = r_B$，則「只要(3)式的加權平均資金成本 $E[\tilde{r}_{WACC}]$ 大於債主的機會成本 r_B，則公司的負債比例 (B/S_L) 上升時，股東的期望報酬率 $E[\tilde{r}_S]$ 就會

隨之上升」，這就是摩迪格蘭尼－米勒第二定理。要注意的是，在雙牛記及
(1)式至(3)式中，並沒有限制或規定投資人的風險偏好為何，而只要在(3)式
裡的 $E[\tilde{r}_{WACC}]$ 大於 $E[\tilde{r}_B]$，則第二定理就會成立。例如若是政府規定
$E[\tilde{r}_{WACC}]$ 大於 $E[\tilde{r}_B]$，則 $E[\tilde{r}_S]$ 就會隨著負債比例的上升而上升；或是如第
二章的釋例 1：因為有專利權，投資 80 萬元後每年可得到確定的 12 萬元，
股東報酬率為 $r_S = 15\%$ (= 12/80)，銀行的利率為 $r_B = 10\%$，若是全數借債，
則股東的報酬率會變成無限大 ($r_S = (12–8)/0 \approx +\infty$)。以上的兩個例子說明
了，只要第一定理成立及 $E[\tilde{r}_{WACC}]$ 大於 $E[\tilde{r}_B]$，第二定理即成立，而這是和
投資人的風險偏好毫無關係。

　　財務金融文獻裡對摩迪格蘭尼－米勒第二定理有三種錯誤的闡釋，現
在分別說明如下：

(1)負債增加會造成財務風險 (financial risk) 上升，因此股東的期望報
　酬率亦會隨之上升。

　　　我們可以舉一例來說明。假設一個未負債公司的資產價值為 80
萬元，未來經濟情勢有繁榮（資金流量為 20 萬元）與蕭條（資金流
量為 4 萬元）二種可能，機率分別為 0.5，公司考慮將 80 萬元股份
的一半 40 萬元由借債取代，借債的年利率為 10%，則結果如下表所
示：

表 11–1　不同資本結構下之報酬

	無負債			有負債		
	蕭條	期望值	繁榮	蕭條	期望值	繁榮
加權平均資金成本	5%	15%	25%	5%	15%	25%
資金流量	4 萬元	12 萬元	20 萬元	4 萬元	12 萬元	20 萬元
債主所得的利息	0 元	0 元	0 元	4 萬元	4 萬元	4 萬元
股東所得的報酬	4 萬元	12 萬元	20 萬元	0 元	8 萬元	16 萬元
股東報酬率	5%	15%	25%	0%	20%	40%

　　　從沒有負債變成有負債時，股東的報酬率的期望值由 15% 增加

為 20%，但是報酬率變化的範圍也從 5% 至 25% 之間擴大為 0% 至 40% 之間（這就是財務金融文獻上所謂的財務風險增加）。❸摩迪格蘭尼和米勒在他們的 1958 年論文中宣稱：「以債權取代股權來融資會增加股東的期望報酬率，但這必須付上股東報酬率的變異增大的代價」（the use of debt rather than equity funds to finance a given venture may well increase the expected return to the owners, but only at the cost of increased dispersion of the outcomes, p. 263）；米勒 1988 年的論文宣稱：「以較低資金成本的債權來取代股權所得到的任何好處，都會被由於股權的風險上升而導致股權資金成本上升所抵銷」（any gains from using more of what might seem to be cheaper debt capital would thus be offset by correspondingly higher cost of the now riskier equity capital, p. 100）；❹羅斯等人（Ross et al.）2005 年的教科書宣稱：「有負債公司的股東在經濟繁榮時比無負債公司股東得到較多的報酬率，但在經濟蕭條時則會得到較低的報酬率，這表示了增加負債會帶來較大的風險」（the levered stockholders have better returns in good times than do unlevered stockholders but have worse returns in bad times, implying greater risk with leverage, p. 410）。

　　上述文獻認為負債的上升會使得股東報酬率的變異數變大，風

---

❸ (3)式在不以期望值表示時，可以改寫為：

$$\tilde{r}_S = \tilde{r}_{WACC} + (\frac{B}{S_L})(\tilde{r}_{WACC} - \tilde{r}_B) = (1 + \frac{B}{S_L}) \cdot \tilde{r}_{WACC} - (\frac{B}{S_L}) \cdot \tilde{r}_B$$

債權若得確定的報酬：$\tilde{r}_B \equiv r_B$，則股東報酬率的變異數為：

$$Var(\tilde{r}_S) = (1 + \frac{B}{S_L})^2 \cdot Var(\tilde{r}_{WACC})$$

其中 $\tilde{r}_{WACC} = \tilde{X} / (S_L + B)$，而在第一定理成立之下，負債比例 (B / S_L) 的改變不會影響 $(S_L + B)$ 之值，也不會影響 $\tilde{r}_{WACC}$ 之機率分配（因為 $\tilde{X}$ 與 $(S_L + B)$ 不會改變），因此 $Var(\tilde{r}_{WACC})$ 不受負債比例變化的影響。要注意的是，不論投資人的風險偏好為何，股權報酬率的變異數都會隨著負債比例的上升而增加。

❹ Miller, Merton, 1988, "The Modigliani-Miller Propositions: After Thirty Years," *Journal of Economic Perspectives* 2, 99–120.

險變大，因此厭惡風險的股東會要求有更高的期望報酬率，以為補償。我對之的反駁有以下兩點：第一、報酬率的變異變大代表了財富有可能有更多向下的損失，但也有可能有更多向上的提升，投資人不一定認為報酬率的變異增大是件壞事，否則就不會有以確定的金錢來交換未來不確定價值的財貨的期貨或遠期契約交易；第二、即使是在厭惡風險的期望值—變異數分析的強烈假設之下（mean-variance analysis 假設了人們在給定的期望報酬率下會喜歡較低的報酬率變異數；在給定的報酬率變異數之下會喜歡較高的期望報酬率），只有與其他資產之間的報酬率的共變異數才是風險，而資產本身報酬率的變異數根本不是風險（見第七章的(15)式），因此股東報酬率的變異數的增加完全不影響股東的期望報酬率。

(2)由資本資產定價模型 (CAPM) 可以發現：負債增加會導致股權的貝它（風險）上升，因此股東的期望報酬率亦隨之上升。

假設 CAPM 成立，則股權與債權的期望報酬可以表示為：

$$E[\tilde{r}_S] = R_f + (E[\tilde{R}_M] - R_f) \cdot \beta_S \tag{4}$$

$$E[\tilde{r}_B] = R_f + (E[\tilde{R}_M] - R_f) \cdot \beta_B \tag{5}$$

(4)式左右兩邊各乘上 S_L，(5)式左右兩邊各乘上 B，再將之加總可得到：

$$E[\tilde{r}_{WACC}] \cdot (S_L + B) \equiv E[\tilde{r}_S] \cdot S_L + E[\tilde{r}_B] \cdot B$$

$$= R_f(S_L + B) + (E[\tilde{R}_M] - R_f) \cdot (\beta_S S_L + \beta_B B)$$

或

$$E[\tilde{r}_{WACC}] = R_f + (E[\tilde{R}_M] - R_f) \cdot (\beta_S \frac{S_L}{S_L + B} + \beta_B \frac{B}{S_L + B}) \tag{6}$$

令：

$$\beta_{WACC} = \beta_S \frac{S_L}{S_L + B} + \beta_B \frac{B}{S_L + B}$$

則：

$$\beta_S = \beta_{WACC} + (\frac{B}{S_L}) \cdot (\beta_{WACC} - \beta_B) \tag{7}$$

當摩迪格蘭尼－米勒第一定理成立時，負債比例 (B/S_L) 的改變不會影響 $E[\tilde{r}_{WACC}]$ 之值 ($E[\tilde{r}_{WACC}] \equiv \dfrac{E[\tilde{X}]}{S_L + B}$)，因此也不會影響(6)式中的 β_{WACC}。設若債權有確定的報酬（亦即 $\beta_B = 0$），則由(7)式可以得到下面的結論：負債比例 (B/S_L) 的上升會使得股權的貝它 (β_S) 上升，因此(4)式的股權的期望報酬率 $(E[\tilde{r}_S])$ 也會隨之上升（見 Brealey and Myers, 2003, p. 475；或 Hamada, 1969）。❺

我對上述說法的反駁如下：要由(7)式得到「(B/S_L) 上升使得 β_S 上升」的結論就需要假設 β_{WACC} 大於 β_B，而假設 β_{WACC} 大於 β_B 就等於假設(6)式中的 $E[\tilde{r}_{WACC}]$ 要大於(5)式中的 $E[\tilde{r}_B]$，但由前面對(3)式的討論我們已經知道：只要第一定理成立及 $E[\tilde{r}_{WACC}]$ 大於 $E[\tilde{r}_B]$，第二定理就會成立，而這個結論與 CAPM 或任何其他資產定價模型是否成立根本無關。換言之，並不是：「當第一定理成立時，負債比例 (B/S_L) 上升會導致股權的貝它 (β_S) 上升，因此股東的期望報酬率 $(E[\tilde{r}_S])$ 也隨之上升」，而是：「當第一定理成立及 $E[\tilde{r}_{WACC}]$ 大於 $E[\tilde{r}_B]$時，負債比例上升就會導致股東的期望報酬率上升。而當我們強加上『CAPM 成立』這個沒有必要的限制條件時（亦即假設我們生活在 CAPM 的世界中），$E[\tilde{r}_{WACC}]$ 大於 $E[\tilde{r}_B]$ 就等於要求(7)式中的 β_{WACC} 大於 β_B，再加上第一定理成立，則負債比例上升，會使得 β_S 上升，而(4)式的 $E[\tilde{r}_S]$ 亦隨之上升」。

(3)債主要比股東先拿份額，先拿者先贏，因此負債增加會使得股東的風險上升，因而股東的期望報酬率也上升 (stockholders do receive more earnings per dollar invested, but they also bear more risk, because they have given lenders first claim on the firm's assets and operating income, Myers, 1984, p. 94)。❻

❺ Hamada, Robert, 1969, "Portfolio Analysis, Market Equilibrium and Corporation Finance," *Journal of Finance* 24, 13–31.

❻ Myers, Stewart, 1984, "The Search for Optimal Capital Structure," *Midland Corporate*

　　上述的說法當然是錯誤的。我們由第二章的羅賓漢強盜集團例子就已經知道：事後的分配是按事前的約定，不論是煮飯的阿婆（債主）先拿或是羅賓漢的老大（股東）先拿，大家都是拿事前所約定的部分，並沒有所謂「先拿先贏」或「先拿者造成後拿者的風險」的問題。先拿先贏只會在財產權不清楚（例如公共財）的情形下才會發生，產權若不清楚則湖裡的魚誰先撈到就屬於誰，公司在成立之初就已經決定事後如何分配，不會有事後財產權不清楚的情況。在表 11–1 裡，當半數的股權投資（40 萬元）由借債取代時，股東所退出的 40 萬元仍然可以在其他的地方（例如銀行）得到它的 10% 機會成本（否則股東不會退出這 40 萬元），因此不論負債前或是負債後，股東所得到的總報酬率都是一樣的，換言之，股東的財富不會因為部分股權被債權取代而有任何影響。再者，即使在無負債時，股東投資的 80 萬元中，40 萬元可看作是債權而得到確定的 10% 報酬，另外的 40 萬元為股權是得到 0% 或者 40% 的報酬，而這並不是因為什麼債主先拿使得股東的風險增加所致。

案例研讀

妻妾問題

　　妾制在中國社會有很長的歷史，社會及法律承認一個男人與一群女人住在一個家庭共同生活的權利，但是只承認其中一人為其配偶（妻），其餘的人則為妾。《白虎通義》云，「妾者接也，以時接見也」，《釋名》亦云，「妾，接也，以賤見接幸也」，因此古人說聘則為妻，奔則為妾，妾是買來的，根本不能行婚姻之禮，並且妾自己的父母、兄弟、姊妹等也不能來往家長之家的，他們之間根本不成立親戚關係。妾也不能上事宗廟（這是婚姻的功能），不能

Finance Journal 1, 6–16; also in Stern, J. and D. Chew (ed.), 1986, *The Revolution in Corporate Finance*, pp. 91–99, Oxford: Basil Blackwell.

參與家族的祭祀，也不能被祀（有子則為例外，但只能別祭，不能入廟）。妾無論如何是不能入家長之宗的。❼妾既與家長的親屬不發生親屬關係，妾只能像僕從一樣稱夫為老爺，稱夫之妻為太太（夫人），稱妻所生的子女為少爺、小姐。《紅樓夢》裡的探春、環兒雖是賈府的三小姐、三爺，但他們的母親趙姨娘仍是奴僕身份，大家聚會、說話，探春、環兒可以坐著，趙姨娘則必須站著，探春、環兒卻認王夫人為母，只把趙姨娘當作庶母、姨娘。由此可見妾同丈夫，實為夫妻，名份與地位上卻為主僕（妾比下人高一些，但仍是奴僕）。

　　妾為何只具奴僕的稱謂與身份是個有趣的問題。有謂這是為了維護一夫一妻制，及保障封建宗法制度與家族統治。中國的禮法上是以先後來定妻妾的名份，只承認先娶者為妻，後娶者為妾，《晉書》曾記載：「甲娶乙後又娶丙，居家如二適，子宜何服？」太尉荀覬議曰：「……先至為適，後至為庶，而子宜以適母服乙，乙子宜以庶母服丙。」。清嘉慶年間的判例甚至更為嚴厲，即使是兄弟二人只有一子，為之娶二妻承繼兩房（稱之為兼祧），仍是先娶者才是正妻，後娶者是妾。我們可以說先娶進來的妻對家庭有更早、更多的投入，因此後娶進來者不應與之平均分享，而應得到少一些。但是只要差個一、兩分鐘舉行婚禮，即有妻妾、主僕之別，所謂以先來後到、貢獻有別來定妻妾的名份似乎並不成立。我在這裡用公司債 (corporate bond) 的例子來說明，中國的禮法何以有這種先到為妻後到為妾的規定。宏碁公司若是以發行公司債向張三借款 100 萬元，並且以公司的價值 120 萬元的資產作為擔保，則此債券的利息會等同於銀行的確定利率，但若在張三買了債券之後，宏碁公司又立刻向李四發行另一批 100 萬元的債券，並以同一資產作為擔保，則李四買的債券的利息會較高，張三就吃了大虧。為了防止上述的情況發生，張三在購買債券時會先要求在債券契約上註明該批債券擁有第一優先求償權（亦即公司倒閉時，張三將先得到拍賣該資產的 100 萬元），以避免公司將同一個資產再抵押給不同的人，造成張三的財富轉移至公司的手中。同樣地，我們可以想像第一個娶進來的妻，若對資產（夫及夫名下的財產）沒有「第一優先求償權」，則她的丈夫很可能會像宏碁公司一樣，再以同一個資產作擔保，

❼ 翟同祖，《中國法律與中國社會》，上海商務印書館，1947。

娶第二個妻(發行第二批公司債)。因此禮法上作先娶為妻、後娶為妾的限制，乃是不得不爾，否則男人將很難娶到妻子(每個女人都將等到這個男人快要死掉時再嫁給他，以平分遺產)。

11.3　總　結

本章的主要論點為：

- 雙牛記的故事說明了：只要交易成本為零，公司的負債比例與公司的市場價值無關，這就是摩迪格蘭尼－米勒第一定理，但這個定理的成立既不需要個人與公司借款利率相同的假設，也不需要借債的利息為確定、沒有風險的假設。

- 摩迪格蘭尼－米勒第二定理為第一定理的引理：只要加權平均資金成本 ($E[\tilde{r}_{WACC}]$) 大於債權的期望報酬率 ($E[\tilde{r}_B]$)，則當負債比例上升，股東的期望報酬率 ($E[\tilde{r}_S]$) 就會隨之上升。

- 摩迪格蘭尼－米勒第一與第二定理的成立與投資人的風險偏好無關。負債比例上升使得股東報酬率的變異數變大並不代表股東的風險增加；第一與第二定理的成立也與資本資產定價模型 (CAPM) 或任何資產定價模型成立與否無關；公司的股東與債主是按事前的約定來分配資金流量，並沒有所謂「先拿先贏」的問題。先拿先贏只會在財產權不清楚 (例如公共財) 的情形下才會發生，公司在成立之初就已經決定事後如何分配，不會有事後財產權不清楚的情況，因此沒有所謂：「債主要比股東先拿，因此負債增加會使得股東的風險上升，因而股東的期望報酬率也隨之上升」的錯誤說法。

本章習題

1. 請以財產權的觀點說明「先拿先贏」這句話的真偽。

2. 請說明本書第二章的「生產決策與融資決策無關論」與「摩迪格蘭尼－米勒第一定

理」之間的關係。

3. 科斯定理是：當交易成本為零時，不論財產權如何分配，生產效率是相同的。請比較科斯定理與摩迪格蘭尼—米勒第一定理之間的異同。

4. 請問能否找到一個「個人與公司的借款利率相同」的例子？以雙牛記來證明摩迪格蘭尼—米勒第一定理時需要什麼假設？

5. 請說明摩迪格蘭尼—米勒第二定理及對它的錯誤闡釋。

有交易成本之下的資本結構

本章裡的交易成本指的是人們在互相交換、合作時所發生的機會成本，它所包括的範圍要遠大於買賣證券的手續費、政府收取的交易所得稅等。在 12.1 節我們先討論低負債時的交易成本：較高的公司所得稅、怠惰與職務上的消費、官僚體制的增長。12.2 節說明高負債時的交易成本：高倒閉成本，以及所謂投資不足與過度投資的現象。12.3 節介紹了以內部資金為第一優先，借債次之，最後才是增發新股的融資順位理論。12.4 節為公司資本結構 (capital structure) 的實證結果。

12.1　低負債的交易成本

在這一節裡我們將分別討論，當公司的負債很低時所發生的各種交易成本。

⊗ 稅 (tax)

我們從第二章羅賓漢強盜集團的例子裡，已瞭解到各個生產資源提供者是按事前的約定來分配各人應得的份額，政府因為未提供它的「服務」，因此在分配中無份額。假設一個公司是在一個有政府存在的世界中，則如損益表 (income statement) 所示，銷貨收入減去銷貨成本、管銷費用、折舊及利息之後為應納稅所得 (taxable income)。若是生產銷售計畫未變，而負債的比例上升（亦即負債增加、股權減少），則應課稅所得的金額下降，自然繳給政府的公司所得稅額也會下降。繳稅減少，則屬於資金提供者（包括股東與債主）的份額就會增大。因此若是一對夫婦擁有一個公司，若是他們都為股東，則付出的公司所得稅額較高，若是其中一人扮成債主，則付出的公司所得稅額較少，站在這對夫婦的立場，該公司的資本結構會變成 100% 的負債。

以上的說法可以用數學式子來表示：設負債公司每年的資金流量為 $\tilde{X}$，其期望值為 $E[\tilde{X}]$，公司稅率為 T_C，債權為 B，則假設利息為確定，股東可得到：$(1-T_C)\cdot(E[\tilde{X}]-r_B\cdot B)$，債主可得到：$r_B\cdot B$，兩者所得的總和為：

$$(1-T_C) \cdot E[\tilde{X}] + r_B \cdot B \cdot T_C \tag{1}$$

其中 $(1-T_C) \cdot E[\tilde{X}]$ 為該公司若未負債時的稅後屬於股東的部分，定義其資金的機會成本（亦即折現率）為 $E[\tilde{r}_o]$，經折現後公司未負債時之市場價值的現值為 $(1-T_C) \cdot E[\tilde{X}]/E[\tilde{r}_o] \equiv V_U$。$(r_B \cdot B \cdot T_C)$ 為確定的資金流入，是因為負債所帶來的公司所得稅的減少，由於債主在期初投入 B，而在 1 年後得到的報酬為 $r_B \cdot B$，亦即債權的確定報酬的機會成本（折現率）為 r_B，因此我們以 r_B 來折現(1)式的第二項的確定報酬（亦即 $(r_B \cdot B \cdot T_C)/r_B$）。有負債公司的市場價值的現值因此可以表示為：

$$V_L = V_U + B \cdot T_C \tag{2}$$

由(2)式也可以發現負債 (B) 愈高，公司的市場價值 (V_L) 愈大。因為 $E[\tilde{r}_o] \cdot V_U \equiv (1-T_C) \cdot E[\tilde{X}]$，負債公司的股東出資 S_L，債主出資 B，$V_L \equiv S_L + B$，資金的期望報酬率（機會成本）分別為：$E[\tilde{r}_S]$ 及 r_B，則(1)式可以改寫為：

$$(1-T_C) \cdot E[\tilde{X}] + r_B \cdot B \cdot T_C = E[\tilde{r}_o] \cdot V_U + r_B \cdot B \cdot T_C = E[\tilde{r}_S] \cdot S_L + r_B \cdot B$$

由(2)式：$V_L \equiv S_L + B = V_U + B \cdot T_C$，將 $V_U = S_L + B - B \cdot T_C$ 代入上式之中：

$$E[\tilde{r}_o] \cdot (S_L + B - B \cdot T_C) + r_B \cdot B \cdot T_C = E[\tilde{r}_S] \cdot S_L + r_B \cdot B$$

或

$$E[\tilde{r}_S] = E[\tilde{r}_o] + (\frac{B}{S_L})(1-T_C)(E[\tilde{r}_o] - r_B) \tag{3}$$

與第十一章的(3)式比較，我們稱上式為有公司所得稅時的股東的期望報酬率。

以上的(1)式至(3)式是假設只存在有公司所得稅，但在實務上還有個人所得稅。假設股東的個人所得稅率為 T_S，則股東的稅後所得為 $(1-T_C) \cdot (E[\tilde{X}] - r_B \cdot B) \cdot (1-T_S)$；債主稅率為 T_B，債主稅後所得為 $(1-T_B) \cdot r_B \cdot B$，而兩者的總和為：

$$E[\tilde{X}] \cdot (1-T_C) \cdot (1-T_S) + r_B \cdot B \cdot (1-T_B) \cdot [1 - \frac{(1-T_C)(1-T_S)}{1-T_B}] \tag{4}$$

其中 $E[\tilde{X}] \cdot (1-T_C) \cdot (1-T_S)$ 為該公司若未負債時的稅後屬於股東的報酬，將之折現後公司未負債時之市場價值的現值為 V_U。由於債主在期初投入 B，

而在 1 年後付個人所得稅後的報酬為 $(1-T_B) \cdot r_B \cdot B$，亦即債權的確定報酬的機會成本（折現率）為 $(1-T_B) \cdot r_B$，因此我們同樣以 $(1-T_B) \cdot r_B$ 來折現(4)式的第二項的確定報酬。所以有負債的公司在有公司所得稅及個人所得稅的情形下，它的市場價值的現值可以表示為：

$$V_L = V_U + B \cdot [1 - \frac{(1-T_C)(1-T_S)}{1-T_B}]$$ (5)

以上稱為米勒模型 (Miller model)。❶若是 $(1-T_C) \cdot (1-T_S) = 1-T_B$，則(5)式成為 $V_L = V_U$，亦即摩迪格蘭尼─米勒第一定理成立；若是 $T_S = T_B$，則(5)式成為(2)式：$V_L = V_U + B \cdot T_C$，只有公司所得稅率起到作用。

✪ 怠惰 (shirking) 及在職務上的消費 (perquisites or on-the-job consumption)

負債低表示在短期內需支付的現金較少，對於公司管理階層的壓力也較小，因此可能會出現兩種交易成本：(1)外界不易觀察到的怠惰行為；(2)外界較易察覺的在職務上的消費（例如豪華辦公室、使用公司的轎車等）。若是公司的管理階層擁有的股份愈少，則這兩種的交易成本會愈高（因為多花費 1 元在自己身上，其中只有少部分是屬於自己的錢，大部分是由他人支付），公司的市場價值應會愈低。但是上述的說法並沒有考慮到勞動市場的競爭及機會成本的概念：各個生產資源提供者會要求在該公司至少要拿到機會成本的報酬，若是原料、資金提供者或是勞工等拿不到他們的機會成本，則他們會離開、另投入其他的公司，管理階層也是要面對勞動市場的競爭，因此管理階層所得到的總報償（怠惰及職務上消費的價值再加上工作的金錢報酬）會是一個常數，是與管理階層擁有的股份高低無關的。德姆塞茨與連恩的實證研究 (Demsetz and Lehn, 1985) 也證實了這一點：他們發現在 1980 年美國 511 家公司中，會計報酬率（淨利除以股權的帳面價值）與管理階層擁有的股份高低並沒有顯著的關係。❷莫克等人 (Morck,

---

❶ Miller, Merton, 1977, "Debt and Taxes," *Journal of Finance* 32, 261–275.

❷ Demsetz, Harold and Kenneth Lehn, 1985, "The Structure of Corporate Ownership:

Shleifer and Vishny, 1988) 則發現：當管理階層持有的股份上升時，公司的「托賓 Q 比率」(Tobin's Q 定義為股權與債權市值之和再除以公司資產的重置成本) 會先上升，然後再下降。他們的解釋是：公司管理階層擁有的股份比例上升時會使得管理階層的利益與外界股東 (outside stockholders) 的利益比較一致，因此怠惰的情形會減輕，但是當管理階層持有的股份再往上增加時，則會使得公司不易被他人兼併 (take-over)，因此不易更換不適任的管理階層。❸

✺ 官僚體制增長的傾向 (Leviathan)

利維坦 (Leviathan) 是《聖經》中的海中巨獸，牠是無人可治、無法可管，並且不理旁人、我行我素的東西。在政治學上，以利維坦來描述政府的權力。公共選擇理論 (public choice theory) 認為官僚為了追求權力及職務上的消費，會設法擴大政府預算、增加政府的規模，而為了減少這種利維坦式的浪費，人民也會在憲法中訂定條件來約束政府的支出與收入的來源。公司裡的投資人與政治裡的人民不同的是，公司裡的投資人有權選擇離開，可以改投資於其他公司。但是公司裡的經理也是跟政府中的官僚一樣，會追求擴大公司的規模。一個擁有萬名員工公司的總經理的地位要比一個只有幾十名員工公司的總經理的地位高得多，龐大的規模也可以用來合理化較高的管理職務報酬。企業愈大、愈複雜，股東就愈難以監控經理的活動，經理擁有的權力也就愈大，因此若是公司的負債愈低，則公司管理階層的壓力就愈小，怠惰及職務上的消費也會增加。

與上面官僚體制增長說法類似的看法為「自由資金流量說」(free cash flow hypothesis)，傑生 (Jensen, 1986) 的自由資金流量定義為公司裡的資金超過投資計畫所需的部分，公司的自由資金愈多，公司的管理階層愈沒壓

Causes and Consequences," *Journal of Political Economy* 93, 1155–1177.

❸ Morck, Randall, Andrei Shleifer and Robert Vishny, 1988, "Management Ownership and Market Valuation: An Empirical Analysis," *Journal of Financial Economics* 20, 293–315.

力而更懶散，並且會有想要擴大公司規模的過度投資（即使投資計畫的淨現值為負）的現象。因此傑生建議增加公司的負債，及儘量減少公司的自由資金，以免管理階層怠惰。❹不過傑生的說法仍有邏輯上的問題：若是公司只要一有暫時用不到的資金就以股利發放出去，並且加大負債比例以迫使管理階層不敢懈怠，則管理階層又何必拼命提高公司的效率？因為反正公司多賺的錢也不會留在公司，公司遇到財務困難，管理階層丟掉工作的風險仍舊是一樣；這種情形與政府管制企業，並要求這些企業一旦有多賺錢就需降價是相同的，這也是為什麼價格受管制的企業（例如自來水、電力及電話公司）效率不彰的原因之一。傑生在他的論文中也提到：美國石油業在 1970 年代石油危機時擁有許多的自由資金流量，同時因為對石油的需求減少，這些業者應該減少石油探勘業務，但是石油業在那段時間反而利用豐富的內部資金進行許多不划算的探勘計畫，因此自由資金假說似乎是成立的。但這個例子的盲點是：產業常在不景氣時加緊投資，以備景氣反轉時能及時擴大生產，而這種作法在面對同一產業內其他業者加大投資時更是如此。最近幾年對半導體晶片的需求低迷，但晶圓大廠仍加速投資即是一例，我們可以將這種投資行為視為是一種購買實質期權 (real option) 的行為，是向上天購買一個未來競爭力與獲利力的機會。

12.2　高負債的交易成本

公司負債高時，會產生公司倒閉、投資不足及過度投資的交易成本，現在分別說明如下。

✪ 倒閉成本 (bankruptcy costs)

第二章的羅賓漢強盜集團的例子裡是沒有交易成本，因此也沒有倒閉成本：做一票後即散夥，每個人都按事前的合約來分配事後所得的大餅。

---

❹ Jensen, Michael, 1986, "Agency Costs of Free Cash Flow, Corporate Finance, and Takeovers," *American Economic Review* 76, 323–339.

但在現代資本主義的社會中，公司倒閉是有交易成本的。倒閉成本又稱為財務危機成本 (financial distress costs)，可分為直接倒閉成本與間接倒閉成本。直接倒閉成本是指當公司倒閉清算時，依法需要雇請律師與會計師所花的費用，這些錢自然是由資金提供者的份額來支付，這是因為（低階）勞工、原料、水電提供者是拿月薪或是供貨時即取得貨款。若是公司的負債比例變高，則公司倒閉清算（因付不出負債的本利和）的機率也愈大，因此直接倒閉成本發生的機會也會增加。資金提供者為了節省是項成本，會有降低公司負債的動機。

間接倒閉成本是指公司在倒閉清算之前所發生的交易成本。這其中包括了原料供應商會要求立刻付現，好的員工提早離開公司，雇用新員工較困難，下游的客戶擔心公司會消失，公司的產品是耐久財 (durable goods) 的話，顧客較不願意購買，這些都會增加公司的經營成本，降低投資計畫的淨現值。此外，公司若倒閉，公司所累積的工作知識、團隊合作經驗及公司文化將會失去，而大公司雇用許多人，若是破產會造成大量失業，這也是政府想要避免的。

實行普通法 (common law) 的美國與實行成文法 (civil law) 的德國在破產程序上有所不同。在德國，若是公司付不出負債的本利和，則會依照事前的約定，公司立即進入清算程序。在美國，則是允許公司的管理階層有獨一的資格能提出第 11 章 (Chapter 11) 的破產保護要求，此時債權人不能清算公司的資產，在經過 4 至 6 個月（甚至更長時間）後，法官若同意則會有公司重整 (reorganization)，現有的管理階層在這段過程裡常可以保留自己的位置，股東也有機會可以翻本，因此他們較會同心協力地爭取第 11 章的破產法來保護公司重整，而債權人則站在對立面希望能早日取得資產的所有權。若是破產程序加長，公司的價值（此時應是屬於債主）流入律師口袋的份額也愈多，因此有優先權的債主 (senior claimants) 可能會同意非優先權的股東 (junior claimants) 所提的重整計畫，以免冗長的法律程序造成更多的損失。由這裡我們可以發現普通法的影響：美國法庭的法官雖然不一定具有管理或專業知識，但卻可以判定一個公司是否可以重整，

而這可能是一個錯誤的決定（這種**政府失靈** (government failure) 的例子，請參考 Weiss and Wruck, 1998）。❺此外，美國破產法的法官還能決定哪一些人（例如員工甚或一般大眾）可以有權得到份額，這種改變私人間事前契約的做法自然會造成**尋租** (rent-seeking) 的現象：當法官將私人產權變成公共無主之物時，許多人會花費成本（遊說成本）去爭取所有權。但是美國的破產法制度並不一定會造成債主的重大損失，這是因為只要法定程序是有一定的慣例可循，而不是朝令夕改，則債權人可以在事前考慮破產法第 11 章的影響，而要求更高的利率作為補償。

✖ 投資不足 (underinvestment) 的成本

假設公司的資產價值只剩下 100 元，而再過 2 個月就要付給債主本利和共 200 元，此時公司接到政府訂單，若是投入 150 元生產就可立刻獲得 210 元（淨現值為 60 元），但是這時公司的股東是不會願意再出資 50 元（加上公司原來的 100 元）進行投資的，這是因為在生產結束後，債主可以得到 200 元，而股東只能得到 10 元（亦即股東投資 50 元而只能回收 10 元），因此這個正的淨現值投資計畫會因為負債太高而被放棄（見 Myers, 1977）。❻但是上述的說法忽略了投資人可以互相**協商** (renegotiation) 的可能。股東可以與債權人協商使得他們在合作的情形下彼此都有好處，例如股東出資 50 元但可得 60 元，而債主可得到的 150 元要高於不合作時的 100 元。股東與債權人此時的合作當然會有交易成本，若是交易成本太大以至於協商不成，該投資計畫就有可能被放棄，但是他們對這類投資案是否容易協商在公司成立之初就應該有所考慮：若是在事前就已經知道以後會很難協商合作，則一開始時就會放棄組成該公司。

---

❺ Weiss, Lawrence and Karen Wruck, 1998, "Information Problems, Conflicts of Interest, and the Asset Stripping: Chapter 11's Failure in the Case of Eastern Airlines," *Journal of Financial Economics* 48, 55–97.

❻ Myers, Stewart, 1977, "Determinants of Corporate Borrowing," *Journal of Financial Economics* 5, 147–175.

⊗ 過度投資 (overinvestment) 的成本

在上例中若是將投資計畫改為投入 100 元，而有 0.2 的機會得到 300
元，有 0.8 的機會得到 0 元，則股東（假設同時也是管理階層）則會進行
投資，這是因為若有損失（由 100 元變成 0 元），是損失債權人 2 個月後應
得的份額，而若有機會搏得 300 元，股東在扣除付給債主的 200 元後，還
有剩餘 100 元。在這個例子中，股東事實上是拿債權人的錢去冒險，向下
的可能損失由債權人負擔，而債權人的向上的好處卻有限（所得到的不超
過 200 元），因此債主會在債權契約上訂定保護條款 (protective covenants)
以避免之。保護條款要求公司不得隨意變更事前約定的投資方案、不得在
公司未獲利的情形下發放股利（以免公司資產減少、債權的保障降低）、在
與其他公司合併前需先償還負債，除非原債權有第一優先求償權，否則不
得增加新債等。

12.3　融資順位理論

融資順位理論是實務界人士很早在市場上就發現的現象：公司融資的
第一優先是內部資金 (internal fund)，然後是給較確定利息的借債，最後才
是發行新股票融資。傳統的看法是，發行新股的發行成本 (issuance costs) 較
高，而使用內部資金是沒有發行成本，因此有融資順位的現象。財務金融
文獻則認為：公司認為它的股票被高估時才會發行新股，低估時則不會以
發行新股籌資，因此一旦公司增發新股時，市場的投資人會解釋該行動代
表公司內部認為該公司現有的股票價格被高估，因之公司的股票價格會立
刻下跌，為了避免這種結果，公司籌資時最後才會採用增發新股的手段。
我在這裡以所有權的觀點來解釋融資順位現象：公司若有正的淨現值投資
計畫時才會籌資並投資，而這個新計畫的正的淨現值的所有權應是屬於現
有的股東所有，因此為了「肥水不落外人田」，公司會先從內部資金籌資，
若不足時才會向外界借債（債主得到機會成本，超額利潤或淨現值則屬於

股東），因此若是公司以向新的股東增發股票方式來籌資，則外界會將之解
釋為該投資方案一定是個負的淨現值投資計畫（沒有人會相信現有股東是
個慈善家，願意與新股東分享正的淨現值），公司如此做的目的只是想由新
的股東來補貼現有的股東，故而增發新股票會使得市場上的現有股票的價
格下跌。

　　融資順位理論若成立，則公司不會有既定的**目標負債比率** (target debt
ratio)，並且因為以內部資金為第一優先，獲利高的公司會累積內部資金，
提早償還借款，因此有較低的負債比例。一些成長較快的產業可能不願發
放股利，因此得以累積更多的內部資金，並且增加向外借債以使得未來的
創新成長的好處保留給現有的股東。受到管制的獨占或寡占企業（例如電
力、自來水、電話公司等）的收入較確定，並且較無成長機會，因此公司
的自由資金增加時會以股利方式發放出去，並不會以之提早還債來降低負
債比例。

12.4　資本結構的實證結果

　　賈拉罕與哈威 (Graham and Harvey, 2001)❼對美國公司的調查發現，
公司管理階層在考慮借債時最重視**財務彈性** (financial flexibility)，次之則
是公司的**信用評等** (credit rating)，有近 44% 的公司有目標負債率；公司所
得稅因負債抵減會是個考慮的因素，但是公司投資人的個人所得稅率不是
個考慮因素；股權或債權的發行成本（特別是小公司）是借債的考慮因素
之一，公司會因為股價上升發行新股，內部資金籌資比外界借債或增發新
股優先考慮，因此是支持融資順位理論；12.2 節的高負債可能會造成投資
不足或是過度投資的說法並不成立，同樣地，自由資金流量假說也不成立，
這也顯示了公司因為有競爭，因此不會像官僚體制般的無效率增長；產業
內的負債比例要比產業間的負債比例更一致，這裡顯示出公司的經理人有

❼ Graham, John and Campbell Harvey, 2001, "The Theory and Practice of Corporate Fi-
　nance: Evidence from the Field," *Journal of Financial Economics* 60, 187–243.

從眾 (herding) 的現象：負債較他人高時，若發生財務危機要擔責任，負債較低則會被責怪付出太多公司所得稅；公司不會因為考慮員工、顧客、原料供應商的反應而調整公司借債政策，也不會想藉著調整負債比例向外界投資人發出信號，以顯示公司的財務狀況是否良好。對一些先進國家的研究則顯示，各國的負債比例差異不大，德國與英國公司的負債較低些，日本公司有較多的外部融資，而美國公司有較多的內部融資。

 案例研讀

到地獄之路

當政府想為人民做更多的事時，可能不但不能解決問題，反而會製造出更多的問題出來，美國破產法 (Bankruptcy Code) 的第 11 章 (Chapter 11) 就是一個例子。第 11 章給予公司管理階層一個獨一的，可以向法院提出公司重整 (reorganization) 要求的權力，法官可以根據公司提出的重整計畫，否決債權人對公司進行清算的請求，要求各利益關係人重新談判他們每人應得的份額，法官甚至可以排除某些資金提供者的分配的權力，並給予員工、社區等分配份額的權力。換句話說，破產法的第 11 章給予法官一個很大的權力，使之能改變各個資源提供者（利益關係人）在他們合作之前所訂定的事前的私人契約，而否定事前所訂定的財產權契約（將有主之物變成無主之物）的結果是，各個利益團體利用輿論、遊說來試圖影響法官的判決：股東及管理階層希望法院認定公司目前的困境只是暫時的，因此重整可以使公司恢復正常經營；債權人希望說服法院這些現象是一直持續的，希望能及早解散公司、拿回資產以減少損失，而法院（甚至任何其他人）是沒有能力來判定雙方何者的說法有理。我們可以這樣說，若是沒有第 11 章的規定，例如德國的情形，只要公司的資產不足以支付債務就立刻進入破產清算程序，不會有如何判定公司目前狀況是否為暫時現象的難題，美國破產法的第 11 章是製造了一個使財產權定義不清楚的機會，而法院又需解決是項難題（看起來倒像是為法官創造

就業機會),而在公司各方喪失彼此的互信之下,法院希望大家能夠繼續合作以使公司起死回生,是相當困難的。

美國東方航空公司 (Eastern Airlines) 在 1986 年被 Frank Lorenzo 的德州航空 (Texas Air) 買下。Lorenzo 由於之前購併大陸航空 (Continental Airlines) 後曾利用第 11 章採取「策略性的破產」以迫使工會退讓 (員工減薪達 50%),最終雖然使得該公司轉虧為盈,但也種下了工會對之的極端不信任。而當東方航空公司員工於 1989 年 3 月 4 日開始罷工時,該公司即對外招聘非工會的低薪人員替補,並於 3 月 9 日向法院提出第 11 章的公司重整保護,工會此時也立刻提出要求由其他的受託人 (trustee) 來取代 Lorenzo,但 Lorenzo 拒絕退讓,使得工會採取「即使公司關門也要拉下 Lorenzo」的手段 (甚至對外宣稱該公司的飛機不安全)。

管轄東方航空公司重整案的紐約南區法庭素以對公司管理階層友善而著稱,負責的法官 Burton Lifland 相信「國會當初訂定第 11 章的目的不是為了保護債權人,而是使倒閉的公司能繼續營運」,而「東方航空公司為了她的顧客與員工必須繼續飛航各航線」,結果法官將出售公司資產所得的 18 億美元中的 54% 交付公司以維持營運,一直到 1991 年 1 月 19 日東方航空停止營運前的 2 個月仍強制由公司的公證帳戶 (escrow account) 撥出 1 億 5 千萬美元供公司營運使用,總計從提出公司重整到最終營運停止期間,東方航空公司的資產約減少了一半,除了有完全抵押品保證的債權人之外 (許多他們拿回的抵押品是破舊待修的),其餘的有部分保證的債權人拿回 52% 的價值,沒有保證的債權人 (unsecured debtholders) 拿到了 11%,股東是完全沒拿到任何錢。由上面這個例子來看,法官的好意卻造成了資金提供者 (債主與股東) 的重大損失,公司仍是倒閉,真是應了那句俗話:「到地獄的那條路都是由好意鋪成的」。

12.5 總 結

本章的主要論點為:

- 當有交易成本時，負債少可以減少倒閉成本，但需要多付公司所得稅。
- 由於管理人員勞動市場的競爭及資源提供者要求至少得到機會成本，因此公司裡的怠惰、職務上的消費與過度投資現象應該不會像官僚體制裡那麼嚴重。
- 融資順位在實務上常出現的原因是資訊不對稱：若是有正的淨現值投資計畫，則對之擁有所有權的現有股東會優先以內部資金來融資。一旦公司以增發新股來融資，外界會推斷該投資計畫必定是具有負的淨現值，公司是想以新股東的財富來補貼現有股東，因此市場上現有股票的價格會下降。

本章習題

1. 道德危機 (moral hazard) 通常是指事後不按照事前訂定的合約內容執行的代理問題。請問本章中有哪些交易成本是屬於道德危機的問題？
2. 上題中有哪些交易成本事實上是不會發生，或者其影響是極微小的？
3. 雖然有許多理論可以用來解釋公司的資產結構（負債的高低），但是同一產業內的負債比例卻是十分相同，請問其原因是什麼？
4. 不論是企業或是政府單位都有不斷擴大規模的傾向，請問它們之間是否有差別？為什麼？
5. 請問融資順位理論成立與否與哪些因素有關？

第十三章

廠商理論

　　當交易成本為零時，由市場來協調組合資源生產或是由公司來協調組合資源生產的結果會相同，因此廠商（公司或其他組織）的出現，並不是為了組合生產資源以生產銷售。本章強調廠商理論主要是探討公司裡何人擁有控制權，公司裡的權力的大小則是依個人的選擇範圍大小而定，而個人是否有更多的選擇則是依據他是否有創新能力、能否創造超額利潤（亦即正的淨現值）而定。在 13.1 節我們先討論零交易成本與公司控制權的關係。13.2 節為創新能力如何影響組織內成員間的相互權力。13.3 節分析委託人（雇主）與代理人（雇工）如何選擇利益分配合約及其與交易成本的關係。

13.1　零交易成本與控制權

　　在一個確定 (certainty)、資訊完全的世界裡，因為未來為確定已知，一切可以事先規劃，因此沒有尋找交易合作對象、協商決定合約以及執行檢查合約的交易成本。在一個不確定 (uncertainty) 的世界裡，人們可以因為有過去的合作經驗、感情或共同的信仰而有很低的交易合作成本，若是人們之間沒有互信 (mutual trust)，則合作會有較大的交易成本（例如較大的監督與執行合約成本）。換言之，交易成本的產生並不是來自於上天 (mother nature) 所給予的不確定，而是源於人們之間資訊的不對稱 (asymmetric information)，以及彼此之間缺乏互信所致。我們可以想像一個以採集為主的原始社會，採集到的食物容易腐敗而且不易儲存，人們為了預防未來可能因個人生病、採集不足而挨餓，因此願與他人合作，將眾人採集所得的集中再平均分配。如此一來，合作帶來相互保險，生命較有保障，但是同時也會產生監督的問題（有些人會私藏所得，以多報少）。若是有關私藏的道德風險 (moral hazard) 問題可以用很少的監督成本消除，則這個原始社會可能可以組成，並且比較會像是一個沒有產權的共產社會，但是其中採集能力較高者，可能會成為此社會的領導者，有某種程度的控制權 (control power)。

　　近代的中國家庭直至 1930 年代，仍有古代原始社會中的共有財產制的

影子。中國家庭以血緣方式組成，家中的成員（除了男性入贅與女性出嫁外）沒有參加其他家族的選擇 (choice)，因此家庭組織沒有尋找與談判的交易成本，而只有監督與檢查的交易成本。依據滋賀秀三在《中國家族法原理》的研究，❶中國家庭是採用「同居共財」的作法：家庭內每個人的勞動所得全部收集於家庭的總收入（家計）中，該家計由家長（通常為父親或祖父）掌管，並且由家計中供給同居（或稱同爨、同煙）的每個人生活中的必要消費，出外工作者（即使帶著妻子）除了當地消費所需之外，也被期待給家裡寄錢，若有欠債不能償還則由家裡代償，因此《禮記·內則》所記載的：「子婦無私貨、無私畜、無私器」，並不只是遙遠古代的作法或是士大夫的理想而已，而是近代真實發生的事情。家庭的家計收支所餘是以保有土地為主，因此比起其他動產（如金銀等），它的監督成本要低的多。若是家庭成員有人太懶惰、互相信賴的程度太低、私藏問題嚴重使得家庭不和，監督與執行的交易成本增大，則家長可以找中人作證以分家。分家以後各負其責，個人的財富當然有可能有更多的向上提升，但也有可能有更多的向下損失。在分家之前，身為家長的父親雖然在習慣法上似乎是個獨享家產者（所謂「家父權吸收了家子的人格」），但是實際上他對家產並沒有太多的自由處分權：不能無償贈與、不能隨意買賣、分家產時不能按個人的喜好分配，而必須按家庭成員的身份平均分配（例如按兒子的人數而非按孫子的人數平均分配），若是父親年老不想管事，而由子嗣之一掌管家計，則此「當家」的控制權更為低落。因此我們可以將中國家庭裡的家長或當家的視為更像是一個**協調者** (coordinator)，而不是一個有很大控制權的管理指揮者。

在第二章的羅賓漢強盜集團例子裡，所有生產資源提供者只是對他（她）自己所提供的資源有所有權，大家按事前合約至少要得到生產資源的機會成本（否則會參加其他的強盜集團），若是沒有交易成本，超額利潤（正的淨現值）的財產權屬於誰根本無關緊要，這些都可以由事前或事後的無成本的協商談判來解決。因此在零交易成本之下，該強盜集團並沒有

❶ 滋賀秀三，2003，《中國家族法原理》，張建國與李力（譯），北京：法律出版社。

存在著有控制權的管理指揮者。羅賓漢雖然身為老大，但充其量只是一個協調者，這就像是一個經濟體系裡的市場價格系統 (price mechanism)，是依據相對價格（生產資源的機會成本的相對比率）來協調生產，它的結果（效率或所生產的大餅）與由一個中央計畫者 (social planner) 規劃生產所得的結果完全相同，而這個中央計畫者對生產資源提供者也沒有什麼控制權。

在第十章對選擇權的討論裡，我們發現公司裡所有的生產資源提供者（股東、債主、勞工、原料提供者）都是以生產資源來購買一項買權或賣權。例如假設公司在生產銷售 1 年後解散，期初時股東提供 140 元資金，債主提供 200 元，勞工提供相當於 50 元市場價值的勞力，原料提供者提供價值 141 元的原料；1 年後銷售所得再加上殘值為 $\widetilde{TR}$，是介於 600 元至 1,000 元之間，$\widetilde{TR}$ 的分配為：勞工得 90 元，原料提供者得 170 元，債主得 240 元，股東得 $\text{Max}[0, \widetilde{TR}-500]$。則各項生產資源都可以表示為歐式的買權或賣權：

| | 股　　　權 | | | |
| | 歐式買權 | | 歐式賣權 | |
	(1)	(2)	(1)	(2)
到期日	1 年後	1 年後	1 年後	1 年後
到期日根本資產價值	$\text{Max}[0, \widetilde{TR}-500]$	$\widetilde{TR}$	0 元	500 元
選擇權現值	140 元	140 元	140 元	140 元
執行價格	0 元	500 元	$\text{Max}[0, \widetilde{TR}-500]$	$\widetilde{TR}$
選擇權到期日報酬	$\text{Max}[0, \widetilde{TR}-500]$	$\text{Max}[0, \widetilde{TR}-500]$	$\text{Max}[0, \widetilde{TR}-500]$	$\text{Max}[0, \widetilde{TR}-500]$

| | 債　　　權 | | | |
| | 歐式買權 | | 歐式賣權 | |
	(1)	(2)	(1)	(2)
到期日	1 年後	1 年後	1 年後	1 年後
到期日根本資產價值	240 元	$\widetilde{TR}$	0 元	$\widetilde{TR}-240$ 元
選擇權現值	200 元	200 元	200 元	200 元
執行價格	0 元	$\widetilde{TR}-240$ 元	240 元	$\widetilde{TR}$
選擇權到期日報酬	240 元	240 元	240 元	240 元

原料投入

	歐式買權		歐式賣權	
	(1)	(2)	(1)	(2)
到期日	1 年後	1 年後	1 年後	1 年後
到期日根本資產價值	170 元	$\widetilde{TR}$	0 元	$\widetilde{TR} - 170$ 元
選擇權現值	141 元	141 元	141 元	141 元
執行價格	0 元	$\widetilde{TR} - 170$ 元	170 元	$\widetilde{TR}$
選擇權到期日報酬	170 元	170 元	170 元	170 元

勞工投入

	歐式買權		歐式賣權	
	(1)	(2)	(1)	(2)
到期日	1 年後	1 年後	1 年後	1 年後
到期日根本資產價值	90 元	$\widetilde{TR}$	0 元	$\widetilde{TR} - 90$ 元
選擇權現值	50 元	50 元	50 元	50 元
執行價格	0 元	$\widetilde{TR} - 90$ 元	90 元	$\widetilde{TR}$
選擇權到期日報酬	90 元	90 元	90 元	90 元

　　股東、債主、原料提供者與勞工都是以自己所提供的生產資源的現值來購買買權或賣權，出售這些權利的另一方為一個虛擬的中央計畫者，因此沒有所謂「債主是公司的所有者，但股東保有控制權，股東是以 140 元向債主購買一個 1 年後以 500 元為執行價的歐式買權」的這種說法（見 Brealey and Myers, 2003, pp. 573–574，及 Ross, Westerfield and Jaffe, 2005, pp. 640–642）。❷各生產資源提供者沒有誰是擁有整個公司，各人只是擁有自己所提供的資源的所有權。在零交易成本之下，也沒有任何一個生產資源提供者是擁有公司的控制權，因為根本就不需要有管理控制者。

　　一般以為股東與債主（或股票與公司債）在風險的承擔上不同，股東為最後得到分配者，因此是公司的所有者。但我們由遠期契約的性質可以

---

❷ 這種錯誤的說法是源自於布萊克與舒爾斯 1973 年的論文："the bond holders own the company's assets, but they have given options to the stockholders to buy the assets back" (Black, F. and M. Scholes, 1973, "The Pricing of Options and Corporate Liabilities," *Journal of Political Economy* 81, pp. 649–650).

發現：所有的生產資源提供者都是股東，他們不是像股東一樣地得到沒有上限的報酬，就是像擁有股票再加上一個遠期契約以得到有固定上限的報酬。以上面的例子為例，若是股東、債主、原料提供者與勞工都是以所提供的生產資源的現值所占的比例來分配期末的 $\widetilde{TR}$，則各人在期初都是股東，所擁有股份的比例分別為：140/531，200/531，141/531，50/531。若是勞工因為自己的儲蓄較少，1 年後得到不確定的報酬對他的風險太大，因此希望能拿到一部分是固定而另一部分是不固定的報酬：例如 60 元再加上 $[(20/531) \times (\widetilde{TR}-60)]$，則他可以與其他生產資源提供者協商談判，如此一來，勞工的權利就相當於是一張股票（可分得 $[(50/531) \times \widetilde{TR}]$ 報酬的股票）再加上一個遠期契約（該遠期契約將 $[(50/531) \times \widetilde{TR}]$ 交換成為：60 元 $+(20/531) \times (\widetilde{TR}-60)$）。若是該勞工談判後得到結果是：1 年後得到 90 元，則他的權利就變成一張股票（可分得 $(50/531) \times \widetilde{TR}$）再加上一個遠期契約（以 $[(50/531) \times \widetilde{TR}]$ 交換 90 元）。當然各個生產資源提供者都可以如法炮製，例如每個人都拿固定的一塊（只要加在一起的總數小於 600 元：$\widetilde{TR}$ 的最低值），再加上不固定的部分。若是每個人只想拿固定的報酬而沒有人願意有任何不固定的部分，則代表他們之間合作的交易成本太高，該公司就不會成立。由以上的分析，我們可以發現每個生產資源提供者都可以看作是股東，他是擁有股份並且可能再加上一份遠期契約，因此所謂「股東是最後得到分配者，風險較大，因此是公司的所有者並且擁有控制權」的說法是不正確的。奈特 (Frank Knight, 1933)❸認為：「較有自信且敢冒險的人會願意給予較膽怯者固定的報酬，交換條件是拿固定報酬者需給予前者指揮他的工作的權力」(pp. 269–270)，但我們由前面的「股票加上遠期契約」的分析中就可以瞭解到，奈特的「拿固定工資者是接受他人的管理指揮，而公司擁有控制管理權者為拿不確定報酬者」說法是錯誤的，在上面的例子中，勞工、原料提供者與債主即使拿的是固定報酬，他們也不接受任何人（包括股東）來指揮他們的工作。在沒有交易成本之下，由任何組織（公

---

❸ Knight, Frank, 1933, *Risk, Uncertainty and Profit*, reprinted by the University of Chicago Press, Chicago, 1971.

司）或是市場來協調生產都會得到同樣的結果，在協調生產中也沒有控制權屬誰的問題。

13.2　創新能力與控制權

在有交易成本的時候，由組織（公司）或市場來協調生產就會有差別，但是公司或組織裡的管理控制權究竟從何而來？人們為什麼要放棄自己的權力，成為他人的下屬，按照長官的指示而工作？在這一節裡，我提出選擇範圍 (choice set) 為權力的來源，擁有較多選擇（選擇範圍較大）的人就擁有較多的權力，只有少數選擇的人就只有很少的權力，而一個人是否有較多選擇則是根據自己是否有創新能力 (ability to innovate) 而定。例如麥可・喬丹 (Michael Jordan) 擁有特殊的打籃球天賦，假設其餘球員沒有這種特殊才能而只能得到 10 元的機會成本，由喬丹及另四人組成的五人球隊可以得到 70 元，其他的五人球隊只能得到 50 元（每人分得 10 元），則喬丹的球隊的超額利潤為 20 元 (= 70–50)，而這 20 元的超額利潤應是全屬於喬丹所有，這是因為喬丹可以以每人 10 元「雇用」任何球員，而這些球員沒有選擇地只能得到 10 元。再者，喬丹可以用超額利潤中的部分，比如說由 20 元中拿出 4 元，平分給另外四位球員，則我們可以想像喬丹在這個球隊裡會很有權威 (authority) 及有些控制權 (control power)。在羅賓漢強盜集團或公司裡也是如此，當羅賓漢（或公司的總經理）有創新能力，（如熊彼得所說的）能夠在產品、生產方法、組織結構、市場開發及原料尋找上創新，則生產就會有超額利潤（正的淨現值），他就能藉著部分的超額利潤來「買」(buy) 或者「賄賂」(bribe) 員工使他們聽命於他。按照熊彼得的說法，創新之後會引起仿效，有更多的競爭之後，超額利潤（正的淨現值）就會消失無蹤。因此若是羅賓漢日後因年紀老邁失去創新的活力，不能再為集團創造超額利潤，而身為下屬的小約翰能創新，並且帶來正的淨現值，則此時他們的上司下屬關係就會改變，控制權就會轉到小約翰的手中。若是公司裡的執行長有不斷創新 (innovation) 的能力，則公司裡的員工及股東

會「服從」管理階層的領導，忍受一些特立獨行（例如辦公室內的特殊擺設與裝潢、管理的要求等），甚至還願意在當下拿到低於機會成本的報酬，這是因為他們期待日後可由創新所帶來的超額利潤中分得一些好處，而當執行長（或他的經營團隊）一旦失去創新能力，則「反叛」就會發生。近年來有些美國公司的股東抱怨公司的執行長（或總經理）領到的薪金、紅利（股票選擇權）太多，但是是否拿太多不是憑感覺而定，最好的評量標準是：公司股東是否可以在他處拿到更高的報酬。若是公司股東雖然抱怨公司的管理階層拿的太多，但仍不願賣掉手中的股票改投資他處，很顯然地，公司的管理階層不是拿的太多，而是拿的太少！

　　亞當・斯密在《國富論》裡引用霍伯斯 (Hobbes) 的話：「財富就是權力」，因此雇主雇用管理並指揮工人，並且「在僱傭的爭執過程中，雇主堅持不妥協的能力比較耐久」（第一卷第八章）。馬歇爾將生產因素分為勞動、資本、土地和組織，他與亞當・斯密一樣地認為資本家即為企業家，是承擔風險並且進行管理，而且企業家具有天賦才能，管理組織企業以得到利潤（《經濟學原理》第四篇第十二章）。科斯承襲了亞當・斯密與馬歇爾對企業家的定義，他在〈廠商的本質〉(The Nature of the Firm, 1937) 一文中將企業家定義為「(在有交易成本之下)取代價格機制來指揮調配生產資源者」(use the term "entrepreneur" to refer to the person or persons who, in a competitive system, take the place of the price mechanism in the direction of resources, footnote 10)。❹科斯將企業定義為：⑴雇主（企業家）會比較：是與外界（市場）訂約由外界來供應某些活動（財貨或服務）的成本較低，還是將該活動納入公司組織內來進行的成本較低，若是前者較低則企業規模不包含是項活動，若是後者較低則公司會擴大規模以包含是項活動；⑵被納入公司內的生產資源是接受企業家的指揮與管理，亦即企業家對之有控制權 (power or authority)。科斯很清楚地指明企業是有一定的規模的，它是由市場價格機制協調的交易成本與公司內協調的交易成本的大小來決定，市場價格機制的裡面是沒有人為的控制來彈性調配資源，而公司裡面卻有企業

---

❹ Coase, Ronald, 1937, "The Nature of the Firm," *Economica* 4, 386–405.

家彈性地運用資源,因此並不是與企業有訂契約者就是企業內的一份子(除非他接受彈性的指揮)。但是科斯並沒有說明企業家的控制權究竟是從何而來。科斯有提到企業家代表公司與生產資源提供者簽下長期合約,而在長期合約上不會敘述生產資源提供者（例如勞工）所有應該做的事,以保留未來指揮運用的彈性。但是因為生產資源提供者是有選擇的,只要他能創新,能在別處拿到更高的報酬就會離開,因此科斯所說的長期合約事實上是個短期合約,企業家並不能由長期契約中得到指揮控制資源的權力。

阿爾奇安與德姆塞茨 (Alchian and Demsetz, 1972) 提出團隊生產的公司（組織）裡的監督者 (monitor) 是擁有公司的控制權。❺ 他們認為: (1)資源提供者會有怠惰、不按照事前合約執行而造成效率低落的情形,因此有專業的監督者來監督、檢查、量度各種生產資源的執行狀況,而為了使監督者不怠惰,努力執行任務,各資源提供者同意在生產銷售並付給各資源提供者的機會成本之後,所剩餘的全歸監督者所有（因此他是個擁有收益剩餘權的剩餘請求者: residual claimant); (2)專業的監督者應該是較富有或是能提供給公司實質資產（土地、機器設備）的生產資源提供者,這樣他就可以預付給勞工,或是對其他生產資源提供者提供萬一公司虧損時的保障; (3)監督者有權在不需要得到其他生產資源提供者的同意之下,可以與任何新加入的生產資源提供者簽約,及修改或終止任何新或舊的契約,以監督、制裁生產資源提供者。阿爾奇安與德姆塞茨的監督者是監督並且要求各生產資源提供者按契約執行特定的任務,而科斯定義下的企業家則是為了能因應未來許多的不確定,而對生產資源有彈性運用的指揮控制權。但無論是阿爾奇安等人的監督者,或是科斯的企業家,都不是熊彼得定義下的,有創新能力、能創造超額利潤的企業家。而如前所述,沒有創新來創造超額利潤,是無法「買或賄賂人」並且擁有指揮控制權的。此外,監督者在阿爾奇安與德姆塞茨的分析架構下,被描述成類似馬克思所定義的資本家:資本家壓榨勞工以取得剩餘價值,壓榨愈多則得到愈多。但若是

---

❺ Alchian, Armen and Harold Demsetz, 1972, "Production, Information Costs, and Economic Organization," *American Economic Review* 62, 777–795.

團體生產（例如兩人共同裝卸一部卡車）需要有監督者以防止偷懶，則監督者的勞力亦是投入的生產資源之一，他所得到的報酬也是依事前的契約而定，再加上所有的資源提供者都有自由選擇加入或退出的權力（他們要得到機會成本），監督者除非能夠創新，否則是無法藉著壓榨其他人以得到更多的報酬的。

　　哈特（Hart, 1995；或 Grossman and Hart, 1986）認為由於簽訂能考慮所有狀況的完全契約 (complete contract) 的交易成本太高，以及完全契約在日後的檢查監督成本太大，因此人們只能訂定不完全契約 (incomplete contract)。❻而當發生契約中未能事前載明的情況時，是由擁有非人力資產（包括機器、廠房、專利、企業品牌）的雇主來指揮控制企業，否則雇主「可以帶走全部的非人力資源」──亦即解雇勞工，使勞工不能夠使用這些資產。但是不完全契約與交易成本的有無並沒有關係，並不是訂定不完全契約者會有較高的交易成本。如前一節所述，在不確定之下，只要有足夠的互信（如家庭等），交易成本會很低，人們仍然會合作，簽下不完全契約。而所謂的雇主可以解雇勞工，我們也可以解釋為是勞工解雇雇主，重點是何者擁有更多的選擇，若是勞工（人力資產）有創新能力，能創造超額利潤，則他就擁有控制權，能夠解雇雇主。

　　總而言之，當交易成本為零時，由任何組織（公司）或市場來協調生產的效率都是相同的，這時沒有公司規模大小或公司控制權屬誰的問題。而當交易成本為正時，市場協調生產的成本和公司協調生產的成本兩種成本的大小會決定公司的規模，此時有創新能力，能創造正的淨現值的人擁有公司的指揮控制權。

---

❻ Grossman, Sanford and Oliver Hart, 1986, "The Costs and Benefits of Ownership: A Theory of Vertical and Lateral Integration," *Journal of Political Economy* 94, 691–719. Hart, Oliver, 1995, *Firms, Contract and Financial Structure*, Chapter 3, Oxford: Oxford University Press.

13.3 委託人與代理人的利益分配

委託人和代理人 (principal and agent) 可以是科斯意義下的主人與僕從 (master and servant) 關係，或是按事前約定條件嚴格執行的契約關係，前者 為開放式契約 (open-ended contract)，購買者（雇主）有較多的指揮、調派 雇工的權力，後者則是雇主要求對方完成固定任務即付錢的契約關係。科 斯 (1937) 及阿爾奇安與德姆塞茨 (1972) 都認為企業家或監督者可以代表 公司與新的生產資源提供者簽約，而不需要由新的資源提供者與公司裡每 一個生產資源簽約；如此一來，公司可以減少一系列的協商簽約成本。但 是即使是由市場價格機制來協調生產，也不一定需要新加入者與原來相互 合作的所有的人分別簽約，例如一個家庭代工可以與一名包商簽約代為製 作某種零件，該包商是已與其他的人簽好合約，每人提供不同的部分以組 合成一部機器，則該家庭代工是不需要與包商的合作對象再分別訂約。包 商的其他簽約對象只關心未來要能拿到他們的機會成本，而包商與家庭代 工之間的契約不是他們所關心的。同樣地，在一個公司裡，各生產資源提 供者只要能拿到他們所提供資源的機會成本，公司的新加入者是否與之簽 約根本無關緊要。

當交易成本為零時，雇主與雇工間採取利益分成制（兩者按事前約定 的比例分配），固定工資制（雇工得固定工資，雇主得剩餘），或定額上繳 制（雇主得固定數額，雇工得剩餘），其結果（生產效率）都會相同。例如 雇主出一單位資本，勞工出五單位勞力，生產銷售後為確定的 100 元，勞 工每單位的機會成本為 12 元，則勞工至少要由 100 元中分得 60 元（ = 12 ×5），雇主也不願多給一分錢給雇工，因此雇主得到 40 元。換言之，雇主 與勞工的利益分配為：四六分的分成制、**固定工資制**（勞工每單位勞力得 12 元）或**定額上繳制**（雇主得 40 元）。假如生產銷售後的價值是不確定的 （但大於 60 元），而勞工想要得到分成報酬而不是固定的工資 60 元，則他 會與雇主協商談判，雇主在考慮勞工市場的競爭後（看看是否有別的具有

同樣能力但願意拿較低分配比例的勞工），至終會與勞工達成一個分成比例的協議，但是生產效率（亦即雇主與勞工所共同得到的大餅）仍會是一樣的。因此當交易成本為零時，生產效率與利益的分配方式無關。

若是勞工的產出為確定、容易量度，因此檢查監督的成本為零時，則會出現計件工資制（按件數計酬），雇工甚至可以在家中工作（家庭代工）。當勞工的產出為不確定時，檢查監督的成本也有可能極低，以至於仍然可以採用固定工資制。例如在中國大陸西安市的計程車 (taxi) 是以固定工資制占大多數，雇工司機每日工作由早上七點至下午五點，每日營業所得扣除餐飲、油費之後繳交車主，每月車主發給固定工資。按理說，在這種雇主無法監督勞工而採取固定工資制之下，勞工應該會有怠惰的問題，採用定額上繳制應對雇主較有利。但是西安的計程車司機的回答是：「自己的雇主可以從其他的雇主得到今天（或一段時間內平均每天）他的雇工繳交的收入的資訊，若是自己常繳交太少是會被解雇的」，因此即使雇主無法直接監督雇工，但藉著與其他的雇主交換資訊，也可以在零監督檢查成本之下防止雇工怠惰。西安計程車的雇主與雇工的關係也不是疏遠無關的 (at arm's length)，他們多是來自於同一村莊或社區，並且經親朋互相介紹，因此可以減少一些尋找合作對象及協商訂約的交易成本，有趣的是，他們彼此之間又不能是太親近的親戚關係（例如兄弟之間），免得「有些話不好出口」，這個現象也應證了**費孝通**在《鄉土中國》中所觀察到的：「普通情形是在血緣關係之外去建立商業基礎。在我們鄉土社會中，有專門作貿易活動的街集。街集時常不在村子裡，而在一片空場上，各地的人到這特定的地方，各以『無情』的身份出現。在這裡大家把原來的關係暫時攔開，一切交易都得當場算清（第 74 頁）」。❼

低階勞工是進行既定的工作，對之的檢查監督成本較低，並且不太需要他們有特別的創意，因此採用固定工資制。高階勞工（如經理、執行長等）則由於工作沒有一定的形式，檢查監督的成本較高，因此與雇主（股東）之間採取分成制，高階勞工努力愈多則所得的報酬也愈多。但是分成

---

❼ 費孝通，1998，《鄉土中國、生育制度》，北京：北京大學出版社。

制也有它的缺點：例如假設是採用四六分成制，勞工多投入一單位勞動，可由公司增加的收益 10 元中分得 6 元,而若將這份努力放在公司之外可得 7 元，則勞工會減少在公司裡的努力。為了克服上述缺點，雇主與高階勞工間需要建立更多的互信，而當高階勞工投入更多的心力、特定的人力資本在公司裡時（例如建立經營團隊,合作的文化等),他們的選擇會減少（離開公司則以前投注的心力都白費),雇主（股東）也同時允許高階勞工在公司裡建立一定的勢力、擁有權力以為交換，高階勞工的離開亦會造成雇主的損失，這是一種互為人質、相互牽制，並且雙方的選擇均減少的情況（選擇減少至零就是奴隸狀態)。分成制的另一個缺點是當生產資源的邊際生產價值為正時，勞工投入固定的勞動量，但希望雇主投入更多的資本，以獲得更多的報酬。根據《晉書‧傅玄傳》：「魏初課田，不務多其頃畝但務修其功力，故白田收至十餘斛，水田收數十斛」，而到了晉初，「日增田頃畝之課，而田兵益甚，功不能修理，至畝數斛已還，或不足以償種」，這裡所說的是分成制到了魏末晉初，人口因戰爭減少，田兵來源少，而負責屯田的官員因切身利得不多，不肯像私人地主般地努力討價還價，因此每戶田兵可以隨意索得大塊田地，將其有限的勞力分散在廣大面積的田地上，亦即田兵會儘量擴大每一勞動力的耕種面積，直至土地的邊際生產力降為零為止，而田兵（佃戶）可得最多的報酬，雇主（政府）分得最少。後來政府有鑑於此，要求主管官員在田兵占有過量土地時，要提高政府的分配比例，以得到更多報酬（見趙岡及陳鍾毅，1982 年，第 386 頁)。❽同樣地，在現代的公司裡，高階勞工在分成制下也會有擴大企業規模、過度投資的動機，這或許是為什麼當公司去購併另一家公司時，它的股票價格會下跌的原因之一。

　　張五常 (Steven Cheung) 的《佃農理論》(*The Theory of Share Tenancy*) 第五章提出在固定工資制下，地主要承擔風險；在定額上繳制下，佃戶要承擔風險；在利益分成制下，佃戶與地主一同承擔（分散）風險，而選擇哪一種利益分配合約端視交易成本大小及風險趨避態度而定——在給定交

❽ 趙岡與陳鍾毅，1982，《中國土地制度史》，臺北：聯經出版事業公司。

易成本時，風險趨避會使得資產價值與資產收入的變異數為負相關，因此分成制下的風險分散會使得訂約資源的價值較高，而與其相關的較高的交易成本則會降低資產的價值。❾簡而言之，張五常認為：利益分配合約的選擇，取決於分散風險所帶來的收益與不同合約的交易成本之間的權衡。但我們從本書的第七章及第八章中已經瞭解到：變異數增大代表了更多的向下可能損失，但同時也代表了更多的向上可能財富增加，而即使在期望值一變異數的分析架構下，個別資產的收入的變異數也不是風險，共變異數才是風險。趙岡與陳鍾毅兩人的研究（第 377 頁）也發現在明清之際，江南地區同一地主採用定額上繳制的田地與採用分成制的田地之間的離勢係數（coefficient of variation: $V = \sigma / M$，σ 為標準差，M 是實際收租的算術平均值）並沒有顯著差異。我在這裡提出：**合約的交易成本是與個人的選擇範圍大小有關，而選擇範圍的大小又會影響他對風險的態度**。個人選擇範圍小（只有很少的選擇）就會對風險趨避，會趨向於獲取固定工資，否則會採取分成制甚至定額上繳制。例如一個雇工若是其配偶是拿固定工資，則可能會願意選擇分成制或定額上繳制，以期能有機會得到更多的財富；若是雇工不能承受任何可能的向下損失，則會選擇固定工資制。當雇主與雇工雙方的選擇範圍都很小而兩人都想選取固定報酬時，若是產出為不確定，則代表雙方訂約的交易成本太高以至於無法合作。因此我們的結論是，**選擇範圍的大小會決定個人對風險的態度，而當面對不同的交易合作對象時，也因雙方對風險的態度不同而有不同的交易成本**。

選擇範圍的大小也是與個人所處的經濟環境及法律制度有關。中國江南地區自宋代以後工商較為發達，人民也有較多的選擇，而「採分成制的北方佃戶居住業主之莊屋，其牛、犁、穀種間亦仰給於業主，故一經退佃，不特無田可耕，並無屋可住，故佃戶畏懼業主，而業主得奴視而役使之；採定額上繳制的南方佃戶自居己屋，自備牛種，不過藉業主之塊土而耕之，交租之外，兩不相問，即或退佃，盡可別圖，故其視業主也輕，而業主亦

---

❾ Cheung, Steven, 1969, *The Theory of Share Tenancy*, Chicago: The University of Chicago Press.

不能甚加凌虐」（蔣兆成，2001，第 117 頁）。❿直到民國初年，江南地區還有「不在地主制」，地主是居住於城鎮中只擁有田底所有權，田面所有權則屬於佃戶並且可以轉租、抵押或買賣，地主透過代理人（收租局）收取定額租金，「佃戶不知道，也不關心誰是地主，只知道自己屬於哪個局」（費孝通，2001，第 165 頁）。⓫現在上海市多數的計程車司機也是採用固定上繳制，這也是與當地的經濟發展程度較高、個人選擇較多（可暫停開車到別處打工）有關。

美國在南北戰爭之前的南方雖採用奴隸制，但奴隸因為所處的環境不同而遭受不同的待遇：奴隸主對勞力密集型生產（如棉、糖等）下的奴隸是採取鞭打、嚴格監督式的管理，但對城市手工業的奴隸，則是使用包括解放奴隸的獎勵手段來進行管理。在南北戰爭結束，解放黑奴後，黑人與前奴隸主採取「依附式的分成制」，黑人因流動性低（勞動市場對他們並未完全開放），黑人勞工是以對地主的尊敬和恭順來交換得到地主的保護，免受專斷的刑事與民事司法體系之害 (Atack and Passell, 1996)。⓬以上的例子說明了，分成制之下的雇主與雇工的關係是較為密切，而當雇工有較多的選擇時（有較多的財富與職業選擇機會），雇主與雇工之間採取的是關係較為疏遠的定額上繳制。當雇工的選擇較少，他的談判能力就會降低，選擇合約的能力與分配得到的利益也會降低。

---

❿ 蔣兆成，2001，《明清杭嘉湖社會經濟研究》，杭州：浙江大學出版社。

⓫ 費孝通，2001，《江村經濟——中國農民的生活》，北京：商務印書館。

⓬ Atack, Jeremy and Peter Passell, 1996, *A New Economic View of American History*, Chapters 12 and 14, New York: W. W. Norton Company.

案例研讀

濫竽充數

《韓非子·內儲說上》記載一段故事:「齊宣王使人吹竽,必三百人。南郭處士請為王吹竽,宣王悅之,廩食以數百人。宣王死,湣王立,好一一聽之,處士逃。」這段故事提到戰國時齊宣王愛聽吹竽合奏,南郭先生根本不會吹竽,仍能混在樂隊裡領薪水,直到需要個別表現時,才露出馬腳,逃之夭夭。這裡有一個有趣的問題:為什麼之前樂隊裡其他的行家並未舉發南郭先生,而讓他濫竽充數?這裡面可能的原因有:(1)南郭先生拿出部分的薪水來賄賂相關人士;(2)南郭先生日後會在其他方面補償這些行家;(3)最可能的是,一個團體若是總是將排列在後的趕走再補進新血,則會對現任者有很大的壓力,他們不知道未來還可以待多久,也不會願意對團體投注太多的心力。齊湣王後來要求一個一個的獨奏,自然可以選出品質較高的產品(吹竽者),但這些人的壓力與付出也會較多(本來可以混在隊伍中隨便吹奏,但如今卻需要更加地用心表演),是會要求更多的報酬的,否則他們會改到他處得到演出的機會成本,整體而言,齊湣王不見得能得到更多的淨現值(效益大於成本的部分)。我們若觀察組織,也會發現一些較不適任的人員是被同儕幫忙掩護留在組織中,這些人員未來在公司裁員或進行評比時是可以用來做墊底之用的。日本的學者發現在日本公司裡,若是評量部門的最優員工時,整個部門的效率會下降,以色列學者對以色列空軍的研究也發現,這一期表現被評為第一名的飛行員,在下一期會表現得很差,這些都說明了濫竽充數可能不是如我們所想像的,是會對組織不利。

13.4 總 結

廠商理論並不是指由生產資源的相對價格(相對的機會成本)來決定企業生產的規模。本章的主要論點為:

- 當交易成本為零時，由市場價格機制來協調生產或是由組織（公司）來協調生產，其生產效率都會相同，此時也沒有所謂公司控制權的問題。

- 當交易成本為正時，企業規模由兩種交易成本（市場協調生產成本及公司協調生產成本）的大小而定，組織（公司）的控制權是由有創新能力，能創造超額利潤（正的淨現值）的人所擁有。

- 公司裡的每一個生產資源提供者都可以看作是股東，是擁有股份再加上一份遠期契約。

- 個人選擇範圍的大小會影響他對風險的態度，選擇範圍小者會對風險趨避，選擇固定工資的契約。

- 當面對不同的交易對象時，雙方對風險的態度會使得合作時的交易成本不同。當一個人的選擇範圍較小時，他的談判議價能力會較低，選擇利益分配合約的能力及分配所得到的利益也較少。

本章習題

1. 家庭與公司都可以生產銷售，請問這兩種組織裡的交易成本有什麼不同？

2. 實務上常發現非營利性組織的效率要高於一般營利性的公司，妳（你）認為其原因為何？公營企業的效率是否一定會低於民營企業的效率？

3. 當一個大股東出售手中股票並且不再過問公司的事時，若是該公司的股價隨之上升，妳（你）會認為這是因為經營的效率上升所致嗎？

4. 請以遠期契約及選擇權來說明公司裡生產資源提供者相互間的關係。

5. （妳）你認為在與不同的人合作時的交易成本是否會相同？為什麼？

6. 請問科斯、奈特、阿爾奇安與德姆塞茨、哈特對公司控制權的看法有何不同？妳（你）對這些看法有什麼評論？

第十四章

公司接管與購併

Financial Management
Financial Management

公司的接管與購併是進行公司間控制權的競爭，經濟效率可以藉著移轉控制權而提高。但是公司的接管與購併也有可能是為了壟斷市場，因此也常受到政府的管制。本章在 14.1 節中將討論公司的接管方法及其性質。14.2 節為各種反接管的防禦措施。14.3 節討論權益匯總法與購買法在公司合併上的應用及其對股東權益的影響。

14.1 接管種類與性質

公司接管 (takeovers) 泛指由原有的部分股東所擁有的公司控制權發生移轉的現象（這些股東指的是在董事會裡擁有多數投票數的股東）。接管可分為：購併 (merger) 或合併 (consolidation)、要約收購 (tender offer)、爭奪委託書 (proxy contest)、公司私有化 (going private) 等，現分述如下。

◉ 購併或合併

購併是指友好的雙方公司的管理階層同意達成合併他們公司的協議，通常是一家公司存留，另一家被吸收。合併則是指兩家公司合組成一個新公司，在法律上是以新公司的名義經營。購併又可分為水平式購併 (horizontal merger)、垂直式購併 (vertical merger) 及集團式購併 (conglomerate merger) 三種。水平式購併是指從事同類業務活動的競爭企業的兼併，其原因可能是為了達到大規模生產下的規模經濟 (economies of scale)，但這也有可能造成市場上的壟斷力量，因此常受到政府的管制。垂直式購併是發生在處於不同生產經營階段的企業之間，它的好處是當一個企業的資產專門為另一個企業生產或服務時，後者就有可能採取投機行為，例如以較事前約定的更低的價格買進，因此垂直式合併可以減少這種因缺乏互信，而導致事後的道德風險 (moral hazard) 問題。但是垂直購併也有可能造成對上游（原料）與下游（顧客通路）控制的市場壟斷問題。集團式購併涉及到從事不相關類型經營活動的企業間的兼併，其中又可分為三種類型：產品擴張型以擴大企業的生產線；地域市場擴張型為不重疊的地理區域內，

從事經營的兩家企業的兼併；純粹混合兼併型為不相關經營的兼併，但其不為產品擴張型，亦非地域市場擴張型。

◈ 要約收購

在要約收購中，收購者一般會尋求目標公司 (target firm) 的管理階層與董事會的同意，但是是向目標公司的股東提出要收購他的股票。一旦收購者持有 50% 以上的股票，就可以得到公司的控制權。與購併或合併不同的是，要約收購是針對個別股東進行，並不需要經過目標公司的股東大會的同意。在一些例子中，收購者取得了公司控制權之後，會將一些不利的條件強加於小股東身上，小股東則被迫採取法律行動來對抗。

◈ 爭奪委託書

委託書是指當公司召開股東大會時，股東未參加而委託其他股東代為行使權利的契約約定。公司的股東可以藉著搜集足夠的委託書在股東大會投票，獲得董事席位，並進而控制公司的營運。美國在十九世紀時，公司股東並不能以委託書方式來代行使權利，一直到二十世紀後，由於公司規模變大，股東人數增多，才允許委託書代理，但是代為行使權利的受託人卻常是由管理控制階層所指定的 (Berle and Means, 1932, p. 129)。 ❶

◈ 公司私有化

公司私有化是指公開上市公司的股票為一小群人買下，這些人通常為原公司管理階層聯合外界的投資者。公司的股票被這些投資者買下之後，會從證券管理單位除名，從此以後該公司的股票不再在公開市場上交易。

美國在 1929 年股票市場下跌導致投資人信心崩潰後，通過 1933 年證券法，要求證券公開上市必須登記。1934 年的證券交易法使得證券交易委員會可以對證券交易進行監管、要求上市公司披露資訊、建立代理權競爭

---

❶ Berle, Adolf and Gardiner Means, 1932, *The Modern Corporation and Private Property*, New York: Harcourt, Brace&World, Inc.

程序。之後的 1968 年威廉斯法案則是修正了 1934 年證券交易法以監管要約收購，其中要求在收購公司 (acquiring firm) 獲得目標公司 5% 的股權時需向證券交易委員會報告，並且在提出要約收購後有 20 天的等待期間。威廉斯法案的這兩項措施使得目標公司有更充裕的時間尋找更多的競爭性收購要約，以及進行各項防禦準備。美國是地方分權式的政治制度，各州的州政府是公司活動的主要監管者，會進行立法以保護總部設於自己州境內的公司，因此被認為是更多保障管理階層而不是股東（特別是外州股東）的利益。

　　由於英美法是依據普通法的傳統，因此美國法院對於公司合併是否會造成托拉斯 (trust) 而妨礙市場競爭，常會隨著時間不同而有不同的判定原則。例如在 1911 年美國最高法院認定標準石油公司透過非法經營手段，意欲排除其他競爭對手而達成獨占，而標準石油公司其時並不是因為擁有 90% 的市場占有率被判決非法。這種「判決理由」(rule of reason) 式的反托拉斯法的法律原則指的是除非獨占廠商涉及不法的經營，獨占本身並不違法。在 1920 年對美國鋼鐵公司的判決裡亦採用判決理由的原則：儘管該公司控制了國內鋼鐵產業 75%，但因為沒有證據顯示美國鋼鐵公司有不公平的定價行為，因此它是個「好公民」而並未違反雪曼法案。但是到了 1945 年判定美國鋁公司違法的理由卻改成：政府已經證明了美國鋁公司是國內的鋁獨占公司；國會不會只對「壞」的獨占公司宣告違法、進行處分，對所謂好的獨占公司也是持相同的作法，反托拉斯法適用於所有的獨占事業。因此此時法律的原則由「判決理由」轉變成「按規則判定」(per se rule)，亦即不管獨占廠商是否進行非法的商業行為，只要是獨占就是違法。到了 1982 年雷根政府認為反托拉斯法對公司的限制應該少一些，其時對 IBM 纏訟了 13 年的反托拉斯的控訴終被撤銷，代表了又從「按規則判定」改回為「判決理由」。但是同一時期對美國電話電報公司 (AT&T) 的訴訟卻使得該公司被分成一個長途電話公司及 22 家地方電話公司。1995 年對微軟 (Microsoft) 的訴訟並沒有造成分割該公司。由 1982 年至 1995 年的三個案例中，我們可以發現為了進行國際競爭，判決理由與按規則判定並不是一

體適用：IBM 與微軟面對激烈的國際競爭，因此有獨占力量是對本國較有利。有些人認為美國在 1980 年代早期的政府寬鬆政策造成了國內的購併浪潮。但是在 1980 年代早期，英國與歐洲經濟共同體同時加強了反兼併法規，然而在面對更嚴格的立法限制下，英國與歐洲境內的購併活動還是增加，這也顯示了購併活動主要還是取決於經濟與金融情勢。

14.2 公司接管的防禦

接管防禦一方面促進對目標公司的競標，因此對其股東較有利，另一方面則又增加了接管的成本，將會降低爭奪公司控制權的市場的效率，使得更換無效率的管理階層更加困難。目前常使用的防禦公司接管的手段有：

◉ 溢價買回

溢價買回 (green mail) 指的是目標公司通過私下協商，從特定的股東手裡溢價購回大量的股份，溢價的金額通常不低，因此被認為是為了保障現有的管理階層的職位而損及公司其他股東的做法。溢價買回可以消除大股東或是「綠色郵件郵遞者」(green mailer) 的敵意接管的威脅。溢價買回通常是與停止協議 (standstill agreement) 聯繫在一起，停止協議為一自願性合約，被溢價購回股份的股東同意在一定期間內（例如 10 年內）不再對目標公司購買股票。若是只有停止協議而沒有溢價買回的動作，則表示大股東同意不增加能使其有控制權的股份。

◉ 資產剝離 (spin-off)

有些公司因為它的股價相對於其資產的重置成本或潛在獲利能力比較低，或是擁有大量超額現金，或有未使用的債務融資能力，則可能吸引別人去購併它。公司這時可以藉著出售資產、增加負債、使用其超額現金去增加現金股利或買回股票來進行防禦。

⊛ 反接管防禦

目標公司可以向收購公司提出反向的要約收購 (pac man defense)，但這樣作等於是希望合併該收購公司，這時也不能引用反托拉斯法來防禦接管。目標公司也可以尋找一個它願意與之合併的公司 (稱為白色武士 white knight)，該公司與目標公司有更大的相容性，或者新的購買者許諾不肢解目標公司或大量裁減員工。

⊛ 修正公司章程

是指對公司章程進行反接管的修正，加上所謂的「拒鯊」條款 (shark repellent)。第一種修正為超級多數修正，使得購併要有三分之二以上股東的同意，通常董事會有權決定超級多數修正在何時生效及是否生效。第二種修正為公平價格修正，是指如果所有購買的股份都得到了公平的價格，就會放棄超級多數的要求。第三種修正為分類董事會，使用輪回制或分類董事會（例如一個九人組成的董事會可能分成三組，每年只有三名成員當選，任期 3 年)，使得新的大股東要延遲數年後才能取得公司董事會的控制權。第四種修正為授權發行優先股，使得董事會有權發行一種有特別表決權的優先股，在發生爭奪控制權時可以發行給具有善意的一方。

⊛ 毒丸防禦

毒丸防禦 (poison pill) 為創設一些附帶有特別權利的證券，這些權利只有在某種猝發事件發生時才能執行。例如設定猝發事件為：當收購公司購買本公司（目標公司）的股份超過 20% 時，或收購公司要約收購 30% 目標公司股份時，則目標公司的股東能夠以 100 元購買合併後公司價值 200 元的股票。特別權利有許多形式，其目的在於使得收購公司的財富移轉至被收購（目標）公司的股東身上，以此來嚇阻公司接管。與毒丸防禦類似的還有所謂投毒防禦，投毒防禦又稱為事件風險協議，允許債券持有人在公司控制發生變動時以債券面值 100% 至 101% 之間的價格出售目標公司的債券。投毒

防禦一方面保護債券持有人免受因公司被接管而債券信用等級下降的損失，另一方面使得未來公司的控制者需要準備大量的現金，提高收購成本。

◉ 黃金降落傘

黃金降落傘 (golden parachute) 是指公司與高階管理人員的事前約定，當高階管理人員因公司被接管而被踢出公司時，可以有一大筆離職金（黃金降落傘）。黃金降落傘可以視為是對高階勞工對公司投入特定人力資本的補償。例如前一章的雇主與高階勞工間的分成制合約所示，高階勞工與雇主間在某個程度上是互為人質（兩方的選擇都減少），高階勞工被允許擁有某些控制權及在職消費的福利，以鼓勵他對公司更加盡心盡力。一旦公司控制權發生轉移時，高階勞工自然會要求些補償（亦即黃金降落傘），這些補償也可以消除管理階層一部分的抗拒接管意願。除了黃金降落傘外還有所謂銀或錫的降落傘，補償的範圍擴大到中層管理人員甚至到全體員工，因此這些措施的主要目的應是增加收購接管的成本，以嚇阻未來可能的收購者。

14.3 公司合併後的會計處理方法

公司合併後的會計處理方法有權益匯總法 (pooling of interests) 與購買法 (purchase method) 兩種。權益匯總法要求收購公司與目標公司的資產與負債都是按初始成本計算，購買法則是要求目標公司的資產以公平的購買市價計算。我們可以以一個簡單的例子，來說明這兩種方法在合併後的資產負債表與損益表上有什麼不同。

◉ 權益匯總法

假設目標公司有普通股 2 萬股總面值 2 萬元（1 股 1 元），被收購公司以額外發行的收購公司普通股 2 萬股每股 2 元來取代，收購公司原來有面值 2 元共 4 萬股普通股，因此收購公司是以 50% 的溢價來交換。股票交換方式下的權益匯總法的資產負債表為：

表 14-1　合併前後權益匯總法的資產負債表

	收購公司	目標公司	匯總調整 借	匯總調整 貸	合併後公司
流動資產	$220,000	$ 50,000			$270,000
淨固定資產	180,000	100,000			280,000
總資產	$400,000	$150,000			$550,000
流動負債	$ 80,000	$ 30,000			$110,000
長期負債	90,000	40,000			130,000
普通股	$ 80,000	$ 20,000		$20,000	$120,000
實收資本	100,000	30,000	$20,000		110,000
保留盈餘	50,000	30,000			80,000
股東權益	230,000	80,000			310,000
對總資產要求	$400,000	$150,000	$20,000	$20,000	$550,000

　　合併後兩家公司的流動資產、淨固定資產（土地加上固定資產再減掉累計折舊）、流動負債、長期負債都是相對應的加總，至於以收購公司股票溢價交換目標公司股票的部分 (20,000 元 = 2×20,000−20,000) 是表現在實收資本的會計科目上，亦即合併後公司的普通股本為 120,000 元 (= 80,000 + 2×20,000)，而實收資本卻是減少了 20,000 元溢價的部分（目標公司股東在合併後等於只付了實收資本 10,000 元 = 30,000−20,000）。合併前後權益匯總法下的損益表為：

表 14-2　合併前後權益匯總法的損益表

	收購公司	目標公司	合併後公司
銷貨收入	$800,000	$400,000	$1,200,000
營運成本	620,000	350,000	970,000
營運收入	$180,000	$ 50,000	$ 230,000
折舊	20,000	10,000	30,000
利息	8,000	4,000	12,000
應納稅收益	$152,000	$ 36,000	$ 188,000
稅支出@40%	60,800	14,400	75,200
淨利	$ 91,200	$ 21,600	$ 112,800
每股盈餘 (EPS)	$2.28	$1.08	$1.88
資金流量	$119,200	$35,600	$154,800
每股分得資金流量	$2.78	$1.58	$2.38

各項收入與支出也都是相對應的加總，資金流量為淨利加上折舊再加上利息，每股分得的資金流量為淨利與折舊之和再除以普通股數目，**每股盈餘** (earnings per share: EPS) 為淨利除以普通股數目。

◉ 購買法

上例中，收購公司用額外發行的 2 萬股普通股來交換目標公司的 2 萬股普通股。假設收購公司被認為是以每股 28 元的市價來收購目標公司 2 萬股普通股，則代表是用 56 萬元收購目標公司的帳面價值 2 萬元的股份（股東權益為 8 萬元），超額的部分為 48 萬元。若超額的 48 萬元被加總在合併後公司的可攤提折舊的資產上，則如表 14–3 所示：

表 14–3　合併前後購買法的資產負債表（超額部分列為可折舊資產）

	收購公司		目標公司	購買調整 借	購買調整 貸	合併後公司
流動資產		$220,000	$ 50,000			$ 270,000
土地		40,000	30,000			70,000
廠房與設備	$200,000		$100,000	$480,000	$ 30,000	$750,000
減：累計折舊	60,000		30,000	30,000		60,000
廠房與設備淨值		140,000	70,000			690,000
總資產		$400,000	$150,000			$1,030,000
流動負債		$ 80,000	$ 30,000			$ 110,000
長期負債		90,000	40,000			130,000
普通股	$ 80,000		$ 20,000	20,000	40,000	$120,000
實收資本	100,000		30,000	30,000	520,000	620,000
保留盈餘	50,000		30,000	30,000		50,000
股東權益		230,000	80,000			790,000
對總資產要求		$400,000	$150,000	$590,000	$590,000	$1,030,000

目標公司的累計折舊 3 萬元，由兩家公司的廠房與設備之和再加上 48 萬元中扣除 (200,000 + 100,000 + 480,000–30,000 = 750,000)，合併後公司的累計折舊只保留收購公司的累計折舊 6 萬元。以 56 萬元市場價值的收購公司的股票取代目標公司的股東權益 8 萬元 (80,000 = 20,000 + 30,000 + 30,000)，

但這 56 萬元市價的股票的面值總額只有 4 萬元，因此多出來的 52 萬元 (=
56–4) 被列在多收的實收資本中。

　　若是超額的 48 萬元被列在商譽 (goodwill) 的會計科目下，則資產負債
表為：

表 14–4　合併前後購買法的資產負債表（超額部分列為商譽）

	收購公司		目標公司	購買調整 借	貸	合併後公司
流動資產		$220,000	$ 50,000			$ 270,000
土地		40,000	30,000			70,000
廠房與設備	$200,000		$100,000		$ 30,000	$270,000
減：累計折舊	60,000		30,000	$ 30,000		60,000
廠房與設備淨值		140,000	70,000			210,000
商譽				480,000		480,000
總資產		$400,000	$150,000			$1,030,000
流動負債		$ 80,000	$ 30,000			$ 110,000
長期負債		90,000	40,000			130,000
普通股	$ 80,000		$ 20,000	20,000	40,000	$120,000
實收資本	100,000		30,000	30,000	520,000	620,000
保留盈餘	50,000		30,000	30,000		50,000
股東權益		230,000	80,000			790,000
對總資產要求		$400,000	$150,000	$590,000	$590,000	$1,030,000

　　若是超額部分的 48 萬元列為可折舊資產並以 10 年直線折舊（表 14–3
中的 75 萬元除以 10），或是列為商譽以 15 年直線折舊（表 14–4 中的 48 萬
元除以 15），則損益表為：

表 14-5　合併前後購買法的損益表

	收購公司	目標公司	合併後公司	
			超額部分轉為可折舊資產	超額部分轉為商譽
銷貨收入	$800,000	$400,000	$1,200,000	$1,200,000
營運成本	620,000	350,000	970,000	970,000
營運收入	$180,000	$ 50,000	$ 230,000	$ 230,000
折舊	20,000	10,000	75,000	30,000
可扣減的攤提				32,000
利息	8,000	4,000	12,000	12,000
應納稅收益	$152,000	$ 36,000	$ 143,000	$ 156,000
稅支出@40%	60,800	14,400	57,200	62,400
淨利	$ 91,200	$ 21,600	$ 85,800	$ 93,600
每股盈餘 (EPS)	$2.28	$1.08	$1.43	$1.56
資金流量	$119,200	$35,600	$172,800	$167,600
每股分得資金流量	$2.78	$1.58	$2.68	$2.59

比較表 14-2 與表 14-5 我們可以發現，採用購買法的淨利要小於採用權益匯總法的淨利，但這只是帳面上的價值。由於商譽攤提（或可折舊資產增加帶來更多的折舊費用），公司繳納的所得稅要比在權益匯總法之下來的低（匯總法為 75,200 元，而購買法為 57,200 元或 62,400 元），因此購買法下的資金流量及股東的每股資金流量均較高，購買法有節稅作用，對股東較為有利。

案例研讀

誰的財產？

希臘歷史學家希羅多德 (Herodotus) 在他的《歷史》一書中曾記載一段波斯帝國與呂底亞帝國 (Lydia) 之間的故事。呂底亞王克羅伊索斯對波斯帝國發動攻擊，結果呂底亞被滅，自己反被波斯王居魯士俘虜，當兩人站在皇宮外面時，居魯士向克羅伊索斯誇耀地說：「看啊！我的軍隊正在掠奪你的城市並

拿走你的財富。」但是克羅伊索斯卻回答說：「不是我的城市，也不是我的財富。這些東西已不再有我的任何份兒了，他們正在掠奪的都是你的財富啊！」克羅伊索斯很聰明地提醒波斯王居魯士這時財產權已是屬於他，也希望居魯士因為保衛自己新得的財富與人民，而減少占領軍對城市的傷害。有趣的是，居魯士並沒有因此停止軍隊的搶掠，在之後的其他戰役裡也沒有禁止他的士兵進行掠奪。我們從古代中外歷史中也會發現，當一個城鎮被攻下後，放縱軍隊大掠 3 天幾乎已經成為常態，而身為征服者的國王除了事前要準備軍隊給養，事後還得花錢重整並且派官員治理，似乎得到的好處十分有限，而他的士兵與將領們卻可以得到更多的好處。在這裡我們可以用公司的兼併與接管來說明這個現象：國王就相當於公司的股東（特別是擁有控制權的大股東），將領就是公司的高階經理，士兵相當於其他的管理人員，在實證研究裡，我們發現公司購併其他公司（征服其他國家）後，公司的整體效益，不論是股價或是會計盈餘都是下降，但是股東們卻沒有禁止管理階層繼續此類的活動，這其中的原因是：就像國王允許他的部屬不斷向外征服並進行掠奪，以換得他們對他的忠心並對軍隊投入更多的心力進行治理，同樣地，公司的股東也以允許管理階層不斷地向外擴張公司的版圖使管理階層獲利（在更大的人事、經費上有更多的權力），以換取管理階層對公司投入更多的人力資本，改進公司的效率。

14.4　總　結

本章的主要論點為：

- 公司接管與購併代表公司的管理控制權的改變。一個相對有效率的收購者會收購一個相對無效率的目標公司，同樣地，一個公司也可以裁減效率低的部門以促進整體效率。

- 如同前一章廠商理論中所提到的，公司的規模是取決於科斯定義下的市場協調生產與公司協調生產兩種交易成本的大小，若是前者較高則會擴大公司規模（例如購併外界的生產活動）。換言之，購併與否是要看成本

與效益分析（淨現值是否為正）而定。但是這裡的成本與效益指的是有控制權的人的成本與效益，高階勞工（管理階層）在分成制報酬制度之下，也許在一定範圍內「被允許」得以進行較無效率的擴大公司規模行動，以交換他們在公司裡投入更多的特定的人力資本，這也是為什麼在購併時，收購公司的股票價格會下降的原因之一。

- 許多反公司接管的防禦措施（例如溢價買回、毒丸防禦、修改公司章程等）也可以視為是雇主（股東）與雇工（有控制權的管理階層）事前合約的一部分：在某個限度內允許使用公司的資源（特別是股東的份額）來進行職位保衛戰。

本章習題

1. 有些人認為公司合併成為多角化經營可以幫助股東分散風險、降低融資成本，妳（你）認為這種說法是否成立？

2. 公司合併後的經營績效常不如預期，妳（你）認為其原因是什麼？

3. 公司合併後的表現經常不佳，但是公司購併的活動卻沒有停止，妳（你）認為其原因是什麼？

4. 要使公司接管及購併成為競爭公司控制權的機制，請問需要哪些配合條件？

5. 請比較權益匯總法與購買法的優劣。

第十五章

公司治理

Financial Management
Financial Management

Financial
Management

公司治理 (corporate governance) 與其他組織（家庭或政府）治理相同，都涉及到財產權如何分配：事前各人應出多少生產資源，事後如何確保各人按事前契約得到應得的份額。公司治理與人們合作的交易成本有關，也受到法律安排與政治意識形態的影響。本章 15.1 節首先討論財產權的界定與控制權的關係。15.2 節分析影響公司治理的因素。15.3 節為美國、英國、日本與德國公司的治理概況。

15.1　財產權與控制權

在第十三章裡我們發現當交易成本為零時，由市場協調生產與由公司（組織）協調生產的效率相同，「雇主」只是一個協調者並沒有任何指揮控制權。在第二章裡我們也發現當交易成本為零時，生產機會（或正的淨現值）的財產權不論屬於何人，生產效率都會相同。換言之，在零交易成本之下，討論公司裡的控制權或財產所有權並沒有什麼意義。

當人們的交易合作有交易成本時，財產權的明確界定可以減少人們合作時的不必要的交易成本。清楚界定並保護財產權才能使資源更有效率的運用。《呂氏春秋・審分覽》引慎子的話：「今一兔走，百人逐之，非一兔足為百人分也，由未定。由未定，堯且屈力又而況眾人乎？ 積兔滿市，行者不取，非不欲兔也，分已定矣。分已定，人雖鄙不爭。故治天下及國，在乎定分而已矣」。慎子說明了當財產權未被界定（未定分）時，連堯這種聖人都會參與競逐，而當財產權被界定清楚（定分）並且被保護時，聖或愚人都不會奪取。中國大陸內蒙等西北地區在改革開放前養羊的數目有限，改革開放後由於對該地羊隻的需求增加，牧養羊的數目急劇上升造成廣大牧地沙漠化的危機，解決的方法是：將牧民原來沒有的牧地產權分配給牧民，牧民可自行決定在自家的牧地上養多少隻羊，養太多使得牧地沙漠化會使得自家的牧羊事業破產，因此自然節制羊隻的數目。這個例子說明了牧地財產權的界定可以解決牧民競逐無主之物（牧地上的牧草）的問題，若是政府以公權力介入，想要以政府力量清點控制羊隻數目，則不但可能

徒勞無功（清點羊隻的成本浩大，執行公權力者也可能被買通），還會有負作用（得罪身為少數民族的牧民）。政府將公共之物（公共財）分配給私人所有（私有財），可以減少人們進行尋租 (rent-seeking)，將有限的生產資源用在遊說及討好主管政策的官員身上。這也是「小政府」的好處：政府若想為人民做太多事，就需要加稅（由人民口袋中掏錢），而稅收、預算增加（無主之物增加）勢必引起利益團體的尋租爭奪與政治人物為自己謀求好處的代理問題。公司管理階層對外界小股東也會有代理問題，不同的是，小股東有隨時參加與退出公司的選擇，人民對政府卻沒有這個選擇。

第十三章裡也提到：創新的企業家帶來正的淨現值（超額利潤），可以以之「買或賄賂」人，創新者有更多的選擇，自然在公司裡有更多的控制權。當創新帶來的超額利潤的財產權受到保障時，會吸引人們進行創新的活動。以下我以一個廣告公司的例子來說明公司的控制權是屬於創新者的，不論他是出資的資本家還是出腦力的勞工。由薩奇兄弟組成的**薩奇兄弟公司** (Saatchi & Saatchi) 於 1970 年代在英國成立，到了 1990 年時已是全世界規模最大的廣告公司，在 1994 年時，該公司董事長莫瑞斯·薩奇 (Maurice Saatchi) 要求公司給予豐厚的股票選擇權報酬，但是擁有該公司 30% 股份的美國共同基金經理人認為公司過去幾年表現欠佳，拒絕了是項要求。結果薩奇兄弟帶領了一批員工離開了原公司並另組一家新公司：M&C Saatchi，新公司贏得原公司的客戶而興旺，原公司（後來改名為 Cordiant）則是受傷慘重。這個例子說明了以下三點，第一、原薩奇兄弟公司之所以能賺錢是因為薩奇兄弟及他們的經營團隊的能力，當薩奇兄弟離開公司，與之相熟且有互信的員工會因為他們有創新能力、合作時間久、合作的交易成本較低而隨之進退，原公司的廣告客戶也對薩奇兄弟有信心（與之合作比與其他人合作有較佳的報償），因此也隨之轉臺。很顯然地，在原公司裡擁有控制權（可以大聲說話）的是有創新能力、能創造未來超額利潤的薩奇兄弟，而不是不具創新能力但擁有高比例股份的股東，他們沒有選擇只能拿到機會成本。再者，股東認為過去幾年公司表現不佳，因此應予以懲罰而非給予豐厚股票選擇權的想法，是完全違背了機會成本的原則：股東應考慮的是給予這樣的報

酬是否能在未來帶來更多的好處（亦即是否邊際收益大於邊際成本），而不是讓過去的表現不佳來影響到現在的判斷；你想要「懲罰」他，他是有選擇可以離開，不接受任何懲罰的。第二、公司成長的機會通常是由高階勞工的創新而得的，創新者有權與原公司的股東或是與外人合作，所謂「與他人合作則原公司股東吃虧」的說法並不成立。此外，所謂「組織資本（organizational capital，例如商譽、公司文化等）會隨著公司的人力資本離開而損失浪費，因此需要限制」的說法不但是沒有意義，並且是危險的，這就像是強調競爭會使得某些公司倒閉，是資源浪費的錯誤說法一樣，是忘了解散沒有效率的公司可以讓資源更有效的運用。若是開廠後不能關廠，或者是結婚後不准離婚，則將只會造成減少就業機會與更多不結婚的人。第三、薩奇兄弟的例子說明了每個人都在做自己的成本與效益分析，在沒有互信與感情投入（或雙方有許多的選擇）之下，不會有長期不變的合作。當有更多的互信時，股東才會看重長期投資對雙方的好處，管理階層也不會被迫要在短期內得到較佳的績效，而當沒有互信基礎，管理階層與股東隨時走人散夥時，大家著重的是短期的自身的利益，因此所謂公司到底應追求「股東收益最大」(shareholder-value perspective) 還是「利益關係人收益最大」(stakeholder-value perspective) 的爭論是沒有意義的。

15.2　影響公司治理的因素

公司的治理與家庭、政府的治理相同，都是要解決：資源提供者（特別是高階勞工）是否按事前合約執行（監督檢查問題）、如何使之樂意按事前合約執行（內部激勵措施與外部市場、法律環境）。以下就影響公司治理的各項因素分別討論之。

◉ 交易成本的變化

雇主與雇工間增加互信，投入更多的感情，雇工投入更多個人的人力資本（或是公司專屬資本 firm-specific capital），雙方的選擇變少（離開則

彼此損失慘重），合作的交易成本就會降低。中國與日本的商家經常鼓勵並資助資深員工出去開分店，而分店與本店之間維持長期聯盟甚至上下關係即是一例。隨著技術改變（獨立作業的可能性增加）、市場擴大（資金來源與銷售對象增多），人們的選擇增加，會影響談判議價能力，合作的交易成本也會隨之改變。每個生產資源提供者一方面有法律保障彼此按事前合約行事，另一方面也有自由選擇，決定是否參加這個不完全合約。股東即便是將資金交由高階管理階層處理，只擁有資金流量的剩餘請求權，也不是一定擁有對公司的最終控制權。技術改變、市場擴大、是否願意建立長期互信合作關係都是自發性的，人們合作有「自然長成的秩序」(spontaneous order)，可建立符合彼此意願的治理（行事）機制，政府不宜也不能訂定詳盡的規範來指導私人間的契約。

◉ 法律與政治環境

　　法律對公司的股東與債主有不同的保障規定。對股東方面有：公司合併案的同意與否、選舉董事之權力、可以通信投票、對無投票權股份的禁止、保障少數股東之投票方法，對債主方面則是：優先求償權之保障、減少在公司重整時管理階層的干擾，此外還有要求管理人員擔負誠實執行的信託之責、會計資訊公開等。有研究發現施行普通法 (common law) 的國家對投資人保護最為充份，然後是施行德國與北歐成文法 (German and Scandinavian civil law) 的國家，最後才是施行法國成文法 (French civil law) 的國家，而對投資人保護愈不足者，她的資本市場也愈小（見 La Porta et al., 1997 and 1998）。❶但是我們若將西方國家按普通法與成文法國家分類，可以發現施行普通法的國家同時也是基督教新教國家（美國與英國），法式成文法國家也是天主教國家（法國、義大利、西班牙與葡萄牙），因此所謂實

❶ La Porta, Rafael, Florencio Lopez-de-Silanes, Andrei Shleifer and Rober Vishny, 1997, "Legal Determinants of External Finance," *Journal of Finance* 52, 1131–1150; La Porta, Rafael, Florencio Lopez-de-Silanes, Andrei Shleifer and Robert Vishny, 1998, "Law and Finance," *Journal of Political Economy* 106, 1113–1155.

行普通法對投資人有較多保護，就像是韋伯 (Max Weber) 的《基督教新教倫理與資本主義精神》的理論：基督教新教比天主教對教徒要求更多的努力工作、節約、盡責、樂於冒險、改善生活水準，並完成在世上的職任，因此基督教新教地區有較發達的工商業。簡而言之，如同普通法與成文法的不同，基督教新教與天主教的不同，也可以用來解釋資本市場規模與對投資人保障的不同。社會學家對二次大戰後義大利南方的農業社區研究，就發現當地的社會聯繫和道德義務只限於核心家庭，在此範疇以外，人人都不信任他人，普特南 (Robert Putnam) 將之歸因於當地強烈的天主教傳統，使得人們只有與天主教會垂直的聯繫，而缺乏人與人之間的橫向聯繫。不過我們若從「選擇有無」的觀點來看，只有核心家庭成員間信任的原因可能是義大利南方不像北方工商業發達，居住在當地的人並沒有多少職業選擇，合作對象自然是以較親近的人為主。施行普通法的英國與美國不論在政治或宗教上都不是中央集權（上下關係）式，在經濟層面表現出來的也是更多的競爭，她們承襲了來自日耳曼法的傳統：「凡成年人均須照顧好自己，人人自立，自負其責」，由此也延伸出：「對個人自由的極端重視和對私人財產的無限尊崇」，由此我們也不難發現英美國家對於資本預算（成本與效益分析）關心的是個人式的股東的成本與效益（股東收益最大化），而其他國家則更關注於較多利益關係人（員工、顧客甚至社區）的成本與效益（利益關係人收益最大）。

一個國家就像一個消費者一樣會因為所處的政治經濟環境（預算限制與偏好）不同而做出不同的選擇，羅伊 (Roe, 2003) 就認為社會民主制 (social democracy) 國家大力保障勞工以維持社會安定，因此沒有保障的分散式小股東 (dispersed investors) 的方式較不可行，而需由集中股權的大股東來監控管理階層才能與勞工抗衡。❷羅伊的論點較能解釋何以在有些法律執行良好、並且保障小股東的國家（例如北歐諸國），並沒有出現規模龐大的資本市場（由外部取得資金），並且多是由大股東控制的公司（由內部自

❷ Roe, Mark, 2003, *Political Determinants of Corporate Governance*, Oxford: Oxford University Press.

己人籌資）。

⊗ 大股東控制

　　當資本市場不發達、不能使用購併接管來替換不適任管理人員時，大股東由於切身利得關係，直接控管公司可以提高經營效率。實證上的研究 (La Porta et al., 1999) 顯示：除美國外，各國最大的公司都是由家族或國家所擁有；控制者通常透過金字塔式的控股公司 (pyramid schemes)，只擁有少數股份即可控制公司；家族擁有的公司是直接由家族成員經營控制；雖然銀行擁有公司股票但不常進行控管。❸ 這些現象說明了，公司外界的小股東可能會因管理階層或大股東的自利行為而受到損失。但我要強調這種說法有些言過其實，理由如下：小股東在事前是有選擇參加公司與否的權利，若是明知道大股東兼總經理在事後會有損人自利的行為，則在事前就會對所購進的股票打一個折扣。例如預期的資金機會成本為 10%，若沒有占小股東便宜時股利為 10 元，則股價為 100 元；若是 30% 的股利會被大股東拿走，小股東只得到股利 7 元，則小股東只願出 70 元購買該股票，換言之，大股東是花了一筆錢來得到未來能占便宜的權利，這也是為什麼有控制權的股票出售時其價錢較高的原因 (voting premium)。我們也可以想像當政府改變法律時（特別是對小股東的保護），會改變事前的合約使事後的分配有變化，而有控制權的大股東自然會極力反抗，這說明了所謂有控制權的大股東的反抗（塹壕效果 entrenchment effect）並不是毫無道理的。

　　股票市場的興起與人們開始大量購買股票的歷史還不到 1 百年，與紙幣相同，股票也是一張有油墨的紙，是將財貨或商品貨幣交由他人代理，紙幣有的稀釋與代理問題，股票也同樣有。中國有全世界最早的紙幣，但自北宋起至清末民初，所有紙幣發行最後都以幣值大貶、通貨膨脹告終，直到近代各國以獨立於政治影響之外的貨幣管理機構（中央銀行或聯邦準備委員會）控制貨幣供給量才使得人們對紙幣有信心。股票等證券也是在

---

❸ La Porta, Rafael, Florencio Lopez-de-Silanes and Andrei Shleifer, 1999, "Corporate Ownership around the World," *Journal of Finance* 54, 471–517.

有彼此競爭壓力、政府證券管理單位與媒體的監督之下，才逐漸為人們所接受。但是即使在這種多重監督下，美國仍然有管理人員掏空資產的事情發生（安隆 Enron 及世界通訊 WorldCom 案）。解決的方法不應該是立更多的法要求更多的監督（例如原來只要一位會計師簽證，現在則需要二位會計師再加公司執行長簽證），而是應要求投資人負起更多對自己財產監管、關心的責任，由投資人與公司協定合適的私人契約，藉著公司間治理機制的競爭來改善代理問題。

⊗ 大債主控制

許多國家的銀行可以購買股票，成為董事會成員之一，並且（例如德國）保管其他投資人的股票並代為行使投票權。銀行在公司正常經營時不會加以干涉，但若經營不善而無法履行付息義務，則會對公司進行控管，甚至更換管理階層（例如日本的作法）。銀行作為公司長期資金的來源有助於建立互信、減少融資的交易成本，但有時公司需付出較高的融資成本與向銀行借入超過需求的資金的代價。

⊗ 國家控制

國家控制指的是國有企業，由政府派員經營公司，以照顧各方面的利益（因此類似於利益關係人的收益最大化）。國有企業的所有權屬於全體國人，與私營公司的分散式的小股東一樣，個人因為監督成本遠大於監督所帶來的好處（監督成本由個人出，收益則屬於全體國民），因此監督的意願很低。與私營公司股東不同的是，國有企業的股東不能出售股票、離開公司，也不能藉著公司接管、購併來更換不適任管理人員。但這並不表示國有企業的經營效率一定比私營的差，若是對國有企業的員工有好的激勵措施（紅利及政府系統內的升遷），國有企業的效率仍然可以提升。但是國有企業若是不能排除不同政治勢力的介入（例如民意代表的關說人事與原料採購），則需要民營化 (privatization)，藉著明定私有財產權，各生產資源提供者可以排除他人，得到資源的機會成本。

15.3　各國的公司治理

　　亞當・斯密在 1776 年書寫《國富論》時，認為股份公司若不是靠政府給予專營特許權的貿易業者，就是需大量資本（大於私人合夥公司所需資本）才能生產具有普遍效用產品的業者，滿足後者條件的只有四種行業：銀行業、保險業、修建運河等航道業者、自來水業。與私人合夥公司相較之下，「股份公司的董事為他人盡力，而私人合夥公司的合夥者則純是為自己打算，所以要想股份公司董事們監視錢財用途，像私人合夥公司的合夥業者那樣用心周到，是很難做到的。就像富人家裡的管家一樣，只注重小節，忽略了主人的榮譽，只為自己從中得些好處，股份公司的疏忽與浪費必不可免。因此，凡屬從事國外貿易的股份公司總是競爭不過私人的冒險家。股份公司沒有取得專營特權者往往經營不善，有了特權，那就不但經營不善，而且還阻礙了這種貿易」（第五卷第一章）。亞當・斯密對股份公司的代理問題的批評，只論及公司內的監督，而忽略了外在因素的影響。以英國人民（委託人）對政府（代理人）的授權為例，在君主時代，人民原來沒有選擇地只能服從在武力的統治之下，西元 1215 年的大憲章(Magna Charta) 作為一項封建合約，約定了作為封建大領主的國王與貴族雙方的權利，確定了有限政府以及國王須受法律約束的原則，到了 1295 年，作為政府經常機構的國會已包含了貴族及教士、騎士、城鎮公民三大階級的代表，擁有賦稅控制權力並有權立法，1688 年至 1689 年的光榮革命(Glorious Revolution) 使國會得以通過多項法律，保障英人的權利，國會權力不受國王的侵害，提高財產權的保障，以及司法脫離王室而獨立使得王室的行為受到約束。結果是迅速發展出資本市場，民間提供給政府貸款的意願因相信政府會實踐還債承諾而增加。1694 年成立英格蘭銀行(Bank of England) 原來是為了處理公債而成立，後來也經營民間私人的業務，英格蘭銀行發行的紙鈔逐漸在商業中使用，成為其他銀行的準備金，商業匯票及商業銀行發行的銀行券隨時可以兌換成英格蘭銀行的紙鈔，而英格蘭銀

行的紙鈔也隨時可以兌換成黃金或金幣。到了 1797 年因恐懼法軍入侵，發生了擠兌（將紙幣換成黃金）風潮，英國政府乃宣佈停止兌換政策，並維持了有 24 年之久。原先該項停止兌換政策只作為一項權宜措施，後來卻使英人長期習於使用紙幣。簡而言之，英國人經過了 4 百多年（1251 年至 1689 年）才習慣並有信心地將自己的權力交付於政府及國會，另外再花了 1 百多年（1694 年至 1821 年）才習慣並有信心地使用紙幣而不是商品貨幣，這也難怪類似私人紙幣型式的股票（國家法定紙幣可看作是國家這個集團公司發行的股票）大量出現的時間更晚（在二十世紀初期才開始流行）。股票在發行單位（公司）間的競爭壓力、政府監管單位及媒體監督之下發行，人民可以自由選擇是否購買，多數屬於事後的道德危機 (moral hazard) 的代理問題（例如管理階層怠惰、占小股東便宜等問題）是可以在事前加以考慮並防範的，對投資人的投資意願可能影響不大。但較為嚴重，會造成事前反向選擇 (adverse selection) 而個人無力改變的制度上的因素，更值得我們注意。以下分述幾個重要國家的制度安排對公司治理的影響。

◈ 美　國

美國擁有全世界最發達的資本市場，公司接管與購併最興盛，對小股東的（事後）保護最為完善。但即使如此，美國公司仍是以大股東控制的為多（見 La Porta et al., 1999 等），融資仍是以內部資金為主，為優先考量。從二十世紀初開始，由於可以代理投票 (vote by proxy，通常由管理人員代替股東投票)、董事變成有任期制（原來是隨時可以撤換的）、准許發行無投票權的股票，使得股東的控制權大為削減（見 Berle and Means, 1932, p. 129）。❹一直到最近，美國公司裡才有較多的外部董事，但是執行長通常身兼董事長，控制董事會會議議程，並且有 80% 的外部董事是由他選出，除非公司發生危機，董事會有如橡皮圖章 (rubber stamp)，除了提供建議外不能做什麼。羅伊 (Roe, 1994) 認為美國人民的反大政府傾向使得不存在一

---

❹ Berle, Adolf and Gardiner Means, 1932, *The Modern Corporation and Private Property*, New York: Harcourt, Brace&World, Inc.

個強大的中央政府，因此也不允許集中的私人經濟權力存在，地方主義和利益團體的遊說使得國會和各州拆散金融機構，降低它們結合成網路的能力，這些政治過程導致了公司的分散的股東及掌握控制權的管理階層。❺

✸ 英　國

在二十世紀初期英國就有發達的證券市場，也有不少股票公開上市的公司。但是直到二次大戰後，許多上市公司仍是控制在家族的手中，一直要到 1970 年代末期，這些家族才開始出售手中的股票。英國與美國一樣，有較佳的保護小股東的法律，但是二次大戰後經濟政策的忽左忽右（有收歸國有的行動，也有保護自由競爭企業的行動）使得大股東不願放棄公司的控制權，以抗衡為保護勞工就業的政治措施所形成的工會力量（見 Roe, 2003）。

✸ 日　本

日本直到 1868 年德川幕府時代結束時仍是一個封建型的社會，明治維新使日本成為近代國家後，大多數日本人依然與他們的集團緊密聯繫在一起，這些集團要求他們對本集團的忠誠，並且切斷了他們對集團以外的同情。商家的店員一旦因明顯的不忠實行為被解雇後，即會通過行會組織告知其他商家，從此不再受同業的雇用。換言之，日本人在工作上並沒有像其他國家有較大的選擇，因此可以想像會出現長期（或終身）的雇用合約（即使是隱性的）以為交換。而在公司決策上也不會只顧及股東的利益，而是以利益關係人 (stakeholders) 整體的效益與成本為考量。日本的公司也將自己聚集成一些協調一致的集團，這些集團的隸屬公司有銀行和保險公司，有綜合貿易公司，有下游廠商的分包者。**日本企業集團** (keiretsu) 利用派遣董事、交叉持有股份，以及向銀行借款方式以建立密切的關係。除了生產貿易外，同一集團內部公司之間進行的交易比例是與其他集團公司交

❺ Roe, Mark, 1994, *Strong Managers, Weak Owners: The Political Costs of American Corporate Finance*, Princeton: Princeton University Press.

易比例的 10 倍以上（見 Gerlach, 1990）。❻管理人員是公司股東的代理者，又代表公司為其他公司的股東，藉著彼此投資、交叉持股、不斷地商業交易，建立起複雜的聯盟關係。日本公司的股份也許像英美公司一樣較為分散（見 La Porta et al., 1999），但這並不表示沒有大股東或大債主在控制或影響公司。對一個公司而言，銀行或保險公司貸款的金額常是所擁有股份金額的許多倍，平常並不參與公司的日常經營，而當公司的經營出問題時，董事會與銀行才會介入，甚至更換總經理。

◈ 德 國

德國公司的員工可以被選入公司董事會裡的監事會，員工超過兩千人的企業的監事會半數成員需是勞工代表。德國這種共同決策 (codetermination) 的傳統可以追溯到十九世紀，當時教會團體支持這一種制度以軟化資本主義、培養不受社會主義影響的工廠社團。共同決策制也使得強大的金融仲介機構可以進入公司董事會 (勞工此時已有力量抗衡)，大股東的出現使得公司收購較為困難。德國大銀行除了貸款給公司以發揮影響力之外，還可以透過大量有投票權的股票來影響公司。銀行除了直接擁有的股權外，對銀行以保管人身份持有的股票也有投票權，通常是個人投資者將他們持有的股票交給銀行保管，除非他們給予銀行特別的指示，否則銀行對其所保管的股票有投票權（見 Roe, 1994）。

---

❻ Gerlach, Michael, 1990, *Alliance Capitalism: The Social Organization of Japanese Business*, Berkeley: The University of California Press.

血統與繼承

清代吳敬梓的《儒林外史》第六十回曾記述一段鹽商宋為富之妻赴廟宇「求仙種」而得子的故事。宋為富死後其妻與子請法師建設道場以追薦亡夫,當法師設血食供宋為富的鬼魂享用時,卻發現另有一僧前來與宋爭食,正打算以法術驅趕該僧,「但看那僧目視小兒似做哭泣之狀」,法師心中明白,乃「叫人取一碗清水,焚了一道開天符」,叫宋妻觀看,宋妻發現該僧即是「送仙種的仙人」,不由得面紅耳赤,羞愧難當。《儒林外史》的這段故事雖屬虛構,但也顯示出華人(包含海外華人)對血統(「血的共同」)的重視。若不是出於父系的血脈,則在祭祀上不得享用其血食,因此華人也特別著重「宗」、「族」、「門」、「房」等的區別,若是膝下無子也儘量由同宗族中過繼而得。「上門女婿」(或贅婿)在秦漢之時是列同於有罪官吏、逃亡的罪犯及不法商人等七種受懲罰的對象,秦漢之後招婿入門的性質雖有不同,但因沒有血緣關係,贅婿的地位仍遠不及過繼者名正言順,許多上門女婿在女方父母死後仍舊回到自己的族中。

日本人的家庭與華人的家庭有很大的不同。日人家庭一般只有長子才有繼承家業、維持家系的權利,非長子只能作為一個「分家」依附在長子的「本家」門下,或是通過隨師學藝、當養子等成為別的親屬集團的一員。日人的婿養子制度無論在法律上或習俗上都被認為是正當的,換句話說,日人即便確認了與別人血緣關係也不一定能夠成為族人組織中的一員,而沒有血緣資格者卻可能藉著個人的努力作為「家」的成員而成為同族人員;華人在這一點上卻是沒有選擇的——再努力也改變不了血統,在祭祀上是沒資格的。我們若將日本明治改革前的封建藩與現代的日本企業集團做比較,也會發現他們的成員仍是相當類似:家臣、婿養子等外姓人士也能成為本家的領導人,而華人的企業集團雖也是家族集團但幾乎找不到由女婿或家臣完全取代的例子。這裡面的原因可以由兩方面來考慮,一是日人對祖先祭祀的觀念是只崇

拜與自己距離較近的祖先（到父母及祖父母為止），「他們甚至對墓地裡曾祖父母的墓碑也不再去刷新重書，至於三代以前的祖先那是很快會被遺忘掉的」，「墓地裡所葬的並非都是有相同血緣者，還包括僕人、長工、管家等非相同血緣者，日本人也常常把祖先的牌位同家族中其他非血緣關係者放在家中神龕裡」，因此日人不像華人，他們沒有精神上（宗教上）的束縛，一定要生個兒子來繼承產業。第二個原因是在外在的環境方面：日人的集團一旦進入後就極難離開，即使離開想加入其他家族，別的家族集團也認為他的忠誠度不夠（不論是對主子或是對同儕），不會予以接納，因此婿養子、家臣不致做出除滅主子家人並移家產至自己本族的舉動出來，另一方面，華人轉投入其他的企業集團十分容易，也因此會對女婿（或贅婿）、部屬來繼承領導較具戒心，深怕「辛苦了一輩子，最後還是落入外姓的人的手中」。由中日的文化與祖先崇拜對組織中權力傳承的影響來看，我們就可以發覺公司治理是與文化、宗教、法律等制度有關，也不能說日本企業集團 (keiretsu) 的互相交叉持股以排除公司被購併、接管的威脅純粹是為了保障它們經理人的職位，是以公司資源來進行塹壕戰 (entrenchment)。

15.4　總　結

本章的主要論點為:

- 公司治理不只是使公司的資金提供者能得到應得的報酬（股東收益最大化），也不只是使與公司有利益相關的人得到應有的報酬（利益關係人收益最大化）。當財產權界定清楚時，資源提供者自然會有動機保衛財產，並且追求資源應有的機會成本。人們依事前合約自願結合、分開，將資源委託他人經營，政府不宜也不能在事後加以干涉。
- 合作的交易成本會隨著技術進步、市場擴大、互信增加而改變，法律與政治意識形態也會限制組織的型態，由此而決定是追求股東的收益還是追求利益關係人的收益。
- 即使在大股東或管理人員擁有公司的控制權之下，小股東仍然可以在事

前考慮，做出選擇是否參加公司，因此所謂事後占小股東便宜的說法有
待商榷。

- 公司有銀行支援大量資金可以減少融資的交易成本，但是也需付出融資
  彈性較小的代價。

- 國有企業因為財產權分散，並且股東無法出售股票而監督的效果差，但
  是若有好的激勵措施，國有企業的員工仍會有提高經營績效的意願。

本章習題

1. 有些人認為小股東一旦購買股票後，就要隨公司的高興，不一定拿得到股利，換言
   之，小股東購買股票成為沉沒成本。請問妳（你）同意這種看法嗎？

2. 請說明美、日、德、英各國的公司治理有何不同？

3. 有些人建議政府應加強管制公司以改善公司治理，例如每年有更多次的公佈公司財
   務訊息、訂定管理階層應負的責任、更多的監督檢查機制，請問這些措施會有什麼
   後果？

4. 所謂的塹壕效果 (entrenchment effect) 在管理階層或有控制權的大股東身上都會發
   生，指的是他們會抵抗任何想要減少他們控制權的措施。妳（你）認為塹壕效果的
   說法是否成立？為什麼？

5. 請說明國有企業在哪些條件下可能會有較高的經營效率？妳（你）認為許多國家的
   國有企業效率不彰的原因為何？

第十六章

股利政策

Financial Management
Financial Management

公司發放股利通常是經董事會同意後實施。決定發放股利後，即有宣佈日 (declaration date)，之後有除息日 (ex-dividend date)。除息日之後購得股票者收不到公司發放的股利，股利仍是屬於原來的股東所有。公司不發放股利則其內部資金會增加，公司股票的價格會上升，上升的部分為資本利得。股東因個人偏好、對風險的看法不同而對公司發不發放股利有不同的需求。本章 16.1 節先討論在零交易成本之下，股利與資本利得的等價關係。16.2 節為在有個人所得稅、代理問題等交易成本之下，公司股利政策對股東的影響。

16.1　零交易成本與股利無關論

我們先來看《呂氏春秋》裡有關荊人遺弓的一段話：「荊人有遺弓，而不肯索，曰：『荊人遺之，荊人得之，又何索焉?』孔子聞之曰：『去其「荊」而可矣。』老聃聞之曰：『去其「人」而可矣。』」荊人、孔子與老子都認為即使弓遺落，但因為都是「自己人」得到因此無妨，即使這三個人對「自己人」範圍大小的看法有些不同。英諺裡有另一句完全相反的話：「二鳥在林不如一鳥在手」，這裡指的是財產權未定的二鳥的價值比不上自己手中財產權已定的一鳥。不過若是「林」是屬於自己的產權，則手中的鳥與林中的鳥的價值是完全相同的。

公司生產銷售後，股東所分得的份額的價值也不會因為是以股利 (dividends) 或是以資本利得 (capital gains) 的方式出現而有所不同，這是因為股利或資本利得的財產權都是屬於股東的。當沒有交易成本時（沒有個人所得稅或代理問題時），錢放在公司的保險箱裡或是拿在自己手中都是一樣的。例如假設一個公司的股東投入 100 元，資金的每年機會成本為 10%，公司 2 年後解散。在第 1 年底時，股東可分配得到 10 元 (= 100 × 10%)，該 10 元若留在公司則代表股份的價值為 110 元（資本利得為 10 元），而在第 2 年底公司解散時，股東應得到 121 元 (= 110 × 1.1)。若是在第 1 年底股東得到 10 元的股利，則因為該 10 元在第 1 年底至第 2 年底之間的機會成本

為 10%，亦即將之再投資於他處至第 2 年底時其價值應為 11 元 (= 10 × 1.1)，再加上公司裡原來投資的 100 元在第 2 年底時的價值為 110 元 (= 100 × 1.1)，總共也是 121 元 (= 11 + 110)。這個例子說明了因為資金的機會成本 (10%) 固定不變，股東不論得到的是拿到自己手上可以自行投資的股利，或是放在公司由公司再投資的資本利得，對股東期末總財富的影響是一樣的。

16.2　交易成本與股利政策

在有個人所得稅或者股利有代表公司的內部資訊時，股利的發放與否是會影響公司股票的價值的。股利的增減也會影響到公司的內部資金，因此是與融資順位理論有關。有些公司會同時發放股利並且向外融資 (向外借錢或發行新股)，這使得股利政策也會影響公司的資本結構。以下分述個人所得稅及資訊內涵等交易成本對股利政策的影響。

◉ 回收期限法

投資人喜歡股利超過資本利得的原因，可能是採取如第六章資本預算中的回收期限法 (愈快收回投資額愈好)，而不只是「喜歡手中的鳥勝過林中的鳥」。使用回收期限法來投資股票也代表了投資人認為該股票的風險較高，對公司的管理階層較無信心，覺得由自己來決定投資要比交由公司來投資更好。

◉ 個人所得稅

對股利通常是課以較高的稅率，而資本利得的稅率較低。並且，股利是在公司發放股利時就需繳稅，資本利得則是在投資人出售股票時才需要繳稅，因此資本利得有延遲繳稅的效果。由於股利與資本利得的稅率不同，低個人所得稅率者或免繳稅的單位 (例如學校或公益團體等) 會選擇高股利股票，而高個人所得稅率者會選擇低股利而高資本利得的股票，這種依

照所得稅率不同而選擇股利或資本利得的現象，我們稱之為顧客效果
(clientele effect)。

股利代表的公司內部資訊

發放的股利多代表公司的內部資金較多，也可能代表公司缺乏正的淨
現值的投資機會。例如受管制的公用事業（自來水、電力、電話公司），收
入較為穩定（資金流量的變化小），但也缺乏創新、缺乏正的淨現值的投資
機會。一般而言，公司希望穩定維持一定的股利發放，不至於在短時間內
變化太大，因此一旦公司改變股利政策，外界會將之引申為公司管理階層
對公司未來前景是悲觀（股利減少），或是樂觀（股利增加）。公司發放股
利也會使得公司的內部資金減少，因此有迫使管理階層更加努力，提高經
營效率的效果。有些公司一方面發放股利，又另一方面向外借貸或增發新
股，表面上是多此一舉，但可能是想藉著向外融資，向外界投資人顯示公
司的狀況良好：借錢要經過銀行的檢驗，發行公司債或股票也需要經過證
券管理單位的審核通過。

股票購回

股票購回 (stock repurchase) 使股東得到現金是相當於發放現金股利，
可以偶而為之，金額也可以不固定較有彈性，不會影響到公司的固定股利
政策，並且由於是按照資本利得而非股利課稅，因此稅率會較低。股票購
回通常發生在公司管理階層認為公司的股票已被低估，而由市場上購回公
司的股票，因此是有拉抬股票價格的效果。股票購回有時也會被管理階層
用來抵禦公司接管，公司以較高的價格向收購公司購回自己公司的股票(亦
即 green mail)，因而對本公司的其他股東不利。

案例研讀

交易成本的影響

　　摩迪格蘭尼與米勒的「公司負債比例高低與公司的市場價值無關」理論和「股利發放與否與公司的市場價值無關」理論都是假設在交易成本為零之下才成立，而類似的無關論在早期的經濟學家著作中也可以發現。李嘉圖 (David Ricardo) 在他的 1817 年的《經濟學及賦稅原理》第十七章曾以公債及納稅的例子來說明，一個國家無論是否支付利息，既不更富，也不會變得更窮。李嘉圖假設國家為支持戰爭，可以賦課定額稅 2,000 萬英鎊，也可以發行公債來籌措 2,000 萬英鎊，若是以發行公債支應，則每年需向人民課徵 100 萬英鎊的租稅以為付公債的利息（亦即公債的年利率為 5%），而這也相當於人民自行向外人借款 2,000 萬英鎊，繳付給政府（一次性的納稅），然後每年再支付給債主 100 萬英鎊的利息，這中間的差別只是：若是為公債則是由政府替債主（公司債的擁有者）代收利息，若是為一次性的課稅則是由債主（私人貸出款者）自行收取利息，因此，「一國的窮困，並非由於國債利息的支付；而一國之能獲得救濟，亦並非由於利息支付的豁免，……，國債的消滅，既不增加所得，也不減少支出。」當代經濟學家貝羅 (Robert Barro) 根據李嘉圖的想法推演出「李嘉圖等效定理」，它的意思是只要上一代關愛下一代，並且留下遺產，則發行公債與課徵定額稅的結果並沒有差別。例如政府打算發給老年人年金，這筆財政支出若是由發行公債支付，則老年人的後代子孫的課稅負擔就會加重，而老年人若關愛他的後代，就會將老人年金存入銀行，未來轉交後代子孫來支付稅款，這就相當於老人自行繳付年金的稅款，而以發行公債或是以徵稅來支付政府支出的結果完全相同，不會對國民所得的增減有任何影響。

　　以上的例子是完全沒有交易成本的理想世界中的結果。但是李嘉圖也注意到由私人債主自行收債和由政府代收債息的意義並不相同，前者較為方便（節省交易成本）但是後者對債權人較有保障。我們也可以想像發行公債後，政府作為中間保證人也可以賴帳不還，政府手中有武力，債權人（公債擁有

者）是較有錢者並且人數較少，相較之下，政府在必要的情況下可能會作廢公債，寧願得罪少數的債主而討好眾多較窮的債務人。因此發行公債與課徵定額稅的交易成本並不相同。另外，交易成本也有可能是屬於精神方面的感受，例如政府可以向人民以收租或收稅的名義獲得財源，但是對於負責繳納的人民的心中感受卻不相同，若是以人頭稅的名義收取則要比以人頭租的名義收取好聽的多，後者含有奴隸的意味——我讓你存活（「租」給你生命），因此你必須付出租金。政府常在戰亂，人民大批死亡後，按人頭重新分配土地，得到土地分配的人需要繳納地租或地稅，是相當於人頭稅，但是並不用這樣的名義，更不用說用人頭租的名義。亞當‧斯密也強調「人們對於各種人頭稅，常視為是奴隸的表徵，但是對於納稅者，一切的稅，不獨不是奴隸的表徵，而且是自由的表徵。一個人納稅了，雖然表示他是隸屬於政府，但他既有若干納稅的財產，他本身就不是主人的財產了。加在奴隸身上的人頭稅，和加在自由人身上的人頭稅是截然不同的，前者是由其他不同階級的人支付，後者則是由被稅人自行支付」《國富論》第五卷第二章）。

16.3 總 結

本章的主要論點為：

- 在沒有交易成本（個人所得稅或代理問題）之下，公司發不發放股利對股東的影響都會相同，這是因為股東所得的份額不會因為是以股利或是資本利得的方式出現而改變。
- 投資的股東可能會因為對公司較無信心，而採取回收期限法來投資，因此比較喜歡收到股利。
- 個人所得稅率的高低也會影響投資人選擇高或低的股利，發放不同股利的公司因此可能吸引到不同的投資人。股利的發放也隱含了管理階層對公司未來資金流量的預期，除非有必要，公司通常會維持穩定的股利發放。

本章習題

1. 有些學者認為發放現金股利將會使得未來投資的資金減少，妳（你）認為這種說法
   是否成立？

2. 「一鳥在手勝過二鳥在林」(bird-in-the-hand) 的股利政策的背後有什麼樣的假設？

3. 當公司宣佈股票購回計畫時，是只想要拉抬股價還是有其他的用意？

第十七章

債券管理

Financial Management
Financial Management
Financial Management
Management

　　債券是一種借貸雙方約定的契約，約定借錢者在一段時日後付給貸出者一定的金額。債券市場交易的工具為政府公債與民間公司發行的債券，債券市場的規模通常要大於股票市場的規模。本章 17.1 節討論債券的性質及如何評價債券。17.2 節分析衡量債券價格波動性的方法。17.3 節討論利率期間結構及遠期利率。

17.1　債券性質與評價

　　債券 (bond) 指的是一項契約，要求借款者在未來一段時間後，還給貸出者本金外還需加上一筆利息。債券上列有年利率者稱為付息債券 (coupon bond)，若是未列年利率而只是在期末給予貸款者一筆錢的債券稱為零息債券 (zero coupon bond)。我們可舉一例說明，任何一個付息債券都可以表示為數個零息債券的組合。假設一個面值 100 元的 1 年期的付息債券，年利率為 10%，半年後付息 5 元，年底時付息 5 元再加上面值 100 元，設若要求的年利率 (貸出者或購買債券者的資金機會成本) 為 8%，則債券的現值為：

$$P = \frac{5}{(1+4\%)} + \frac{105}{(1+4\%)^2}$$

$$= 101.89 \text{ 元} \tag{1}$$

換言之，該債券相當於一個 6 個月到期的零息債券（其現值為：$5/(1+0.04) = 4.81$ 元）及一個 1 年期零息債券（其現值為：$105/(1+0.04)^2 = 97.08$ 元）的組合。若是這兩個零息債券的現值的總和不等於該付息債券的現值，則我們可以進行套利，買進低價者，再賣出高價者。

　　在上面(1)式裡，若是 P 為期初購買債券的市場價格 98.17 元，則由內部報酬率法：

$$98.17 = \frac{5}{(1+y)} + \frac{105}{(1+y)^2} \tag{2}$$

得到內部報酬率為 $y = 6\%$，亦即年殖利率 (yield to maturity) 為 12% (= 6%

×2)。⑴式也可以改寫為：$101.89(1 + 4\%)^2 = 5(1 + 4\%) + 105$，也就是 6 個月後收到的半年利息 5 元，可以以 4% 的資金機會成本再投資半年，4% 的 2 倍為 8%，我們稱之為每年的再投資率 (reinvestment rate)。

　　投資人可以買進長期的付息債券，短暫的持有後再賣出，在這短暫持有期間的年報酬率稱為全報酬率 (total return)。全報酬率估計時需要假設利息的再投資率及債券剩餘年限的年殖利率。例如一個投資人打算以 875.38 元買進一個年息 8%、每半年付息一次、期限 10 年、面值為 1,000 元的付息債券，買進持有 3 年後再賣出，假設未來 3 年內每年的再投資率為 6%，剩下的 7 年每年的年殖利率為 7%。該付息債券的 10 年內部報酬率（或年殖利率）可由下式計算得到：

$$875.38 = \frac{40}{(1 + y)} + \frac{40}{(1 + y)^2} + \cdots + \frac{40}{(1 + y)^{20}} + \frac{1,000}{(1 + y)^{20}} \tag{3}$$

$y = 5\%$ 或年殖利率為 10%。3 年中收到的利息以 6% 的年再投資率投資，則 3 年後由利息部分總共得到：

$$(1 + 0.03)^6 \cdot [\frac{40}{0.03} - \frac{40}{0.03}\frac{1}{(1 + 0.03)^6}] = 40[\frac{(1.03)^6 - 1}{0.03}] = 258.74 \text{ 元}$$

　　在第 3 年底時將債券賣出可得到（後面的 7 年是以年殖利率 7% 計算）：

$$[\frac{40}{0.035} - \frac{40}{0.035}\frac{1}{(1 + 0.035)^{14}}] + \frac{1,000}{(1 + 0.035)^{14}} = 1,054.60 \text{ 元}$$

換言之，該投資人在期初時投資 875.38 元，3 年後總共得到 258.74 + 1,054.60 = 1,313.34 元，因此每半年的全報酬率為：

$$(\frac{1,313.34}{875.38})^{\frac{1}{6}} - 1 = 6.99\%$$

年全報酬率為 13.98%。在第六章裡我們曾討論修正的內部報酬率法 (*MIRR*)，其定義為：期末收益 / 期初投資 $= (1 + MIRR)^n$，n 為投資期數（見第六章⑾式）。比較 *MIRR* 與上式，就可以發現每半年的全報酬率其實就是修正的內部報酬率。

17.2　債券的波動性

假設一個付息債券，每期付息 C 元，共付 n 期，期末時還本 M 元，投資人資金的機會成本（要求的報酬率）每期為 y，則債券的現值為：

$$P = \frac{C}{1+y} + \frac{C}{(1+y)^2} + \cdots + \frac{C}{(1+y)^n} + \frac{M}{(1+y)^n} \tag{4}$$

當要求的利率 y 微量上升或下降時，對債券現值的影響可表示為：

$$\frac{dP}{dy} = \frac{-1}{1+y}\left(\frac{C}{1+y} + \frac{2C}{(1+y)^2} + \cdots + \frac{nC}{(1+y)^n} + \frac{nM}{(1+y)^n}\right) \tag{5}$$

(dP/dy) 小於零代表了債券現值會隨著要求的利率上升而下降。將(5)式兩邊除以 P：

$$\frac{dP}{dy} \cdot \frac{1}{P} = \frac{-1}{1+y} \cdot \frac{1}{P} \cdot \left[\sum_{t=1}^{n} \frac{tC}{(1+y)^t} + \frac{nM}{(1+y)^n}\right] \tag{6}$$

若 Δy 為 1%，則 $(\Delta P/P)/\Delta y$ 為當要求的利率上升或下降 1% 時，債券現值變動的百分比。$\frac{1}{P} \cdot \left[\sum_{t=1}^{n} \frac{tC}{(1+y)^t} + \frac{nM}{(1+y)^n}\right]$ 稱為麥考萊期間 (Macaulay duration)，$\frac{1}{P(1+y)} \cdot \left[\sum_{t=1}^{n} \frac{tC}{(1+y)^t} + \frac{nM}{(1+y)^n}\right]$ 稱為修正的期間 (modified duration)。

(5)式或(6)式表示的是當要求的利率微幅上升或下降時，債券現值會有對稱性的下降或是上升。但是要求利率的變動可能不是微幅變動的，例如下表所示，兩個面值同為 1,000 元，10 年期每半年付息一次的債券：

要求利率	票息利率 (Coupon rate) 10%		票息利率 (Coupon rate) 12%	
	債券現值	要求利率由 10% 上升或下降對債券影響	債券現值	要求利率由 10% 上升或下降對債券影響
8%	1,135.90	+13.59%	1,271.81	+13.09%
10%	1,000	–	1,124.62	–
12%	885.30	–11.47%	1,000	–11.08%

以票息利率 10% 為例，當要求利率由 10% 上漲為 12% 時，債券現值

下降 11.47%，要求利率由 10% 下降為 8% 時，債券現值上漲 13.59%，亦
即要求利率上漲或下跌都是 2%，但債券現值上漲的幅度要大於下跌的幅
度。當票息利率為 12% 時，要求利率由 10% 上漲至 12% 債券現值下降的
幅度 (11.08%)，要小於由 10% 下跌至 8% 債券現值上漲的幅度 (13.09%)。
由上表我們也可以發現：兩個付息債券在其他條件（例如到期日）相同的
情形之下，票息利率較高者的債券現值對要求利率變動的敏感度較低。

17.3　利率期間結構

利率期間結構 (term structure of interest rates) 指的是不同到期日的債
券的每期所給付利率會有所不同。例如租房子時，若是只短租 2 個月，則
其每個月租金要比租 1 年的每個月租金高些，這裡面牽涉到房客的彈性較
大（租約只有 2 個月），但房東則是 2 個月後的租金收入較不確定，並且 2
個月後必須尋找新房客。

我們可以以一個例子來說明由利率期限結構來計算理論即期利率
(theoretical spot rate) 及遠期利率 (forward rate)。如下表所示，在市場上共
有三個債券：零息的 6 個月債券，1 年期付息債券及 1.5 年期付息債券。

期限	債券現值	半年付息	到期時面值
6個月	101.69	0	105.25
1 年	102.36	5.25	100
1.5 年	102.06	5.25	100

三個債券的半年殖利率（內部報酬率）分別為：

6 個月：$101.69 = \dfrac{105.25}{1+r_1}, r_1 = 3.50\%$

1 年：$102.36 = \dfrac{5.25}{1+r_2} + \dfrac{105.25}{(1+r_2)^2}, r_2 = 4.00\%$

$$1.5 \text{ 年：} 102.06 = \frac{5.25}{1+r_3} + \frac{5.25}{(1+r_3)^2} + \frac{105.25}{(1+r_3)^3}, r_3 = 4.50\%$$

理論即期利率為：

$$6 \text{ 個月：} 101.69 = \frac{105.25}{1+z_1}, z_1 = 3.50\%$$

$$1 \text{ 年：} 102.36 = \frac{5.25}{1+z_1} + \frac{105.25}{(1+z_2)^2}, z_2 = 4.01\%$$

$$1.5 \text{ 年：} 102.06 = \frac{5.25}{1+z_1} + \frac{5.25}{(1+z_2)^2} + \frac{105.25}{(1+z_3)^3}, z_3 = 4.536\%$$

6 個月的利率為 $r_1 = z_1 = 3.50\%$，由 1 年期的債券可以計算得到後面 6 個月的遠期利率 (f_1)：

$$102.36 = \frac{5.25}{1+z_1} + \frac{105.25}{(1+z_1)(1+f_1)}, f_1 = 4.523\% \tag{7}$$

(7)式表示 1 年期債券是相當於一個 6 個月期的零息債券（其現值為 $5.25/1.035 = 5.07$ 元）及一個 1 年期零息債券（其現值為 $105.25/(1.035 \times 1.04523) = 97.29$ 元）的總和。後面這一個 1 年期零息債券相當於這樣的一個契約：期初貸出者以半年利率 3.5% 借給借錢者 97.29 元，雙方並且簽下一個遠期契約，約定在 6 個月後以半年利率（遠期利率）4.523% 將 100.70 元（$= 97.29 \times 1.035$）再借給借款人。因此遠期利率就是在期初訂定遠期契約時所約定的未來借款的利率。我們也可以由 1.5 年期的債券計算得到再下一個半年期的遠期利率 (f_2)：

$$102.06 = \frac{5.25}{1+z_1} + \frac{5.25}{(1+z_1)(1+f_1)} + \frac{105.25}{(1+z_1)(1+f_1)(1+f_2)}, f_2 = 5.594\% \tag{8}$$

(8)式右邊第三項代表在期初時，貸出者以半年期利率 3.5% 借給借錢者 92.136 元，雙方並且約定兩項遠期契約，分別約定在半年後以半年利率 4.523% 借款 95.36 元（$= 92.136 \times 1.035$），及 1 年後以半年利率 5.594% 借款 99.67 元（$= 95.36 \times 1.04523$）。

以上遠期利率的計算是由現貨市場裡各個不同期限債券的利率，推導出市場在各期間（6 個月）的市場預期的遠期利率，這裡是假設了對未來的預期沒有偏誤，我們稱之為不偏預期理論 (unbiased expectation theory)。

不偏預期理論認為如果投資人的投資期限為 30 年，則他買一個 30 年期的長期債券，或是每一年買一個 1 年期的債券的結果會是相同的。利率期間結構的第二個理論是流動性貼水理論 (liquidity premium theory)，認為投資人只有在被提供對未來債券的不確定性加以補償時，才會持有長期債券，因此隨著到期日的增加，債券每期的利率會上升（亦即長期利率大於短期利率）。利率期間結構的第三個理論是市場區隔理論 (market segmentation theory)，認為不同到期日的債券不是完全的替代品，例如銀行由於存款的短期性質而較偏好持有相對短期的國庫券，保險機構由於壽險契約的長期性質會較偏好持有長期政府公債，投資人若是沒有得到適當的利率貼水補償，是不願從某一個到期日債券轉移至另一個到期日債券的。

案例研讀

利息的故事

　　利率的高低雖然是由對資金的供給與需求決定，但是也免不了受到執政當局的干擾。早期的帝王（例如漢摩拉比等）訂定利率上限的目的是要避免社會的不安（到底窮人是多數，有錢人是少數），特別是因欠債而淪為奴隸對於帝王的統治更是不利，因此需要訂定法律予以禁止。即便如此，利率在歷史上變動的幅度仍然不小，在二十世紀裡，年利率可以是 10,000%（1920 年代的德國），13%（1980 年代初期的美國），或 7,200%（1990 年代的阿根廷）。紐約黑市的利率常達到每星期 25%，甚至高過古希臘時代雅典的每月 48% 利率。在十二世紀時，歐洲各地的利率並不相同，英國為 52～120%，荷蘭為 8～10%，這些利率都受到當地的法律、習俗與稅制的影響。但有趣的是，中世紀歐洲的貸款雖以地產為擔保，借款的時限仍多是在 1 個月的期限之內，極少會超過 1 年，這點與現代的黑市借款期限十分相似，高利率再加上短期限顯示了貸出者採用的是回收期限法，以避免貸款的風險。

　　在西方，利息的收取一直受到基督教教義的影響。猶太人根據《舊約聖

經‧申命記》第二十三章 19~20 節是不能對猶太人收取利息的，但可以向非
猶太人收取利息。到了西元 325 年時已成為國教的基督教尼西亞 (Nicea) 大會
引用《新約聖經》的內容，禁止向所有的人收取利息，西元 440 年教皇李奧
宣佈收利息是犯罪，西元 800 年查理曼王朝更定義只要得到的比給出去的多
就是高利貸 (usury)。到了第十一世紀時，歐洲的貿易雖然逐漸興盛，借貸的
需要迫切，但其時對高利貸的禁令仍是十分嚴厲，這也造成借與貸者心中很
大的壓力，除了有被逐出教會的危險外，也擔心死後受到審判，因此迫使政
府與民間不斷地尋找新的方法，以避免違反教會的禁令。在教義解釋方面，
學者們努力地將利息 (interest) 與高利貸 (usury) 分開，利息的拉丁字根是 in-
tereo，是指「有損失」，高利貸的拉丁字根 usura 是指「使用它所付的代價」，
貸出者若因貸出錢而獲得利益是不合法的，是高利貸，而利息則是補償貸出
者的損失，因此是合法的。因為對貸出錢者造成損害而給予借錢者的懲罰有
兩種：一是作為貸款擔保的保證人因借款人還不出錢而被拖累，因此需要借
高利代為還款，因而擔保人可以向他所擔保的原借款人收取高利以為補償；
二是在貸款人的同意之下，若借款人在到期日時無法還錢，則可以在過期後
收回本金外再加上一筆罰款，許多當時在比利時做貸款生意的倫巴第人
(Lombards) 是以第二種方式收費，這種方式也被教父阿奎那所認可，因為貸
款雖然被認為是非營利的慈善活動（幫助你的弟兄渡過難關），但延遲償還造
成貸出者的損失，是應予補償的。

　　最有名的償還貸款的例子是十三世紀時政府向民間有錢人士的借錢
(state loan)，由於是強迫性貸款，因此日後的補償是補償損失，而不被視為是
利息。義大利的威尼斯、熱內亞以及佛羅倫斯商人需要貸款給政府以為國防
之用，這些貸款類似一種稅，但是政府會發給證明，證明的持有人會有利息
收入（或稱之為「禮物」: gift），這些證明也可以在公開市場上交易。在羅馬
的時代，利息也可以以合夥人 (partnership 或 societas) 曾付出勞力與承擔風
險的名義給付，若是合夥人只出資但未付出勞力，並且是得到較固定的報酬，
則會被認為是收取高利貸。到了文藝復興時期，還有一種稱為 5% 契約的三方
面契約 (triple contract)，指的是一個管事的合夥人 (active partner) 對另一個較
不管事的合夥人保證，在不喪失本金之下，每年付給一定的 5% 的報酬，到了

西元 1567 年時教皇認可了這種合約。銀行借貸體系在十三世紀時發展，銀行將存款人的存款拿去投資在其他事業，當有盈利時才分紅給存款人。在 1425 年左右，教皇同意一種叫做 census 的年金契約：農人、貴族或政府以土地、獨占權與稅收作為擔保，出售一種未來每年付一定金額的契約，這種契約有時也會附上賣回或買回的條款，類似於今天的附買權或賣權的債券。從十二世紀開始，商人也將利息隱藏在國際貿易的匯票交易中，方法是設定延遲付款的貨幣兌換率高於當場付款的貨幣兌換率。到了第十五世紀宗教改革後，基督教新教 (protestants) 的各領導人（馬丁·路德、加爾文等）紛紛解除對利息的禁令，到了 1650 年時實行新教的國家所爭論的是不同利率對經濟的影響，而不再是利息是否為高利貸而需予以禁止。天主教則一直要到 1822 年才由教廷宣佈，只要世俗法律允許的利率都會被教廷承認，1950 年教皇宣佈「銀行是個誠實營生的事業」，正式認可了銀行的借貸制度。

信仰伊斯蘭（回）教的國家至今仍是禁止收取利息，但是銀行業務終究還是逐漸發展起來。匯豐銀行 (The Hong Kong and Shanghai Banking Corporation Limited: HSBC) 就設置有一個委員會 (Syariah Supervisory Committee)，委員會成員由通曉 Syariah 法的高院法官、回教國家的財金專家與學者組成，負責評定各項金融產品與銀行業務是否合乎宗教上的規定，大致上是不允許銀行投入有關煙、酒或色情等相關的業務，並且由於視所有的利息為高利貸，因此利息的收取一律以服務費 (service charges) 的名義為之。當銀行對外放款時，它不是被動地只收取利息，而是成為債務人的合夥人參與營運，可能是以期票 (promissory note) 的方式收取利潤的分成，或是直接入股，收取股利。若是發行債券則通常是以存入特定公司的資產為擔保，債券持有人所收到的不稱為利息而是稱為租金 (rent)。

17.4 總 結

本章的主要論點為：

- 債券分為在到期日之前有付息的付息債券與不付息的零息債券，任何一

個付息債券都可以表示為數個零息債券的總和。

- 債券現值的波動性是指債券價值受要求利率（資金的機會成本）變動的影響，當要求利率下跌或上漲的百分比相同時，債券現值上漲的幅度要大於下跌的幅度。

- 由利率期間結構可以估計市場所預期的遠期利率，遠期利率相當於借貸雙方在期初訂定遠期契約時，所約定的未來的借款利率。

本章習題

1. 請解釋何謂零息債券與付息債券，並舉例說明一個付息債券可以表示為數個零息債券之和。

2. 請解釋年殖利率與要求年利率的意義。

3. 請說明何以遠期利率可以看成是一個遠期契約所約定的未來利率？

4. 利率期間結構理論共有幾種？妳（你）認為哪一種理論最符合實際的狀況？

5. 請問中央銀行提高利率時，債券價格是上漲還是下跌？股票市場的反應又會是如何？

第十八章

國際財務管理

Financial Management

Financial Management

　　跨國企業已成為常見的經營模式，本章在 18.1 節說明跨國公司因市場規模擴大，有更多的選擇所帶來的好處及可能的限制；18.2 節說明利率、匯率與通貨膨脹的關係，並介紹購買力平價關係及利率平價關係。

18.1　跨國公司的優劣點

　　我們可以將公司全球化的佈局視為是熊彼得的五種創新活動：在產品、生產方法、組織改造、原料取得及市場開發上創新。跨國企業的好處是可以尋找並應用本國以外的新技術，對於新產品的開發有幫助，並且還能對不同的市場量身訂做不同的產品（例如在不同的國家，麥當勞用不同的肉類製作漢堡），藉著市場的區隔，進行差別定價（例如北美的教科書與亞洲版的教科書的售價不同），以獲得更多的利潤。生產因素（例如勞工成本）的不同當然會促使跨國企業赴他國進行生產或組裝，市場的擴大及減少進入的障礙也使得跨國公司有更多的選擇，利用地區的比較利益生產特定的產品。在獲取可靠的原料供應方面，公司可以在海外設立子公司以保證原料的供應（例如石油公司在油產地附近設立子公司），或是與當地政府、企業結盟以控制原料的數量（例如與俄羅斯及南美洲鑽石礦主簽約，收購原礦石，以控制市場上鑽石的供應量）。在法規方面，公司也可以藉著在當地設廠內銷，以避免關稅及輸入配額的管制，甚至還可以在他國研發一些在本國被禁止的技術或新產品。市場擴大也可以增強企業體質減少倒閉的風險，例如美國通用汽車公司在北美銷售成績不佳，但在歐陸卻有不錯的成績，使得公司股票不致下跌，這點有些類似馬歇爾在他的《經濟學原理》所提出的：若是在許多地區都設立工廠，則因不可能會一起失火，因此不像只有一個工廠而必須買火險，增加了生產成本。

　　跨國公司面臨的難題首先是不同地區間的匯率與利率的變動，這些都需要詳盡的財務分析，各國稅法的不同也使得組合生產因素、協調生產活動及銷售策略更加複雜，這些將會增加交易成本。公司內來自不同地區的員工，因語言、文化的不同，增加了協調的困難，公司在訂定目標、調整

組織結構（例如裁減員工）時，就需要考慮員工對風險的態度不同而需詳盡地規劃。跨國公司也會被當地人士認為是替國外的資本家（股東）賺錢，剝削本地勞工，是破壞生態環境的原凶，公司所在地的政府也有可能為了討好當地的選民，而改變對跨國企業的政策，這些都是需要考慮的風險。

18.2　匯率、利率與通貨膨脹

匯率與利率是相關的，當一國的利率上升，可能國外的錢會流入以得到更多的利息收入，但因存入時需要轉換為當地的貨幣，獲利了結匯出時又需換回本國的貨幣，因此需要考慮匯率的變動，免得賺了利差但卻在匯兌上損失。利率與匯率多少會受到政府的操弄，這也是跨國企業在進行國際生產、貿易時的風險。通貨膨脹率則較難控制，大致上若是一國的通貨膨脹加速，則代表該國的貨幣供給太多，實質購買力降低，自然在兌換外國貨幣時其價值會下降（本國貨幣相對於外國貨幣貶值）。在沒有交易成本之下，市場均衡的結果會有所謂購買力平價關係 (purchasing power parity) 與利率平價關係 (interest rate parity)，現在分別說明如下。

✖ 購買力平價關係

令在 t 期時 $P_h(t)$ 為本國的物價水準，$P_f(t)$ 為外國的物價水準，$\pi_h(t) \equiv [P_h(t+1)-P_h(t)]/P_h(t)$ 為本國在 t 與 $t+1$ 期間的通貨膨脹率，$\pi_f(t) \equiv [P_f(t+1)-P_f(t)]/P_f(t)$ 為外國在 t 與 $t+1$ 期間的通貨膨脹率，1 元外國貨幣在 t 期時能兌換 $s(t)$ 元本國貨幣，則：

$$P_h(t) = s(t)\cdot P_f(t),\ P_h(t+1) = s(t+1)\cdot P_f(t+1)$$

因此：

$$\frac{P_h(t+1)}{P_h(t)} = \frac{s(t+1)}{s(t)}\cdot\frac{P_f(t+1)}{P_f(t)} \tag{1}$$

或

$$\frac{1+\pi_h(t)}{1+\pi_f(t)} = \frac{s(t+1)}{s(t)} \tag{2}$$

⑵式兩邊減去 1，則：

$$\frac{\pi_h(t)-\pi_f(t)}{1+\pi_f(t)} = \frac{s(t+1)-s(t)}{s(t)} \tag{3}$$

若是 $\pi_f(t)$ 很小，則：

$$\pi_h(t)-\pi_f(t) \approx \frac{s(t+1)-s(t)}{s(t)} \tag{4}$$

亦即本國與外國之間的通貨膨脹率的差距是等於外國貨幣兌換本國貨幣兌換率的變動率。例如若是本國的通貨膨脹率為 10%，他國的通貨膨脹率為 4%，則原來 1 元他國貨幣可以兌換 1 元本國貨幣 ($s(t)=1$)，在 $t+1$ 期時會變成 1 元他國貨幣可以兌換 1.6 元本國貨幣，本國貨幣相對於他國貨幣是貶值的。

✖ 利率平價關係

外匯市場有即期匯率 (spot-exchange rate)、遠期匯率 (forward-exchange rate) 及換期匯率 (swap rate)。即期匯率是指當期的 1 元外國貨幣換得本國貨幣的兌換率，遠期匯率是指在當下訂定未來某一時間的 1 元外國貨幣換得本國貨幣的兌換率，換期匯率是指先買入（或先賣出）外國貨幣，再約定在日後以某個價錢再賣回（再買回）該貨幣，而買入與賣出的差額就稱為換期匯率。令 $i_h(t)$ 為本國在 t 至 $t+1$ 期間的利率，$i_f(t)$ 為外國在 t 至 $t+1$ 期間的利率，$s(t)$ 為在 t 期 1 元外國貨幣可以換得本國貨幣的兌換率，$F(t)$ 為在 t 期時約定在 $t+1$ 期時 1 元外國貨幣對本國貨幣的兌換率。若是在 t 期時在本國存入 1 元本國貨幣，並且約定以 $1/F(t)$ 的遠期匯率在 $t+1$ 期時，將 $(1+i_h(t))$ 元的本國貨幣兌換成外國貨幣，其結果應等於在 t 期時將 1 元本國貨幣換成 $1/s(t)$ 元的外國貨幣，然後再存入外國銀行的 $t+1$ 期的所得：$(1+i_f(t))/s(t)$，因此：

$$(1+i_h(t))/F(t) = (1+i_f(t))/s(t) \tag{5}$$

或

$$\frac{F(t)-s(t)}{s(t)} = \frac{i_h(t)-i_f(t)}{1+i_f(t)} \tag{6}$$

若 $i_f(t)$ 很小，則：

$$\frac{F(t)-s(t)}{s(t)} \approx i_h(t)-i_f(t)$$

亦即本國與外國之間利率的差距是等於遠期匯率相對於即期匯率的比率。例如若是本國的利率是 10%，而他國的利率是 4%，在 t 期時 1 元他國貨幣可以兌換 1 元本國貨幣的即期匯率 ($s(t)=1$)，會使得遠期匯率成為在 $t+1$ 期時，每 1 元他國貨幣可以換得 1.6 元本國貨幣。這是因為投資在他國貨幣會得到較少的利息（只有 4% 利率），因此在相對於本國貨幣時其價值應會提高以為補償。

案例研讀

股票與鈔票

在前面幾章我們已經提到：鈔票類似股票，是代表一個集團公司（國家）的價值，若是一國的人力資本優秀，資源豐富，大家對她的前景看好，自然其幣值（股價）會上升。鈔票與股票不同的是，股票有證券管理單位監督，需經過一定的審核程序才准許增加發行量，而鈔票卻可以由政府藉著手中的權力無限制的發行，造成貨幣貶值（股權稀釋）。鈔票被政府強制用來取代商品貨幣，並且只能由政府發行，是相當於政府欠人民的錢，政府成為債務人，因此多發行紙鈔造成通貨膨脹也等於是對債權人（人民）賴債或減少還款，是掠奪民間的財富。

購買一家公司的股票就成為該家公司的股東，而若是視鈔票為股票的話，購買他國的貨幣也可以視為是他國的股東。目前世界各國領導人的選舉多是兩黨或是三黨的少數候選人競選，人民其實並沒有多少選擇，選民的處境與 1 千年前的農奴 (serfdom) 十分相似。中世紀的農奴沒有遷徙的自由，是被束

縛在土地上，而當土地的主人（貴族）將土地出售時，必須將附著於土地上的農奴一同出售，這樣也有助於社會的安定——當時多數人除了種地外，並沒有其他的營生機會。今天我們是每 4 年能重新選舉政府，只比以前的農奴多了一項選擇：可以從二至三個「貴族」（候選人及他的小團體）中挑出一個較佳的成為未來的主人，之後我們這些仍附著在土地上的農奴（選民）就得向他們繳稅，候選人（可能的貴族主人）的數目太少，能夠選擇的有限，這也難怪許多民主國家的投票率愈來愈低。我們若是可以設計這樣的一個制度：只要將實物（財富）換成某國貨幣，則可成為該國的股東（公民），則人民不需被迫非在「兩個爛蘋果中挑出一個比較不爛的」，可以有更多的選擇（目前全世界共有一百多個國家，未來可分成更多個國家），而這許多公司經營團隊（不同的政府團隊）彼此競爭，自然可以提高股東的財富與幸福程度。

18.3　總　結

本章的主要論點為：

- 跨國公司可以藉著市場擴大、協調生產更加方便，在產品、生產方法、組織、尋找新原料與開發新市場上創新而獲利，但隨之而來的文化衝突及政府的管制也會造成經營上的困難。
- 由於匯率、利率與通貨膨脹息息相關，並且也易受到政府的操弄，因此增加了跨國公司經營上的難度。
- 購買力平價關係指的是本國與他國的通貨膨脹率差距要等於他國貨幣兌換本國貨幣兌換率的變動率；利率平價關係指的是本國與他國之間的利率差距要等於遠期匯率相對於即期匯率的比率。

本章習題

1. 一國對他國的遠期匯率若是低於即期匯率，請問這代表了什麼？
2. 當一國的利率上升時，請問她的匯率是上升還是下跌？

3.通貨膨脹上升時，一國的匯率會如何變動？

4.請問跨國公司投資時需要注意哪些因素？

5.有些人認為跨國公司赴海外投資會使得本國的投資不足，請問這種說法是否成立？

索　引

財務管理——原則與應用　　郭修仁／著

　　本書內容有別於其他以「財務管理」(Financial Management) 為書名的大專教科書之處，在於跳脫傳統以「公司理財」為主的仿原文書架構，而以更貼近國內學生對「財務管理」知識的真正需求編寫。內容包括基礎觀念及國內金融環境介紹、證券評價及投資、資本預算決策、資本結構及股利決策、證券技術分析、外匯觀念、期貨及選擇權概念、公司合併及國際財務管理等主要課題。

財務管理——理論與實務　　張瑞芳／著

　　財務管理是企業的重心所在，關係經營的成敗；然而財務衍生的金融、資金、倫理等，構成一複雜而艱澀的困難學科。且有鑑於部分原文書及坊間教科書篇幅甚多，內容艱深難以理解，因此本書著重在概念的養成，希望言簡意賅、重點式的提要，能對莘莘學子及工商企業界人士有所助益。

國際財務管理　　劉亞秋／著

　　國際金融大環境的快速變遷，財務經理人必須深諳市場才能掌握市場脈動，熟悉並持續追蹤國際財管各項重要議題的發展，才能化危機為轉機。本書內容如國際貨幣制度、與匯率相關之各種概念、國際平價條件、不同類型匯率風險的衡量等，皆為國際財務管理探討議題中較為重要者。

策略管理　　伍忠賢／著

　　本書作者曾擔任上市公司董事長特助，以及大型食品公司總經理、財務經理，累積數十年經驗，使本書內容跟實務之間零距離。全書內容及所附案例分析，對於準備研究所和 EMBA 入學考試，均能遊刃有餘。以標準化圖表來提綱挈領，採用雜誌行文方式寫作，易讀易記，使你閱讀輕鬆，愛不釋手。並引用多本著名管理期刊約四百篇之相關文獻，讓你可以深入相關主題，完整吸收。

管理學　榮泰生／著

近年來企業環境急遽變化，企業唯有透過有效的管理才能夠生存及成長。本書的撰寫充分體會到環境對企業的衝擊，以及有效管理對於因應環境的重要性，提供未來的管理者各種必要的管理觀念與知識。除可作為大專院校的教科書，從事實務工作者（包括管理者以及非管理者），也將發現本書是充實管理理論基礎、知識及技術的最佳工具。

管理學　張世佳／著

本書除了涵蓋各種基本的管理理論外，亦引進目前廣為企業引用的管理新議題如「知識管理」、「平衡計分卡」及「從 A 到 A+」等。透過淺顯易懂的用語及圖列式的條理表達方式，來闡述管理理論要義，使學生能更平易的學習管理知識與精髓。此外，本書配合不同章節內容引用國內知名企業的本土管理個案，使學生在所熟識的企業情境下，研討各種卓越的管理經驗，強化學生實務應用能力。

行銷管理——觀念活用與實務應用　李宗儒／編著

本書從行銷的基本概念出發，用深入淺出的方式呈現行銷管理之核心概念。由國外經驗顯示，行銷學科的發展與個案探討，密不可分，因此本書有系統的網羅並整理國內外行銷相關書籍，其目的在於讓讀者有一系統化的概念，以助其建立行銷架構與應用。同時亦將目前許多新興的議題融入書中，每一章節以簡單的實務案例作為引言，使讀者可以更清楚章節內介紹的理論觀念。

當代人力資源管理　沈介文、陳銘嘉、徐明儀／著

本書描述了當代人力資源管理的理論與實務，在內容方面包含了三大主題，首先是任何管理者都需要知道的「策略篇」，接著是人力資源管理執行者應該熟悉的「功能篇」，以及針對進一步學習者的「精英成長篇」；各主題皆獨立成篇，因此讀者或是教師都可以依據個人需求，決定學習與授課的先後順序，實為一本兼具嚴謹理論與活潑實務的好書。